高职高专计算机类专业教材·软件开发系列

Linux 应用基础与实训
——基于 CentOS 7

王海宾　张　静　主　编

赵　庆　李洪燕　刘　霞　啜立明　**副主编**

电子工业出版社

Publishing House of Electronics Industry

北京·BEIJING

内 容 简 介

Linux 究其本质是操作系统。本书将 Linux 系统从应用的角度拆分为系统认知、系统安装、基本操作、用户管理、文件管理、权限管理、磁盘管理、高级磁盘管理、网络管理、软件包管理、进程管理以及 Shell 编程基础等 12 个模块。每个模块采用通俗易懂的语言进行讲解与剖析，并精选大量实例贯穿知识点的讲解，在每个章节末配有配套实训项目，突出了 Linux 系统学习的实用性与可操作性。为方便教学，本书提供了丰富的配套资源，可扫描封底二维码学习 SPOC 在线课程，也可直接扫描书中 50 余个二维码观看微课视频，同时，提供教学设计、教学课件和专项操练，请登录华信教育资源网（www.hxedu.com.cn）注册后免费下载。

本书适合作为应用型本科、工程类本科和高职高专计算机应用技术类、计算机网络技术类、嵌入式等相关专业的教材，也是 Linux 管理员、新兴信息技术从业者、Linux 爱好者的入门必备书籍。

图书在版编目（CIP）数据

Linux 应用基础与实训：基于 CentOS 7 / 王海宾，张静主编. —北京：电子工业出版社，2020.6
ISBN 978-7-121-37491-3

Ⅰ. ①L… Ⅱ. ①王… ②张… Ⅲ. ①Linux 操作系统－高等学校－教材 Ⅳ. ①TP316.85

中国版本图书馆 CIP 数据核字（2019）第 212654 号

责任编辑：左 雅
印 刷：北京盛通数码印刷有限公司
装 订：北京盛通数码印刷有限公司
出版发行：电子工业出版社
　　　　　北京市海淀区万寿路 173 信箱　邮编　100036
开 本：787×1 092 1/16 印张：15.75 字数：403 千字
版 次：2020 年 6 月第 1 版
印 次：2025 年 1 月第 9 次印刷
定 价：49.00 元

　　随着计算机技术的不断发展与进步，以"大智移云"为代表的新兴信息技术逐渐成为行业的前沿主流，而究其根本都离不开 Linux 操作系统。大数据所依赖的数据库及大数据应用平台无一例外都部署在 Linux 系统之上；人工智能则是基于大数据的分析作为智能决策的依据；物联网与移动互联依托的更是开放的操作系统平台，虽然移动互联方面已经出现了 Android 操作系统，但究其根源也是 Linux 操作系统；云计算所倡导的代码复用、组件重用、服务重用更必须依赖于自由软件界的这颗璀璨明星——Linux。

　　《Linux 应用基础与实训》自 2015 年出版以来，先后 5 次印刷，被多所高职院校选为教材，获得了使用教师和学生的一致好评。近 4 年来新一代信息技术飞速发展，也给 Linux 带来了迅速发展的机会。4 年中 Linux 的内核版本不断更新，基于内核的操作系统版本也不断更新，因此，作者以 CentOS 7 为实践基础，结合近几年的教学实践经验，对本书进行了全面修订与升级。

　　1．写作目的

　　目前，各大高校的计算机及相关专业所开设的专业基础课程中基本都有"Linux 应用基础"课程，限于高校的实践条件，一般不可能为每个学生提供多台 Linux 主机进行实践，而是基于虚拟环境进行教学实践的。因此，本书的所有实训与实例均基于虚拟机下的 Linux 系统作为实验环境。目前市场上的教材大多只讲 Linux 知识，忽略了学习者使用的虚拟环境，无法完全按照步骤完成实验。

　　2．教材特色

　　随着国家建设"应用型大学"步伐的不断推进，大学的教育正在逐渐变得"注重实践"。本书顺应了这一趋势，在书中理论知识够用的前提下，更加注重与强调实践。本书以实例与实训贯穿，通俗易懂，并从应用的角度将 Linux 操作系统的管理划分成 12 个章节，使得本书的主线更加清晰。本书特色主要体现在以下几个方面：

　　● 手把手学习

　　本书以实践为主线，每一个知识点都辅以实辅，所有实践与实例都给出了详细的操作步骤，学习者按照步骤操作即可完成相应学习，得到相应结果。

　　● 团队水平较高

　　编者团队拥有较高的学术水平和丰富的教学经验。团队成员中有 3 名有红帽认证架构师 RHCA 证书；1 名从事 Linux 运维与培训 15 年的企业高级工程师；3 名具有 10 年以上 Linux 教学经验的资深教师；主编是河北科技工程职业技术大学教学名师，移动互联应用技术专业带头人，学校首届观摩教学冠军得主，曾获得河北省青年教师教学竞赛高职组第一名。

● 注重实践

书中每个章节均配有大量实例，复杂任务给出详细解决步骤，每个章节末配有配套的实用且可操作的实训项目。

全书篇幅合理，以实际操作为基础，辅以相应的理论知识，既有利于教学，又非常适合自学。另外，本书选材新颖、注重应用，可以进行零基础和无障碍阅读与学习。

3．主要内容

Linux 究其本质是操作系统，本书将 Linux 系统从应用的角度拆分为系统认知、系统安装、基本操作、用户管理、文件管理、权限管理、磁盘管理、高级磁盘管理、网络管理、软件包管理、进程管理以及 Shell 编程基础等 12 个模块。所有模块均采用最直接、最通俗易懂的方法进行讲解与剖析。系统认知从操作系统入手，讲解了什么是 Linux 操作系统，Linux 的特点与应用领域，GNU 与开源，以及 Linux 的学习方法；系统安装讲解 Linux 的安装过程，尤其是虚拟机下 Linux 的安装与配置；Linux 基本操作主要讲解 GNOME 图形界面，BASH 基础，Linux 常用命令，Vim 编辑器及 Linux 下如何获取帮助；用户管理主要讲解用户基础，UID 与 GID，用户与组的管理，如何通过配置文件管理用户与组，以及 Linux 下的用户切换；文件管理通过实际操作让大家掌握文件的复制、移动、删除、改名等；权限管理是 Linux 的特殊所在，使得 Linux 更好地实现安全管理，主要分析 Linux 下文件与目录的权限机制；磁盘管理和磁盘高级管理主要从磁盘的分区、格式化、挂载、使用、磁盘配额、LVM、RAID 等角度讲解磁盘管理；网络管理是时下任何操作系统的基础，通过实践让大家掌握 Linux 环境下网络的设置；进程管理讲解 Linux 下进程的基础与管理；最后一章讲解 Linux 下的 Shell 编程基础。

4．读者对象

● 计算机相关专业零起点学习 Linux 的在校大学生；

● 掌握一定的操作系统知识，想进一步研究 Linux 的自学者；

● 想学习 Linux 技术、从事 Linux 运维相关工作的求职人员；

● 以"大智移云"为就业方向的学习者；

● 嵌入式与移动互联相关软件开发程序员。

5．编写情况

全书由王海宾进行整体规划与内容组织；王海宾与张静负责内容统稿并担任主编，赵庆、李洪燕、刘霞、啜立明担任副主编。

本书的第 1、4 章由河北科技工程职业技术大学王海宾编写；第 2、3 章由河北科技工程职业技术大学赵庆编写；第 5、6、7 章由邢台学院刘霞编写；第 8、11 章由河北科技工程职业技术大学张静编写；第 9 章由曾凡晋、王党利、路俊维共同编写；第 10 章由邯郸职业技术学院贾鑫和承德石油高等专科学校许莫共同编写；第 12 章由河北科技工程职业技术大学李洪燕编写；所有电子课件由赵庆编写脚本并制作；实训 1～12 由千易云（北京）教育科技有限公司首席工程师啜立明编写。在本书的编写过程中得到河北科技工程职业技术大学信息工程系同仁的支持，在此一并表示感谢。

限于作者的业务水平及实践经验，书中难免有疏漏和不足，恳请读者提出宝贵意见和建议，以便今后改进和修正。作者 E-mail 地址为 seashore_wang@163.com。

编　者

第1章
认知 Linux

信息技术蓬勃发展，大数据时代来临，Linux 已经成为计算机从业者必备的专业知识与技能。但是，由于 Linux 操作系统的管理一般通过命令实现，大量的命令操作往往会使熟悉 Windows 图形化操作的学习者望而却步。实际上 Linux 并没有想象中的那么神秘与不可掌握。学习者在学习这门课程时，只需以本书的内容为基础，运用合理的方法，付出一定的努力，便能够很容易地了解、学会、掌握并最终玩转 Linux 操作系统。千里之行，始于足下，摆正心态，跟随本书的思路，在通俗易懂的知识点阐述和精心设计的实训任务中学习这个全新的课程吧，让我们一起掀开 Linux 的神秘面纱。

1.1 操作系统

Linux 操作系统

OS（Operating System，操作系统）是管理和控制计算机硬件与软件资源的计算机程序，是直接运行在"裸机"上的最基本的系统软件，任何其他软件都必须在操作系统的支持下才能运行。操作系统是用户和计算机的接口，同时也是计算机硬件和其他软件的接口。操作系统的功能包括管理计算机系统的软硬件与数据资源、控制程序运行、改善人机界面和为其他应用软件提供支持等。操作系统能够使计算机系统中的所有资源最大限度地发挥作用，并提供各种形式的用户界面，使用户有一个好的工作环境，也为其他软件的开发提供必要的服务和相应的接口。实际上，用户是不用接触操作系统内核的，操作系统管理着计算机硬件资源，同时按照应用程序的资源请求为其分配资源，如划分 CPU 时间、开辟内存空间、调用打印机等。如图 1.1 所示为操作系统角色图，接口与内核两层合起来被称为操作系统。

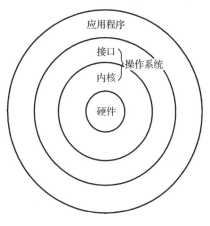

图 1.1　操作系统角色图

操作系统是一种计算机程序，计算机启动后最先执行的软件就是操作系统。操作系统将自身加载到内存中，开始管理计算机上的可用资源，并为其他应用程序提供这些资源。操作系统提供的典型服务包括：

（1）**任务计划程序：**它能够将 CPU 的执行时间分配给多个不同的任务，这些任务有些是用户运行的应用程序，有些是操作系统的任务。例如，在任务计划程序的作用下，用户可以一边使用音乐播放软件听音乐，一边在另一个窗口中学习编程，同时还可以在第三个窗口中使用电子表格或者下载文件。

（2）**内存管理器**：用来控制系统的内存分配和管理，它通常使用硬盘上的一个文件，创建出是自身物理内存 1.5～2 倍大小的存储空间作为虚拟内存空间。

（3）**磁盘管理器**：用于创建与维护磁盘上的目录和文件，当有文件请求访问时磁盘管理器将文件从磁盘上取出。

（4）**网络管理器**：控制计算机和网络之间的数据传输。

（5）**其他 I/O 服务管理器**：控制管理键盘、鼠标、显示器、打印机等 I/O 设备。

（6）**安全管理器**：维护计算机文件的信息安全，对计算机的访问对象进行严格的控制。

操作系统通常还提供系统的默认用户界面，例如，Windows 系列的标准外观包括"开始"按钮、任务栏等，而 Linux 虽然也有 X Window 应用程序，但通常 Linux 的基本管理采用命令行模式来完成。

1.2 Linux 操作系统

1.2.1 Linux 简介

Linux 是一个开源、免费、多用户、多任务的类 UNIX 操作系统。与其他商业操作系统相比，Linux 更加稳定、安全且网络功能强大。Linux 诞生于 1991 年 10 月 5 日，其内核由芬兰大学生 Linus Torvalds 首次发布，后借助于互联网，经过全世界程序爱好者的共同努力，Linux 已经成为当今世界应用最为广泛的操作系统之一。

准确地说，Linux 仅代表操作系统内核本身，但在表述时，通常用"Linux 内核"代表操作系统的内核，"Linux"则代表基于 Linux 内核的完整操作系统。Linux 操作系统包括 GUI 组件和许多实用工具及数据库，这些支持用户空间的系统工具和库主要由 Richard Stallman 于 1983 年发起的 GNU 计划提供，于是自由软件基金会提议将该组合系统命名为 "GNU/Linux"。最初 Linux 是作为支持英特尔 x86 架构的个人计算机的一款自由操作系统，目前 Linux 已经被移植到更多的计算机硬件平台，其使用范围远远超出其他操作系统。

1.2.2 Linux 版本

Linux 的版本分为内核版本和发行版本两类。内核版本是指由 Linux 内核开发小组开发并发布内核版本号的版本，Linux 内核发布的官方网址为 https://www.kernel.org/，该网站由 Linux 内核的开创者 Linus Torvalds 组成的团队进行维护。编者在写作本书时，该网站上公布的最新内核版本是 5.6.9。

在 Linux 系统中可以使用 uname -r 命令查看 Linux 内核版本情况。

```
[Linuxstudy@LinuxServer ~]$ uname -r
3.10.0-957.el7.x86_64
```

说明 1：虽然最新内核版本为 5.6.9，但还没有与之配套且成熟的 Linux 操作系统，因此这里选择相对成熟的 Linux 操作系统 CentOS 7，其内核版本为 3.10.0-957.el7.x86_64。

说明 2：在内核版本中主版本号为 3；次版本号为 10，次版本号中奇数代表开发或者过渡版本，偶数代表稳定版本；957 表示第 957 次编译；el7 表示该内核为企业级版本 7，其中 el 是 Enterprise Linux 的缩写，代表企业级内核；x86_64 代表该内核为 64 位操作系统内核版本。

```
[Linuxstudy@LinuxServer ~]$ uname -a
Linux LinuxServer 3.10.0-957.el7.x86_64 #1 SMP Thu Nov 8 23:39:32 UTC 2018 x86_64 x86_64 x86_64
GNU/Linux
```

说明：SMP 是 Symmetric Multi-Processor 的缩写，表示对称多处理器。在 Linux 系统中可以使用 uname-a 命令查看 Linux 内核的全部信息。

Linux 的发行版本是基于 Linux 内核进行加工处理的。Linux 内核是自由和开放源码的，一些个人、公司或者松散组织将 Linux 内核与一些应用软件、文档、库等包装起来，并且提供一个用来简化系统初始安装的安装工具，以及让软件安装升级的集成管理器，这就构成了 Linux 的发行版本。市场上使用较多的 Linux 发行版本有 Red Hat Enterprise Linux、CentOS Linux、Ubuntu Linux、Debian Linux、SUSE Linux 等。

Linux 可安装在各种计算机硬件设备中，比如手机、平板电脑、路由器、大型计算机和超级计算机等。Linux 是一个领先的操作系统，2019 年全球 500 强超级计算机运行的都是 Linux 操作系统。在这个移动设备盛行的时代，以安卓为代表的智能系统都是基于 Linux 内核扩展而来的。

本教材选择 Red Hat Enterprise Linux 依照开放源代码规定释出的源代码所编译而成的 CentOS 作为实验环境，选用的版本是 CentOS 7。

1.2.3　Linux 的发展过程

Linux 既是一种操作系统，也是开源界的一种现象，要理解 Linux 为什么如此流行，需要了解一点它的历史。UNIX 的第一个版本是在几十年前开发的，主要用作大学的研究，20 世纪 80 年代，以 Sun 公司为代表的诸多公司开发了大量功能强大的桌面工作站，都是基于 UNIX 的。此后，很多公司进入工作站领域，与 Sun 展开激烈的竞争，这些公司包括 HP、IBM 等。随后每家公司都拥有并使用自己的 UNIX 版本，这使得软件的销售非常困难。Windows NT 就是微软针对这一市场的解决方案，NT 提供与 UNIX 操作系统相同的功能，比如高安全性、支持多 CPU、大容量内存和磁盘管理等，并且可兼容大多数的 Windows 应用程序。随着各公司都拥有了自己的专有操作系统，UNIX 的权威被削弱了，UNIX 的竞争力也变弱了，类 UNIX 系统 Linux 的诞生吸引了人们的广泛关注。

Linux 内核由 Linus Torvalds 创建并免费提供给全球用户，后来 Torvalds 邀请其他人为内核增加功能，前提是加入的程序员要保持 Linux 开源、免费的特性。随着成千上万的程序员的加入，Linux 的功能开始增强，并得到快速发展。由于免费、开源并可运行在 PC 平台，Linux 很快在内核开发人员中赢得了广泛的支持。Linux 对以下几类人员很有吸引力：

☑ 熟悉 UNIX 并希望在 PC 硬件上运行 UNIX 的人；

☑ 希望试验操作系统原理的人；

☑ 需要或希望严密控制操作系统的人；

☑ 想要进入 DT（Data Technology）世界，从事大数据、云计算的人；

☑ 喜欢开源世界的人。

1.2.4　学习 Linux 的意义

　　Linux 是一种通用性和可定制性极强的操作系统，可以说它可以用到任何你想用到的地方。随着"大智移云"的兴起，物联网时代的到来，以"智能"为代表的各种设备进入了生产、生活的方方面面。比如，一些智能家居，可以在住户起床时自动打开窗帘，在住户回家的路上烧好洗澡水，在住户还在上班时煮好可口的饭菜等。生活能够变得如此智能，关键取决于智能系统，而这些智能系统多以 Linux 内核为基础。在所有需要计算机为人类服务的场所都可以使用 Linux，从路上急驰的汽车到太空中的宇宙飞船，从手中的智能手机到医院的手术机器人，从传统的电子邮件服务到互联网视频电话，从个人计算机桌面到骨干路由器，都可以看到 Linux 的身影。Linux 的应用还有很多，此处不再一一列举。

　　前面多次提到 Linux 是自由和开放源码的类 UNIX 操作系统，自由意味着用户可以免费获得 Linux 软件及其源代码。学习者可能存在疑问了，既然 Linux 免费，为什么还存在那么多收费的 Linux 公司呢？要告诉大家的是，以 Red Hat 为代表的 Linux 公司，收取的并不是 Linux 操作系统软件的费用，而是提供服务的费用。用户之所以购买它的产品，首先是认可它的服务，以及保证今后可以一直得到不断更新的、自由的软件，如果用户愿意，可以在这些软件基础上进行修改以获得更好或者更强的性能，使其能够满足自己的需要。

　　Linux 操作系统虽然比 Windows 操作系统更难于管理，但其具有更强的灵活性，也提供了更多的配置选项，更重要的是用户可以随时随地免费获取它，并在所有场合自由地应用这个操作系统，以及提供符合要求的软件，这些系统和软件都是自由的、合法的、稳定的、高效的，尤其是免费的。在这个"大智移云"风靡全球的时代，智能系统是所有移动设备的核心所在，作为计算机相关从业人员，为了跟上时代的步伐，更好地全面拥抱 DT 时代，学习 Linux 势在必行。

1.3　Linux 系统特点

Linux 系统特点

1.3.1　一切皆是文件

　　"一切皆是文件"是 UNIX/Linux 系统下的基本常识之一。Linux 系统下的普通文件、目录、字符设备、块设备和网络设备（套接字）等在 UNIX/Linux 中都被当作文件，虽然它们的类型不同，但是 Linux 系统为它们提供了一套统一的操作接口。通俗来讲，就是系统中的所有命令、软硬件设备、操作系统、进程等都被归结为文件，对于操作系统内核而言，这些都被视为拥有各自特性或类型的文件。

　　文件系统是 Linux 的基石，要想更好地理解"一切皆是文件"，就必须了解 VFS（Virtual File System，虚拟文件系统）。VFS 是一个抽象层，其向上提供了统一的文件访问接口，向下兼容了各种不同的文件系统。这些文件系统不只是 VFAT、Ext4、XFS 等常规意义上的文件系统，同时还包括伪文件系统和设备等内容。VFS 为各类文件系统提供了统一的操作界面和应用编程接口，如图 1.2 所示。

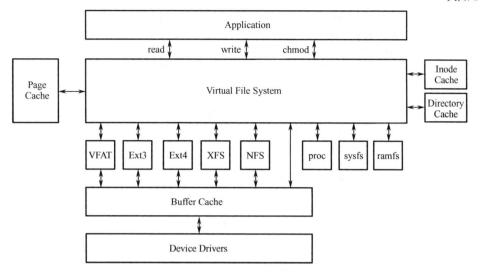

图 1.2　虚拟文件系统结构图

1.3.2　一棵倒置的树

在 Linux 操作系统下面，所有的文件与目录都是由根目录"/"开始的，然后再逐渐扩展出枝干，就像一棵倒置的树。所有的文件和外部设备都以文件的形式挂接在这个文件树上，包括硬盘、U 盘、光驱、调制解调器等，因此我们习惯上将 Linux 的这种目录配置方式称作"目录树"。这和以"驱动器盘符"为基础的 Windows 系统大不相同。

Linux 系统中的这棵树具有以下特点：

☑ 这棵树的树根是根目录（"/"，root）；

☑ 每个目录既可以是本地的文件系统，也可以是网络上的文件系统；

☑ 每个文件在目录树中的文件名，如果连路径都算到一起的话是唯一的，换句话说就是在同一目录下文件不能重名。

Linux 系统采用虚拟文件系统技术，结构采用倒置树形，VFS 使 Linux 支持以下文件系统所支持的文件类型（其中常用的为 Ext4、XFS）：

☑ XFS：优秀的日志文件系统；

☑ Ext3：第三代文件扩展系统；

☑ Ext4：第四代文件扩展系统；

☑ SWAP：交换文件系统；

☑ FAT、FAT32：Windows 分区格式；

☑ NTFS：默认不支持，需要特定的模块；

☑ VFAT：虚拟 FAT；

☑ ISO9660：光盘文件系统；

☑ NFS：网络文件系统。

在根目录下用"ls -l"命令，可查看这棵树中的所有枝干。

```
[Linuxstudy@LinuxServer /]$ ls -l
总用量 24
lrwxrwxrwx.   1    root  root    7    1 月   26 13:48   bin -> usr/bin
```

dr-xr-xr-x.	5	root	root	4096	3 月	12 22:33	boot
drwxr-xr-x.	20	root	root	3320	5 月	6 10:47	dev
drwxr-xr-x.	138	root	root	8192	5 月	6 10:47	etc
drwxr-xr-x.	4	root	root	38	3 月	12 22:36	home
lrwxrwxrwx.	1	root	root	7	1 月	26 13:48	lib -> usr/lib
lrwxrwxrwx.	1	root	root	9	1 月	26 13:48	lib64 -> usr/lib64
drwxr-xr-x.	2	root	root	6	4 月	11 2018	media
drwxr-xr-x.	2	root	root	6	4 月	11 2018	mnt
drwxr-xr-x.	3	root	root	16	1 月	26 13:56	opt
dr-xr-xr-x.	235	root	root	0	5 月	6 10:46	proc
dr-xr-x---.	14	root	root	4096	3 月	12 23:01	root
drwxr-xr-x.	39	root	root	1240	5 月	6 10:50	run
lrwxrwxrwx.	1	root	root	8	1 月	26 13:48	sbin -> usr/sbin
drwxr-xr-x.	2	root	root	6	4 月	11 2018	srv
dr-xr-xr-x.	13	root	root	0	5 月	6 10:47	sys
drwxrwxrwt.	23	root	root	4096	5 月	6 10:50	tmp
drwxr-xr-x.	13	root	root	155	1 月	26 13:48	usr
drwxr-xr-x.	20	root	root	282	1 月	26 23:13	var

说明 1：ls 是查看目录内容的命令，ls -l 代表查看该目录的详细信息，详细信息由七部分组成，后面会详细讲解。

说明 2：Linux 默认目录代表的含义如表 1.1 所示。

表 1.1　Linux 默认目录及其含义

目　录	说　明
/bin	bin 是 binary 的缩写。该目录是对 UNIX 系统习惯的沿袭，Linux 系统所需要的基本命令均在该目录下，如 ls、cp 等
/boot	启动 Linux 操作系统所必备的文件，其中包括 Linux 内核所依赖的配置文件
/dev	在 Linux 中，任何设备与接口都是以文件的形式存储在这个目录中的。如果想访问某个设备，只能通过访问该目录下的某个文件来实现
/etc	该目录下存储着几乎所有 Linux 系统下的主要配置文件，如用户的账号、密码文件
/home	系统默认的用户主目录（Home Directory），只要启动了创建主目录的功能，在每次创建账号时，都会在该目录下为创建的账号新建一个主目录
/lib	Linux 系统的库文件存放在该目录中，包括开机时用到的函数库
/media	该目录下放置的是可以卸载的设备，如光盘、U 盘等
/mnt	该目录通常包含一些子目录，每个子目录是某种特定设备类型的一个挂载点
/opt	该目录用来安装附加软件包，是用户级的程序目录，opt 本身是可选的意思，供大型软件安装选用
/proc	一种伪文件系统（即虚拟文件系统），存储的是当前内核运行状态的一系列特殊文件
/root	root 用户的根目录
/run	系统运行所必需的文件存放在这里，不能随便删除
/sbin	类似/bin，系统管理相关的命令存放在这里，它是超级账号 root 执行的命令的存储目录
/srv	网络服务启动后数据的存储目录
/sys	与/proc 类似，是一个伪文件系统，存放内核相关信息
/tmp	该目录存放一些临时文件，任何人都能访问

目　　录	说　　明
/usr	该目录存放不可共享与不可变动的数据
/var	该目录主要存放经常变动的文件，如缓存、日志及某些软件运作所产生的文件

1.4　Linux 的应用领域

1.4.1　"大智移云"领域

以"大智移云"等为代表的新兴信息技术正在颠覆传统科技，带来源源不断的变化，这些变化多以 Linux 系统为基本支撑。大数据、云计算的基础是集群和虚拟化，而 Linux 系统是集群与虚拟化的基本支撑；人工智能基于大数据进行智能决策，当然也离不开 Linux 系统；以 Android 为代表的移动互联网技术本身就是 Linux 系统在移动端的具体应用。目前，Linux 的应用已经伴随着"大智移云"进入各行各业，渗透到了社会中的各个领域。

1.4.2　服务器领域

Linux、UNIX、Windows 在服务器市场中三分天下。Linux 作为后起之秀，在服务器应用领域增长势头迅猛。Linux 作为企业级服务器应用非常广泛，企业利用 Linux 系统可以搭建 Web 服务器、邮件服务器、DNS 服务器等。利用 Linux 系统搭建服务器运营成本低，并且具有高可靠性和高稳定性。

1.4.3　嵌入式 Linux 系统

Linux 系统开源、可靠、稳定且支持大量的微处理器体系结构，因此在嵌入式领域有着广泛应用。以物联网为中心的智能时代的到来，使得嵌入式产品应用更加广泛，以嵌入式产品为中心的物物相联，给 Linux 的发展带来了美好愿景，使 Linux 系统应用前景更加光明。

1.5　GNU 与开源

GNU 项目是由 Richard Stallman 于 1983 年公开发起的自由软件集体协作计划，它的目标是创建一套完全自由的操作系统 GNU。GNU 尚不具有完备功能的内核，在实际应用中以 Linux 内核为主。Linux 操作系统包含了 Linux 内核及其他自由软件项目中的 GNU 组件和软件，被称为 GNU/Linux。GNU 项目基于程序设计的自由、共享、协作与开源，为了避免自由软件的商业化，Stallman 同时将 GNU 与 FSF（自由软件基金会）开发的软件都进行 GNU GPL（General Public License）版权声明。

开源（Open Source，开放源码）被非营利软件组织注册为认证标记，并对其进行了正式的定义，用于描述那些源码可以被公众使用的软件，并且此软件的使用、修改和发行也不受许可证的限制。开源软件通常使用 GNU GPL 声明版权，其许可证往往包含应用范围与场景的限制。开源软件涉及源码本身和开发过程，其意义在于三个方面：源代码免费分发、模块化的体系和集市化的开发。在这种开发模式下，任何地方的任何人都可以参与最终产品的开发，但在源码基础上做修改重新发行时需要声明原创者和修改部分。这三个方面相互之间有密切的联系，集市化的开发过程将代码公开给大量的使用者或爱好者，他们都会纠正其中的错误或改进其中的功能，给开源软件以强大的纠错能力。另外值得一提的是，开源代码使用免费，但有时可附加一些收费服务。

1.6　Linux 的学习方法

Linux 学习没有诀窍，但具有一些技巧与方法，这些技巧与方法能够让学习者少走些弯路。下面介绍笔者在 Linux 学习、教学与实践中的一些经验。

1．转变思想

学习 Linux 系统要从 Windows 系统的思维模式中跳出来，因为 Windows 操作是唯图形化的，而 Linux 操作是基于命令行的。

- ☑ 操作系统不一定都是图形界面；
- ☑ Linux 的图形界面虽然迅速发展，但其根本仍是命令行模式；
- ☑ 放弃你的鼠标，改用键盘。

2．切勿好高骛远

学习 Linux 绝非一朝一夕的事情，需要从零开始，不能出手就是框架、服务器之类，需要静下心来学习，切勿好高骛远。有些学生在 Linux 课程学到服务器时还会问一些诸如目录不存在、没有使用权限的问题，如果你也有这样的问题，那就静下心来好好补习基础吧。

3．坚持读英文文档

Linux 真正的精华源于英文文献，最典型的是 man 手册，即便你是论坛高手，或是身边有名师指点，学会使用 man 手册比前两种方法来得更直接、更长远。作为已经用惯 Windows 系统的人，初学 Linux 最难接受的是即使安装软件都需要查着字典读半小时英文说明书，学命令也要读半天英文。但作者要说的是，"坚持，一定要坚持"。读英文文档不要求学习者读懂多深奥的英文哲学，只需要掌握必备的计算机英语即可。当读英文文档成为一种习惯时，学习者的 Linux、Java 及其他计算机学科水平，甚至英语水平都会有所进步。

4．学会利用网络

大学的学习可以归结为两个方面：其一是学会自学，其二是学会适应社会。而 Linux 的学习更要求大家一定要学会自学，学会利用工具。在"互联网+"时代背景下学习，资源丰富，获取途径简单方便，比如网络上丰富的电子书籍、电子课件、学习视频、实践案例等；各种学习 Linux 的社区、贴吧、论坛也是非常值得利用的资源，热情的网友会帮助我们解决学习中的各种问题；还要学会利用搜索引擎。

5．勤于实践

计算机是一门动手的学问，其相关学习都有一个直截了当的过程，机器是不会骗人的，只要操作正确就可以得到正确的结果。Linux 作为计算机家族中的一员自然也不例外，要提高 Linux 技能，只有通过实践来实现。选择一台合适的计算机，安装一个合适的 Linux 发行版本，将所有疑惑通过实践去检测，必定能大大提升 Linux 的操控能力。

1.7　小结

通过本章的学习，学习者对 Linux 有了整体的认知，并明确了 Linux 学习的意义和方法。本章主要内容包括：

- ☑ 操作系统是管理和控制计算机硬件与软件资源的计算机程序，是最基本的系统软件；
- ☑ Linux 是一款多用户、多任务的自由和开放源码的类 UNIX 操作系统，其内核由 Linus Torvalds 于 1991 年 10 月 5 日首次发布；
- ☑ 在表述时，通常用"Linux 内核"代表操作系统内核本身，"Linux"则代表基于 Linux 内核的完整操作系统；
- ☑ Linux 的特点是"一切皆是文件"，所有的文件都是由根目录"/"开始的，然后再逐渐扩展出枝干，就像一棵倒置的树；
- ☑ Linux 的应用主要体现在"大智移云"领域、服务器领域和嵌入式 Linux 系统三个方面；
- ☑ GNU 项目是由 Richard Stallman 于 1983 年公开发起的自由软件集体协作计划，目标是创建一套完全自由的操作系统，GNU 系统目前使用 Linux 内核，称为 GNU/Linux；
- ☑ 开源的意义在于源代码免费分发、模块化的体系和集市化的开发，开源可以充分激发程序爱好者的潜力，使开源软件具有较强的纠错能力；
- ☑ Linux 的学习方法主要包括转变思想、切勿好高骛远、坚持读英文文档、学会利用网络和勤于实践五个方面。

实训 1　创建虚拟机与破解 Linux 的原始密码

破解 root 密码

一、实训目的

熟悉 VMware 软件的基本操作，能够在虚拟机下启动、运行 CentOS 7，能够完成 RHCE 认证考试的入门操作，破解 root 密码。

二、实训内容

学会在 VMware 下创建虚拟机，掌握 root 密码的破解方法与步骤。

三、项目背景

小 A 同学是 Linux 系统的初学者，但是对 Linux 有浓厚的兴趣，志在考取 Linux 顶级认证。课上老师告诉小 A 同学，Linux 认证考试时是不提供系统密码的，破解密码是考取认证的第一步，如果破解不了密码就是零分。小 A 通过查阅资料，终于学会了如何破解 Linux 系统的 root 密码。

四、实训步骤

任务 1：创建虚拟机。
（1）新建虚拟机。
（2）虚拟机硬件设置。
（3）虚拟机网络设置。
（4）打开虚拟文件。
任务 2：破解 root 密码。
（1）Linux 的启动界面如图 1.3 所示。

图 1.3　Linux 的启动界面

（2）进入 GRUB2 启动菜单。在读秒结束前，按【E】键打断数秒，从而进入编辑模式，如图 1.4 所示。

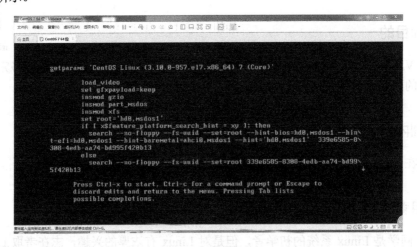

图 1.4　编辑模式

（3）修改启动参数。在编辑模式界面中找到第 16 行，即以"linux16"开头的行，在行尾处输入"rd.break console=tty0"，中间用空格隔开。完成后根据提示按【Ctrl + X】组合键完成启动，如图 1.5 所示。

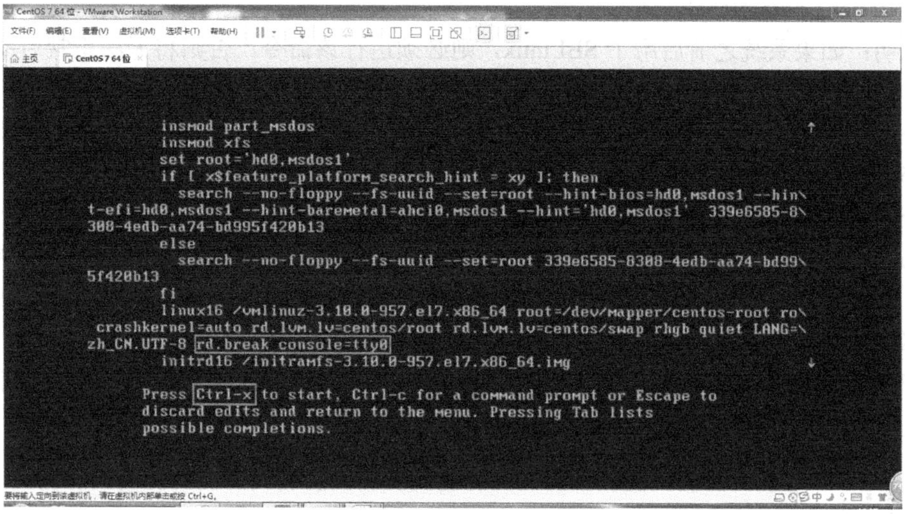

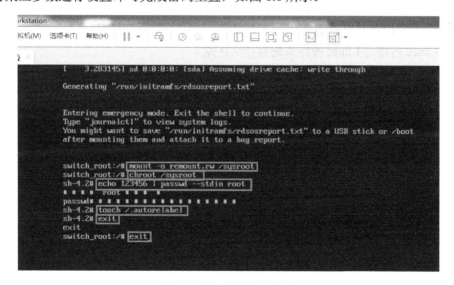

图 1.5　修改启动参数

（4）编辑内核启动参数。重新启动后，Linux 系统便进入单用户模式（也称单例模式），重新对某些参数进行设置即可完成密码重置，如图 1.6 所示。

图 1.6　编辑内核启动参数

设置内容如下。

① mount -o remount,rw /sysroot

说明： 因更改 root 密码需要用到/sysroot 分区中的数据，而该分区默认情况下为只读，故需要对其进行重新挂载，并赋予 rw 读写权限。

② chroot /sysroot

说明： 在 Linux 系统中，系统默认的目录结构都是以"/"目录开始的，使用 chroot 命令后，系统的目录结构将以指定的目录即/sysroot 目录开始。

③ echo 密码 | passwd --stdin 用户名

说明：该命令的作用是修改用户的密码。

④ touch /.autorelabel

说明：如果系统之前启用了 SELinux，则必须运行该命令，否则将无法正常启动系统。

⑤ exit

说明：exit 命令用于退出当前模式。

（5）保存配置并重启。编辑完成后，输入两次 exit 命令即可退出编辑状态，并重新引导系统。

（6）重新登录系统。系统重启后，不需要再次打断读秒，可以直接按【Enter】键进入系统，也可以等待读秒结束后自动进入系统。进入系统后，系统会要求输入用户名和密码，即所修改的用户名和密码。输入无误后，可以进入系统。

（7）登录后要修改其他用户的密码，输入 passwd user 命令，按【Enter】键即可。

任务 3：思考下列问题。

（1）在不知道密码的情况下仍然可以进入 Linux 系统，这会留下安全隐患，有什么解决办法？

（2）Linux 系统和 Windows 系统有什么异同？

任务 4：通过教材研读与查阅资料完成。

（1）什么是操作系统？什么是 Linux？

（2）简述 Linux 的起源与发展历史。

（3）什么是 GNU？什么是自由软件？

（4）Linux 内核与 Linux 操作系统有什么区别？

（5）什么是 Linux 的发行版本？

（6）什么是虚拟机？为什么要使用虚拟机？Windows 环境下如何安装虚拟机？

第2章

安装 Linux 操作系统

计算机专业是以动手实践为主的学科，Linux 课程也不例外，完成 Linux 实践的第一步是安装 Linux 系统。为了使学习者更好地掌握 Linux 操作系统，本章将重点介绍基于虚拟机安装与配置 CentOS 7。

2.1　安装前的准备

2.1.1　获取 CentOS

编写本书时，CentOS 最新的版本是 CentOS 7，本书以 CentOS 7 为例，所有实践均基于 CentOS 7。获取 CentOS 7 操作系统安装文件的方法如下。

步骤 1：通过 CentOS 的官方网址 https://www.centos.org/进入 CentOS 官网主页，如图 2.1 所示。

图 2.1　CentOS 官网主页

步骤 2：单击界面中的"Get CentOS Now"按钮，进入下载界面，如图 2.2 所示。

步骤 3：CentOS 下载界面中有两种安装版本，分别是 DVD ISO 和 Minimal ISO，其中 Minimal ISO 是最小化安装版本，本书选用的是 DVD ISO 安装版本。单击对应按钮即可完成下载。

图 2.2　CentOS 下载界面

2.1.2　安装前的准备工作

安装 Linux 系统之前需要做一些准备工作，比如备份数据、硬件检查、制作安装引导盘和驱动盘、准备硬盘分区等。准备工作主要包括五个步骤，可以根据系统的具体情况有选择地执行其中特定的步骤。Linux 可单独占用整块硬盘，也可与 Windows 10 或 Windows 7 等操作系统共用硬盘。如在主机中只需安装 Linux 操作系统，则可将整个硬盘用于 Linux，安装前的准备工作只需执行下面所列的步骤 2 和步骤 4 即可；如需在主机中有多个操作系统共存，则分为以下两种情况。

① 如果硬盘中还未安装任何操作系统，则建议先为各个操作系统分配适当的分区，然后安装 Windows 10 或 Windows 7 等操作系统，之后再为 CentOS 进行准备工作（如下步骤 1～4）。

② 如果已安装了 Windows 10 或 Windows 7 等操作系统，且未给 Linux 预留分区，则建议严格按照步骤 1～4 进行准备工作。

安装前准备工作的具体步骤如下。

步骤 1：备份数据。

在安装 CentOS 之前，应先将硬盘中的重要数据备份到 U 盘、光盘或移动硬盘中，从而避免在安装过程中发生意外时可能造成的损失。备份的内容包括系统分区表及系统中的重要文件。

步骤 2：收集硬件信息。

在正式安装 CentOS 之前，应尽可能地收集所用机器的硬件信息，包括以下三个方面。

（1）基本硬件配置信息。

☑ 硬盘的数量、容量大小、接口类型（IDE 或 SCSI）、参数（柱面数/磁头数/扇区数）。如果存在多个硬盘，则要明确其主从顺序。

☑ 内存大小。

☑ 光驱的接口类型（IDE、SCSI 或其他类型）。如果是 IDE 光驱，则要知道它连接在第几个 IDE 口上；如果是非 IDE、非 SCSI 光驱，则要明确其制造者、型号和接口类型。

☑ 如果安装 SCSI 设备，则要记住其制造者和型号。

☑ 鼠标的接口（串口、PS/2、USB 或总线鼠标）、协议（Microsoft、Logitech、MouseMan 等）、按键数目、串行鼠标连接的串行端口号。

☑ 如果安装了声卡，则要记住声卡的种类、中断号、DMA 和输出端口。

（2）如果安装 X Window，还应了解如下信息。

☑ 显卡的制造商和型号，显存的大小。

☑ 显示器的制造商和型号，水平和垂直刷新频率。

（3）有关网络连接的信息。

☑ 网卡的制造商和型号，中断号及端口地址。

☑ 主机名称、域名、网络掩码、路由器（网关）地址、DNS（域名服务器）地址等。

☑ 调制解调器的类型和连接端口号。

以上这些硬件设备信息可以从硬件设备手册或设备诊断工具中获得。

步骤 3：准备启动盘。

为了保证在出现严重错误时能够恢复硬盘，建议用 U 盘制作一份 Windows 启动盘，其中包括 fdisk 或其他分区工具，最好备份分区表。

步骤 4：准备 Linux 分区。

由于 CentOS 有自己的文件系统（Linux/XFS），要单独占用自己的分区，所以必须在硬盘上为 CentOS 保留一部分空闲分区。

硬盘分区有三种类型：主分区（Primary Partition）、扩展分区（Extended Partition）和逻辑分区（Logical Partition）。如果只有一个硬盘，则该硬盘上必须有一个主分区，建立主分区的主要用途是安装操作系统。如果有多个主分区，则只能有一个可以设置为活动分区（Active Partition），因为操作系统需在活动分区中启动。

一个硬盘最多可以划分为四个主分区，或三个主分区加一个扩展分区。扩展分区不能直接用来保存数据，其主要功能是可以在其中建立若干逻辑分区。逻辑分区并不是独立的分区，它是建立在扩展分区中的二级分区，例如在 Windows 系统下，一个逻辑分区对应于一个逻辑驱动器（Logical Drive），平时说的 C 盘、D 盘，一般指的就是这种逻辑驱动器。

CentOS 既可安装在主分区上，也可安装在逻辑分区上。如果在硬盘中已为 Linux 预留了空闲分区，则可跳过这一步；如果 Windows 等系统占用了整个硬盘空间，则必须重新划分硬盘空间，为 Linux 创建分区。

2.1.3　安装 CentOS 的虚拟方案

作为计算机及相关专业的学习者，在安装 Linux 操作系统前一般存在以下两点困惑。

（1）学习 Linux 的同时，还需在 Windows 操作系统环境下学习或开发，因此会存在需要同时使用 Linux 和 Windows 两个操作系统的情况。

（2）对于 Linux 的初学者来说，首次安装 CentOS 时害怕丢失数据。

针对这两个问题，虚拟化技术给出了最好的解决方案，即在 Windows 7 或 Windows 10 系统下利用虚拟化技术，使用 Windows 系统的同时安装并运行 CentOS。这样既不用重装系统，又可以达到学习或者搭建相应测试环境的目的。

因此，本书选择了基于 VMware Workstation 15 Pro 进行虚拟安装 CentOS 7。虚拟机本身就是一台软件模拟的计算机，虚拟机中安装 CentOS 与实体计算机上安装 CentOS 没有任何区别。

2.2 虚拟机简介

2.2.1 什么是虚拟机

虚拟机（Virtual Machine）指通过软件模拟的具有完整硬件系统功能的、运行在一个完全隔离环境中的完整计算机系统。通过虚拟机软件可在一台物理计算机上模拟出两台或多台虚拟机，这些虚拟机和真正的计算机一样进行工作，例如可以安装操作系统、安装应用程序、访问网络资源等。对于用户而言，它只是运行在物理计算机上的一个应用程序，但对于在虚拟机中运行的应用程序而言，它就是一台真正的计算机。因此，当用户在虚拟机中进行软件评测时，系统也可能会崩溃，但崩溃的只是虚拟机上的操作系统，而不是物理计算机上的操作系统。使用虚拟机的"Undo"（恢复）功能，可以马上恢复虚拟机到安装软件之前的状态。

2.2.2 虚拟机的特点

（1）可在一台主机上同时运行多个操作系统，每个操作系统均有独立的虚拟机，就如同网络上一个独立的主机。

（2）在 Windows 系统上同时运行两个虚拟机时，它们相互之间可以进行对话，也可以在全屏方式下进行虚拟机之间对话，不过此时另一个虚拟机在后台运行。

（3）在虚拟机上安装同一种操作系统的另一发行版，不需要重新对硬盘进行分区。

（4）虚拟机之间可共享文件、应用、网络资源等。

（5）虚拟机上可以运行 C/S（客户端/服务器）方式的应用，也可在同一台计算机上使用另一台虚拟机的所有资源。

2.2.3 安装虚拟机软件

本书以 VMware 虚拟机软件为例进行安装，具体安装步骤如下。

安装与配置虚拟机

步骤 1： 首先下载 VMware Workstation 15 Pro 软件，双击安装文件，出现如图 2.3 所示欢迎界面，单击"下一步"按钮。

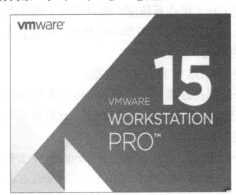

图 2.3　VMware Workstation 15 Pro 虚拟机安装界面

步骤 2：勾选"我接受许可协议中的条款"复选框，如图 2.4 所示，单击"下一步"按钮。

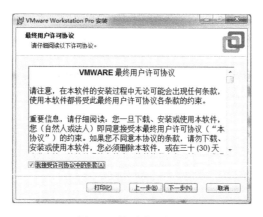

图 2.4　接受许可协议

步骤 3：请先在除 C 盘以外的盘符中建立一个新文件夹，如"D:\Users"。单击"更改"按钮选择安装路径，如图 2.5 所示。

图 2.5　选择安装路径

步骤 4：用户体验设置。可通过复选框进行选择，然后单击"下一步"按钮，如图 2.6 所示。

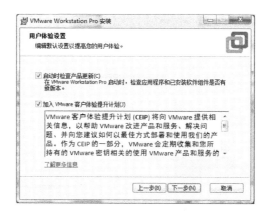

图 2.6　安装软件的用户体验设置

步骤 5：选择创建快捷方式的位置，单击"下一步"按钮，并在下一窗口中单击"安装"按钮，如图 2.7 所示。

图 2.7 创建快捷方式

步骤 6：VMware Workstation 15 Pro 安装进程如图 2.8 所示。

步骤 7：软件安装完需输入许可证密钥，如图 2.9 所示。请登录 VMware 官网购买许可证密钥。

图 2.8 软件安装中　　　　　　　　　　　图 2.9 输入许可证密钥

步骤 8：单击"完成"按钮即可完成安装，如图 2.10 所示。

图 2.10 安装完成

2.2.4 配置虚拟机

配置虚拟机的具体操作步骤如下。

步骤 1：VMware Workstation 15 Pro 完成安装后，在桌面上单击![]快捷图标，进入 VMware Workstation 15 Pro 的工作环境，如图 2.11 所示。

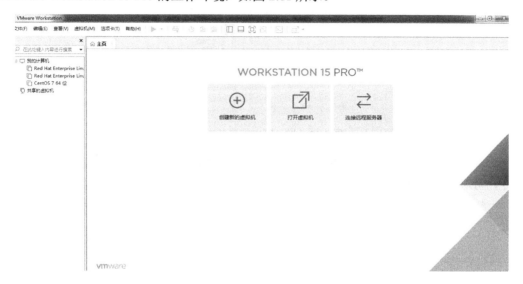

图 2.11　VMware Workstation 15 Pro 工作环境

步骤 2：在左侧选择需使用的操作系统，本书使用"CentOS 7 64 位"，即可打开该操作系统所对应的具体参数，如图 2.12 所示。

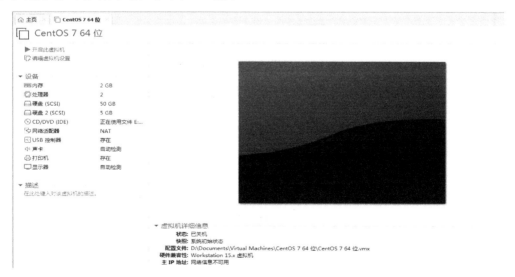

图 2.12　CentOS 7 64 位操作系统参数

步骤 3：虚拟机和普通计算机一样，也由基本的硬件组成，选择"编辑虚拟机设置"选项，通过单击"添加"或"移除"按钮可对基本硬件进行增、删操作，如图 2.13 所示。

图 2.13　增、删虚拟机基本硬件

步骤 4：虚拟机也可进行基本的网络设置。通过"编辑"菜单选择"虚拟网络编辑器"命令，可对某一网络的 IP 地址、网关、DNS 等进行设置，如图 2.14 所示。

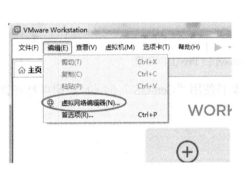

图 2.14　设置虚拟机的基本网络

步骤 5：单击"添加网络"按钮可添加虚拟网络，如图 2.15 所示。选中某一网络后可进行 DHCP 设置，如图 2.16 所示。

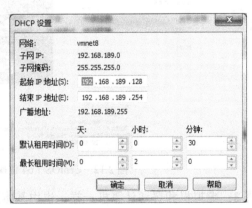

图 2.15　添加虚拟网络　　　　　图 2.16　DHCP 设置

2.3　基于虚拟机安装 CentOS

通过前面的讲述，相信学习者已经明白，虚拟机就是用来模拟一台计算机基本操作的软件。而在 VMware 下安装 CentOS 前，首先需要创建一个空的虚拟机，然后才能进行 Linux 操作系统的安装。

2.3.1　创建虚拟机

创建虚拟机的具体操作步骤如下。

创建虚拟机

步骤 1：首先打开 VMware Workstation 15 Pro 软件，在"文件"菜单中选择"新建虚拟机"命令，如图 2.17 所示。

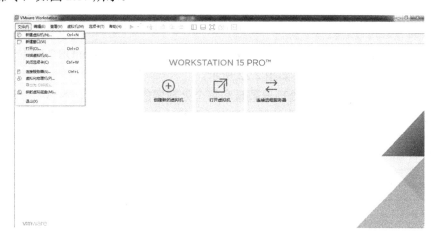

图 2.17　新建虚拟机

步骤 2：在打开的"新建虚拟机向导"界面中，选择"自定义（高级）"单选钮，单击"下一步"按钮，如图 2.18 所示。

步骤 3：选择虚拟机硬件兼容性。因软件高版本向下兼容，所以选择默认设置，单击"下一步"按钮，如图 2.19 所示。

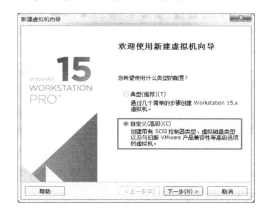

图 2.18　安装选项

图 2.19　兼容性选择

步骤4：安装客户机操作系统。这里先创建一个空的虚拟机，即选择"稍后安装操作系统"单选钮，如图2.20所示。

步骤5：客户机操作系统选择"Linux"，版本选择"CentOS 7 64位"，如图2.21所示。

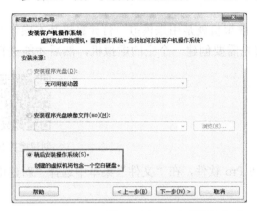

图2.20　安装客户机操作系统　　　　图2.21　选择客户机操作系统和版本

步骤6：命名虚拟机。输入自定义的虚拟机名称，本书中是"CenOS 7 64位"；指定虚拟机位置，本书中指定在D盘，如图2.22所示。

步骤7：处理器配置。选择处理器数量和每个处理器的内核数量，本书中分别设置为1和2，如图2.23所示。处理器及内核数量越多，系统速度越快，但这依赖于物理机的硬件，建议占用物理机的一半即可。

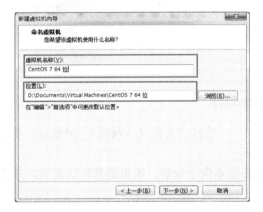

图2.22　命名虚拟机　　　　　　　　图2.23　处理器配置

步骤8：虚拟机内存。指定虚拟机占用内存大小，本书中设置为2048MB（即2GB），如图2.24所示。虚拟内存和处理器一样也依赖于物理机的硬件，建议最多分配物理内存的一半。

步骤9：设置网络连接类型。本书中选择"使用网络地址转换（NAT）"方式连接，如图2.25所示。使用桥接网络方式时，虚拟机与主机在同一网段，与主机可互通，主机联网时虚拟机也可联网，虚拟机与本网段内其他主机互通。使用网络地址转换（NAT）方式时，虚拟机可联网，与主机互通，与主机网络内其他主机不通。使用仅主机模式网络方式时，虚拟机不可联网，与主机互通，与主机网段内其他主机不通。

图 2.24　虚拟机内存

图 2.25　网络类型

步骤 10：选择 I/O 控制器的类型，默认即可，单击"下一步"按钮，如图 2.26 所示。

步骤 11：选择磁盘类型，本书中选择"SCSI"类型，如图 2.27 所示。

图 2.26　选择 I/O 控制器类型

图 2.27　选择磁盘类型

步骤 12：选择磁盘，相当于物理机的硬盘，本书中选择"创建新虚拟磁盘"单选钮，如图 2.28 所示。

步骤 13：指定磁盘容量，默认的 20GB 一般不够用，建议设置略大一些，本书中设置为"50GB"，如图 2.29 所示。选择"将虚拟磁盘拆分成多个文件"单选钮，是为了防止物理机硬盘类型为 FAT32 格式时，无法存储超过 4GB 的文件。

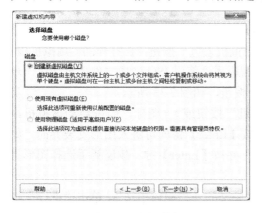

图 2.28　选择磁盘

图 2.29　指定磁盘容量

步骤 14： 指定磁盘文件，默认即可，如图 2.30 所示。

步骤 15： 已准备好创建虚拟机，单击"完成"按钮即可，如图 2.31 和图 2.32 所示。

图 2.30　指定磁盘文件　　　　　　　　　图 2.31　配置完成

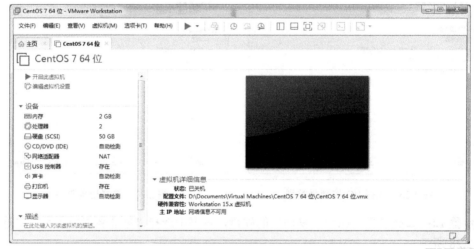

图 2.32　空的虚拟机创建完成

2.3.2　安装 CentOS

安装与配置 CentOS

接下来将进入本章的核心内容，即安装 CentOS 操作系统，具体安装步骤如下。

步骤 1： 在图 2.32 的基础上，单击"编辑虚拟机设置"按钮，在打开的"虚拟机设置"窗口中选择"CD/DVD（IDE）"选项，并在右侧选择"使用 ISO 映像文件"单选钮，单击"浏览"按钮，找到文件存放处，单击"确定"按钮，如图 2.33 所示。

步骤 2： 在图 2.32 中单击"开启此虚拟机"按钮或 ▶ 图标，即可启动虚拟机，如图 2.34 所示。选择"Install CentOS 7"选项后按【Enter】键即可进入图形安装界面，如需文本安装则先按【Esc】键，再输入"linux text"并按【Enter】键。建议新手选择图形界面安装方式。

步骤 3： 进入语言设置界面。本书中选择"中文"→"简体中文"，单击"继续"按钮继续操作。

图 2.33　选择安装镜像

图 2.34　安装界面

步骤 4：进入安装信息摘要界面。可完成本地化设置、软件设置和系统设置，如图 2.35 所示。

步骤 5：设置系统时间。本书中选择"亚洲/上海"，时间手动设置即可。

步骤 6：键盘布局。默认即可，如图 2.36 所示。

图 2.35　安装信息摘要

图 2.36　键盘布局

步骤 7：选择安装源。因开启系统之前已导入安装源，故这里直接选择"自动检测到的安装介质"即可，如图 2.37 所示。

步骤 8：配置软件包。本书中选择"带 GUI 的服务器"单选钮，这种方式安装的 Linux 系统带有图形化界面，适合新手学习使用，如图 2.38 所示。

图 2.37　选择安装源

图 2.38　软件选择

步骤 9：分区可采用自动配置和手动配置两种，本书中采用手动配置分区，即在"其他存储选项"中选择"我要配置分区"单选钮，如图 2.39 所示。单击"完成"按钮即可进入分区具体配置界面。

步骤 10：建立 Linux 系统必须有三个分区，如图 2.40 所示。一是/boot 引导分区，格式为 XFS，大小为 500MB 即可；二是 SWAP 分区，类似 Windows 系统下的虚拟内存，建议为实际内存的 1.5 至 2 倍；三是 Linux 系统的主分区"/"，格式为 XFS，剩余所有空间分给主分区"/"即可，系统安装完成后的一些应用软件安装在主分区中。

图 2.39　分区配置

图 2.40　分区具体配置

步骤 11：手动分区配置完成后，出现如图 2.41 所示的"更改摘要"界面，单击"接受更改"按钮即可。

步骤 12：配置网络和主机名。主机名可自定义，本书中设置主机名为"LinuxServer"，网络为"打开"状态，如图 2.42 所示。

图 2.41　更改摘要

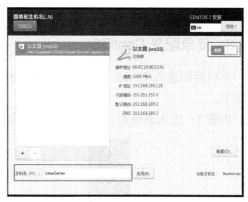

图 2.42　配置网络和主机名

步骤 13：完成后单击"开始安装"按钮即可，如图 2.43 所示。

步骤 14：设置超级账号的密码，即 root 账号的密码，如图 2.44 所示。密码若是设置得过于简单，则会在页面下方出现提示。单击"完成"按钮两次即可。

图 2.43　开始安装

图 2.44　设置 root 密码

步骤 15：创建一个系统的普通用户，同 Windows 系统下一样，如图 2.45 所示。不过用户密码设置得过于简单时，系统也是会提示的。单击"完成"按钮两次即可。

步骤 16：安装完成之后如图 2.46 所示，单击"重启"按钮即可重新启动操作系统。

图 2.45　创建普通用户

图 2.46　安装完成

至此，Linux 操作系统的安装过程全部完成。

2.3.3 简单配置 CentOS

重启后即进入 Linux 系统，再需进行几步简单的配置就可正常使用系统，具体配置步骤如下。

步骤 1：进入系统后，首先看到初始设置界面，如图 2.47 所示。

图 2.47 初始设置

步骤 2：同意许可协议。这是软件的许可信息，需要同意许可协议后才可使用这些软件，勾选左下方的"我同意许可协议"选项，单击"完成"按钮即可，如图 2.48 所示。

图 2.48 许可协议

步骤 3：完成初始配置后，便可登录系统，如图 2.49 所示。

图 2.49 登录系统

步骤 4：可以使用 root 账号或普通账号登录系统，登录后进入欢迎界面，设置语言为
"汉语"，如图 2.50 所示。

图 2.50　语言设置

步骤 5：设置输入键盘为"汉语"，如图 2.51 所示。

图 2.51　键盘设置

步骤 6：位置服务设置。根据个人需要进行设置即可，如图 2.52 所示。

图 2.52　位置服务

步骤 7：连接在线账号设置。该选项也是依据个人需求而定的，确定后单击"完成"按钮即可，如图 2.53 所示。

图 2.53　连接在线账号

步骤 8：简单设置完成，将会出现"一切就绪，开始用吧！"提示，如图 2.54 所示。单击"开始使用 CentOS Linux"按钮，进入登录界面，如图 2.55 所示。

图 2.54　设置完成

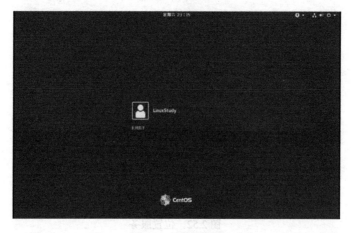

图 2.55　登录界面

2.4 小结

本章主要包括四部分内容。

- ☑ 安装前的准备工作，包括下载 CentOS 映像文件、硬件检查、制作安装引导和启动盘、准备硬盘分区等内容；
- ☑ 使用虚拟化技术学习和搭建本书中的 Linux 环境；
- ☑ 虚拟机的知识，包括其特点、安装步骤和配置步骤；
- ☑ 在虚拟机下安装 CentOS 的具体方法，包括创建空的虚拟机、安装 CentOS 和简单配置 CentOS。

通过这四部分内容的详细介绍，使学习者充分掌握 Linux 学习环境，并掌握手动搭建 Linux 环境的方法，为后续学习打好基础。

实训 2　虚拟机与操作系统的安装配置

一、实训目的

结合教材进一步了解 Linux 操作系统，并熟悉 VMware 软件的安装、设置，掌握基于虚拟机 VMware 安装 CentOS 的思路与具体方法。

二、实训内容

了解虚拟机和 Linux 操作系统，掌握安装虚拟机及基于虚拟机安装 CentOS 的具体方法。

三、项目背景

小 A 上大学了，读的是计算机专业，开设的课程中有的需要 Windows 环境，有的需要 Linux 环境，但是小 A 只有一台笔记本电脑。因此，小 A 在了解了 Linux 系统及相关知识的情况下，决定采用 VMware Workstation 15 Pro 虚拟环境安装 CentOS 7 操作系统。

四、实训步骤

任务 1：通过教材研读与查阅资料完成。

（1）什么是虚拟机？常见的虚拟机有哪些？

（2）安装虚拟机前需先做哪些准备工作？

（3）什么是分区？

（4）什么是虚拟化技术？

任务 2：安装 VMware Workstation 15 Pro 虚拟环境，安装 CentOS 7 操作系统。

（1）安装 VMware Workstation 15 Pro 虚拟环境。

（2）创建空的虚拟机。

（3）打开虚拟机 ISO 映像文件。

（4）安装 CentOS 7 系统。

（5）简单配置 CentOS 7 系统。

（6）虚拟机硬件设置。

（7）虚拟机网络设置。

第3章
Linux 基本操作

Linux 是一个多用户、多任务的操作系统，允许多个用户同时登录。为了给用户提供更好的服务，方便用户操作，本章将介绍 Linux 的基本操作。本章讲解的内容主要包括 GNOME 图形界面、Bash 命令基本操作、Linux 系统常用命令、Vim 文本编辑器、Linux 系统中获取帮助等。

3.1　GNOME 图形界面基础

Linux 是一个基于命令行的操作系统，最初图形界面并不属于 Linux，但因 Linux 的广泛应用，也为了用户操作方便，进而发行了 Linux 中的图形界面，称之为 X Window 界面。图形界面有多种，比如 GNOME、KDE、Unity 界面等。因 GNOME 界面的使用和 Windows 系统的界面使用类似，故本节只做简单介绍，学习者可自行探究。

GNOME 是一个功能完善、操作简单、界面友好的桌面环境，它由面板、桌面、系统图标、图形化的文件管理器等一些用于对系统进行设置和管理的实用程序组成。启动 GNOME 后，会出现如图 3.1 所示的界面。GNOME 和 Windows 系统界面的最大区别就是开始菜单和一些基本的信息设置位于界面的上方。

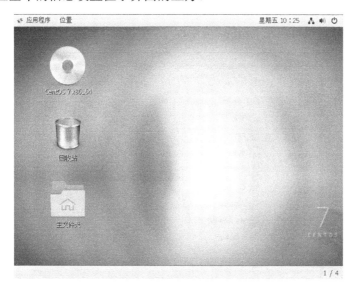

图 3.1　GNOME 界面

GNOME 界面包含以下几部分。

（1）面板：桌面环境上方的区域，通过这些区域可以访问所有的系统应用程序和菜单。

（2）桌面：位于桌面环境中的所有其他组件之后。桌面是用户界面的活动组件，将对象放在桌面上可以快速访问文件和目录，或启动常用的应用程序。若有已执行的各种程序，程序则显示在桌面上。要打开一个文件夹或启动一个程序，双击相应图标即可。

（3）资源管理器：双击用户桌面上的"主文件夹"图标即可打开资源管理器，在它的浏览器窗口中包含文件夹和文件，可以使用鼠标拖动或放置到新位置，基本操作与 Windows 系统中类似。

综上所述，GNOME 界面与 Windows 界面的操作类似，最上面的一行叫作面板，相当于 Windows 的任务栏，面板显示打开的窗口或应用程序；中间部分是桌面，可在桌面上添加快捷方式，如图 3.2 所示的三个应用程序的图标是系统默认添加的。系统启动后在桌面上单击鼠标右键，也可以弹出快捷菜单，供用户使用。

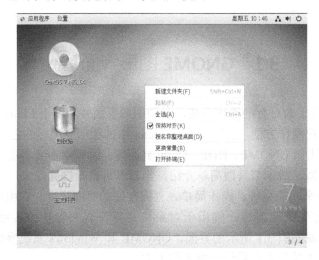

图 3.2　GNOME 基本图形界面

Linux 安装的软件也可在左上角的"应用程序"中找到，如图 3.3 所示为系统自带的程序。

图 3.3　应用程序

虽然图形界面操作起来很直观，但 Linux 还是依靠输入命令的方式进行系统操作的。可在应用程序中打开输入命令的"终端"，或在桌面上直接单击鼠标右键，在弹出的快捷菜单中选择"打开终端"命令，如图 3.4 所示。

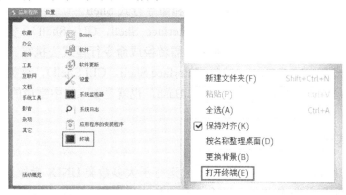

图 3.4   打开终端

3.2   Bash 基础及命令组成

3.2.1   Shell 简介

Bash 基础

Shell 从英文字面上看是"壳"的意思，Shell 在 Linux 中俗称"壳"，它处于 Linux Kernel 的外围，就像一个"壳"一样，如图 3.5 所示。Linux Kernel 承担的任务是接受上层的服务指令，传达给操作系统内核，并实现硬件控制等。但用户无法直接控制 Linux Kernel，即用户不允许直接与 Linux Kernel 进行通信，此时需借助一个外围的"壳"，就是 Shell。Shell 所起的是中间媒介的作用，即将用户需求转换成 Linux Kernel 能够识别的指令。但 Shell 本身其实只是一个概念，其中的操作是依靠图形或命令模式来实现的。

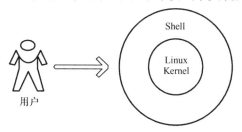

图 3.5   Shell 示意图

Shell 是操作系统最外面的一层，用来管理用户与操作系统之间的交互，等待用户输入，向操作系统解释用户的输入，并处理各种各样的操作系统输出结果。Shell 提供了用户与操作系统之间的通信方式，这种通信可以以交互方式（从键盘输入，并立即得到响应）或以非交互方式（Shell Script）执行。Shell Script 是存放在文件中的一串 Shell 和操作系统命令，可被重复使用，Shell Script 本质上是命令行，将命令简单组合到一个文件里。Shell 基本上是一个命令解释器，类似于 DOS 下的 Command，它接收用户命令（如 ls 等），然后调用相应的应用程序。较为通用的 Shell 有标准的 Bourne Shell（sh）和 C Shell（csh）。

3.2.2　Shell 分类

Shell 可以分为两大类：图形界面 Shell 和命令行式 Shell。

（1）图形界面 Shell（Graphical User Interface Shell，GUI Shell），例如上一节提到的 GNOME、KDE 等。图形界面的最终使用也需转换成命令行模式去执行。

（2）命令行式 Shell（Command Line Interface Shell，CLI Shell），这类 Shell 有很多种，最常用的为 GNU Bourne-Again Shell，简称 Bash，也就是 Linux 中常用的命令行。

3.2.3　Bash 基础

Bash 是许多 Linux 平台的内定 Shell，它运行于大多数类 UNIX 操作系统之上。简单地说，就是用户必须通过 Shell 将输入的命令与内核进行通信，从而让内核控制硬件精准高效地完成工作。

Bash 本身也是一个命令模式下的命令，其含义是打开命令模式终端。下面详细解读一下 Bash 命令窗口中各个选项的具体含义。

1．提示符

Linux 操作系统下的 Bash 提示符分为 "#" 与 "$" 两种，其中 "#" 代表超级用户 root，"$" 代表普通用户。使用超级用户 root 登录系统，仅仅说明其权限比较大，但任何操作都可能对系统带来灾难性错误。虽然本书中有些实例是在 root 登录后实现的，但是强烈建议初学者使用普通用户登录系统。

【实例】 通过系统环境验证 **Bash** 提示符。

```
[linuxstudy@LinuxServer ~]$ bash
[linuxstudy@LinuxServer ~]$ su - root
密码：
上一次登录：三  5月  15 10:56:42 CST 2019pts/0  上
```

说明： su 命令的作用是切换用户，其后可直接加用户名，也可加参数。由 root 切换到普通用户不需要使用密码，其他用户均需在知道对方密码的情况下方可切换。

2．结构解读

```
[root@LinuxServer ~]#
```

上述 Bash 结构中，root 代表的是当前登录系统的用户名称；LinuxServer 代表当前使用的计算机主机名称；@代表使用 root 用户登录到 LinuxServer 这台主机；"~" 代表的是当前所在目录。关于特殊目录的意义，将会在下一节中详细介绍。

【实例】 查看当前主机的主机名及登录的用户名称。

```
[root@LinuxServer ~]# hostname
LinuxServer
[root@LinuxServer ~]# whoami
root
```

说明： hostname 命令用于查看主机名称，whoami 命令用于查看当前登录系统的用户名。

3.2.4 Bash 命令组成

Bash 命令的一般结构：

$ 命令名称　[命令参数]　[命令对象]

☑ $ 是提示符，代表使用普通用户登录系统；

☑ []中的内容都不是必需的，是可选的；

☑ 命令名称：对 Shell 而言正确的 Linux 命令，Bash 命令均为小写；

☑ 命令参数：定制命令选项的一个或多个修饰符号，是 Bash 的命令选项；

☑ 命令对象：受命令影响的一个或多个对象。

注意：命令名称、命令参数、命令对象之间请用空格分隔。命令参数可用长格式（完整的选项名称），也可使用短格式（单个字母的缩写），两者分别用 "--" 和 "-" 作为前缀。

【实例】 查看系统主目录 "/" 下各文件的详细信息。

```
[root@LinuxServer /]# ls -al /
总用量 32
dr-xr-xr-x.  18 root root  256 4 月   6 15:37 .
dr-xr-xr-x.  18 root root  256 4 月   6 15:37 ..
-rw-------.   1 root root  124 1 月  30 16:29 .bash_history
lrwxrwxrwx.   1 root root    7 1 月  26 13:48 bin -> usr/bin
dr-xr-xr-x.   5 root root 4096 5 月  14 10:41 boot
······
```

说明：ls 为命令名称，-la 为命令参数-l 和-a 合并的缩写格式，其中 l 和 a 的顺序可互换。

3.3 Linux 系统常用命令

3.3.1 查看目录

查看目录

学习目录的基本操作之前，请记住以下比较特殊的目录：

☑ "." 表示当前目录；

☑ ".." 表示当前目录的上层目录；

☑ "-" 表示前一个工作目录；

☑ "~" 表示当前用户所在的根目录；

☑ "~linuxstudy" 表示 linuxstudy 用户的根目录。

下面详细介绍一些系统目录操作的常用命令。

1．切换目录

命令名称：cd（Change Directory）。

使用方式：cd　[目录名称]。

说　　明：切换目录。若目录名称省略，则切换至用户的根目录。

【实例】 使用 cd 命令实现目录切换。

cd ~ ：跳到当前用户的根目录；

cd ：不加任何路径时同 cd ~功能相同；

cd ~ linuxstudy ：切换到 linuxstudy 用户的根目录；

cd .. ：切换到当前目录的上层目录；

cd - ：切换到前一个工作目录；

cd /usr/bin/ ：绝对路径，表示切换到/usr/bin/目录；

cd ./yum ：相对路径，表示切换到当前路径下的 yum 目录。

说明：在使用 cd 命令进行目录切换时，cd 后一定要加空格。

根目录"/"是所有目录的顶层，那么"/"有上层目录（..）吗？如果有，那它的上层目录是什么？请学习者自己用实验证明。

2．查看当前路径

命令名称：pwd（Print Working Directory）。

使用方式：pwd　[参数]。

说　　明：显示当前所在目录。

参　　数：-P 表示显示当前的路径，而非使用链接路径。

【**实例**】 查看当前工作目录。

```
[linuxstudy@LinuxServer root]$ pwd
/root
```

【**实例**】 使用 **pwd** 命令查看实际工作目录。

```
[linuxstudy@LinuxServer root]$ cd /var/mail
[linuxstudy@LinuxServer mail]$ pwd
/var/mail
[linuxstudy@LinuxServer mail]$ pwd -P
/var/spool/mail
```

说明：可以看到两个命令获取的路径是有区别的。

3．查看目录列表

命令名称：ls。

使用方式：ls　[参数]　[目录名称或文件名称]。

说　　明：列出指定目录或文件的内容。

参　　数：

-a：显示所有文件与目录（默认情况下开头为"."的文件或目录被视为隐藏文件，不会列出）；

-d：仅列出目录，而不列出其中的数据；

-l：列出文件或目录的详细信息；

-r：将文件以相反次序显示（默认按英文字母升序显示）；

-t：将文件按建立时间的先后次序列出；

-A：同-a，但不列出"."（当前目录）和".."（父目录）；

-F：在列出的文件或目录后加　符号，如为可执行文件加"*"，为目录则加"/"；

-R：若目录下有文件，则将其全部依序列出。

【实例】 列出"~"目录下所有文件或目录的详细信息（包含隐藏文件）。

```
[linuxstudy@LinuxServer ~]$ ls -al
总用量 32
drwx------. 15 linuxstudy linuxstudy 4096 1 月   30 17:26 .
drwxr-xr-x.  3 root       root         24 1 月   26 14:02 ..
-rw-------.  1 linuxstudy linuxstudy    7 1 月   30 17:26 .bash_history
-rw-r--r--.  1 linuxstudy linuxstudy   18 10 月  31 2018 .bash_logout
-rw-r--r--.  1 linuxstudy linuxstudy  193 10 月  31 2018 .bash_profile
-rw-r--r--.  1 linuxstudy linuxstudy  231 10 月  31 2018 .bashrc
drwx------. 14 linuxstudy linuxstudy 4096 1 月   30 17:25 .cache
drwxr-xr-x. 14 linuxstudy linuxstudy  261 1 月   30 17:25 .config
drwx------.  3 linuxstudy linuxstudy   25 1 月   30 17:25 .dbus
-rw-------.  1 linuxstudy linuxstudy   16 1 月   30 17:25 .esd_auth
-rw-------.  1 linuxstudy linuxstudy  310 1 月   30 17:25 .ICEauthority
drwx------.  3 linuxstudy linuxstudy   19 1 月   30 17:25 .local
drwxr-xr-x.  4 linuxstudy linuxstudy   39 1 月   26 13:47 .mozilla
drwxr-xr-x.  2 linuxstudy linuxstudy    6 1 月   30 17:25 公共
drwxr-xr-x.  2 linuxstudy linuxstudy    6 1 月   30 17:25 模板
drwxr-xr-x.  2 linuxstudy linuxstudy    6 1 月   30 17:25 视频
drwxr-xr-x.  2 linuxstudy linuxstudy    6 1 月   30 17:25 图片
drwxr-xr-x.  2 linuxstudy linuxstudy    6 1 月   30 17:25 文档
drwxr-xr-x.  2 linuxstudy linuxstudy    6 1 月   30 17:25 下载
drwxr-xr-x.  2 linuxstudy linuxstudy    6 1 月   30 17:25 音乐
drwxr-xr-x.  2 linuxstudy linuxstudy    6 1 月   30 17:25 桌面
```

说明：ls -al 命令表示以长格式显示当前目录下的所有文件（包括隐藏文件）。

【实例】 列出/**tmp/sanguo** 目录的详细信息，不列出其中的文件信息。

```
[linuxstudy@LinuxServer ~]$ ls -ld /tmp/sanguo
drwxrwxr-x. 2 linuxstudy linuxstudy 6 5 月   16 10:01 /tmp/sanguo
```

说明：ls -ld 命令表示以长格式显示目录信息。

【实例】 列出/**tmp/sanguo** 目录及其子目录的详细信息。

```
[linuxstudy@LinuxServer ~]$ ls -lR /tmp/sanguo
/tmp/sanguo:
总用量 0
drwxrwxr-x. 3 linuxstudy linuxstudy 17 5 月   16 10:05 liubei
/tmp/sanguo/liubei:
总用量 0
drwxrwxr-x. 2 linuxstudy linuxstudy 6 5 月   16 10:04 boy
/tmp/sanguo/liubei/boy:
总用量 0
```

3.3.2 管理目录和创建文件

1. 创建目录

命令名称：mkdir（Make Directory）。

使用方式：mkdir [参数] 目录名称。

说　　明：创建新目录。

管理目录和创建文件

参　　数：

-m：按照某个指定权限创建目录；

-p：一次性递归创建多个目录。

【实例】 切换到 tmp 目录下，创建一个名为 sanguo 的目录。

```
[linuxstudy@LinuxServer tmp]$ cd /tmp
[linuxstudy@LinuxServer tmp]$ mkdir sanguo
```

【实例】 切换到 sanguo 目录下，创建如下目录：shuhan/liubei/guanyu/zhangfei/zhaoyun。

```
[linuxstudy@LinuxServer tmp]$ cd sanguo
[linuxstudy@LinuxServer sanguo]$ mkdir -p shuhan/liubei/guanyu/zhangfei/zhaoyun
```

说明：mkdir 命令使用-p 参数可以递归创建多个目录。

【实例】 在 sanguo 目录下，创建一个权限为 rwxrwxrwx 的目录，并取名为 caowei。

```
[linuxstudy@LinuxServer sanguo]$ mkdir -m 777 caowei
[linuxstudy@LinuxServer sanguo]$ ls -l
总用量 0
drwxrwxrwx. 2 linuxstudy linuxstudy  6 5 月   16 10:38 caowei
drwxrwxr-x. 3 linuxstudy linuxstudy 20 5 月   16 10:37 shuhan
```

说明：777 是用数字表示权限，r 权限为 4，w 权限为 2，x 权限为 1，三者相加为 7。后续章节将会详细讲解 Linux 中的权限管理。

2．删除目录

命令名称：rmdir（Remove Directory）。

使用方式：rmdir　 [参数]　 目录名称。

说　　明：删除空目录。

参　　数：-p 表示当子目录被删除后，若该目录为空，则将该目录也一并删除，即连同上层空目录一并删除。

【实例】 进入/tmp/sanguo 目录，并用 ls -l 查看。

```
[linuxstudy@LinuxServer sanguo]$ cd /tmp/sanguo
[linuxstudy@LinuxServer sanguo]$ ls -l
总用量 0
drwxrwxrwx. 2 linuxstudy linuxstudy  6 5 月   16 10:38 caowei
drwxrwxr-x. 3 linuxstudy linuxstudy 20 5 月   16 10:37 shuhan
```

【实例】 删除 caowei 目录。

```
[linuxstudy@LinuxServer sanguo]$ rmdir caowei
```

【实例】 删除 shuhan 目录。

```
[linuxstudy@LinuxServer sanguo]$ rmdir shuhan
rmdir: 删除 "shuhan" 失败: 目录非空
[linuxstudy@LinuxServer sanguo]$ rmdir -p shuhan/liubei/guanyu/zhangfei/zhaoyun/
```

说明：在删除 zhaoyun 目录的同时，上级目录成为空目录，因此依次递归删除。

3．创建文件

touch 的一般用法是创建一个新文件，同时 touch 还可以用来修改文件时间戳。该命令虽不常用，但关键时很实用。

时间戳有三个时间，即最后访问时间 access time，简称为 atime；状态更改时间 change time，简称 ctime；内容修改时间 modification time，简称为 mtime。

☑ atime：最后访问时间，是一个文件的数据最后一次被访问的时间。例如，显示一个文件的内容或运行一个 Shell 脚本都会更新文件的 atime。可用 ls -lu 命令查看 atime。

☑ ctime：状态更改时间，指文件或目录的属性（所有者、权限等）被更改的时间，文件内容改变时 ctime 也会改变。如果一个文件需要备份的话，dump 命令需要用到 ctime。可用 ls -lc 命令查看 ctime。

☑ mtime：内容修改时间，是文件的目前内容最后被修改的时间，这是在一个长目录列表中显示的时间。

文件的 atime 是在读取文件或者执行文件时更改的；ctime 是在写入文件、更改所有者、权限或链接设置时随 inode 的内容更改而更改的；mtime 是在写入文件时随文件内容的更改而更改的。例如，执行 cat file 命令将更新文件的 atime；执行 chmod a+w file 命令将更新文件的 ctime；执行 echo "wanglaoshi shige haoren" >file 命令将会更新文件的 ctime 和 mtime。

命令名称： touch。

使用方式： touch　[参数] 文件名称。

参　　数：

　　　　-a：仅修改访问时间；

　　　　-r：修改文件的时间为指定文件的日期时间；

　　　　-t：指定文件的日期时间为 yymmddhhmm；

　　　　-c：仅改变状态更改时间，如果文件不存在则创建空文件；

　　　　-m：仅修改 mtime。

说明： 如果不加参数，后面直接接文件名称，则判断该文件是否存在，若存在则改变其时间，若不存在则创建一个 0 字节的空文件；如果加上相应参数，则会按照参数的设置修改时间戳。

【实例】在/tmp/sanguo 目录下创建目录 whb，进入 whb 目录，并创建空文件 linuxtest。

```
[linuxstudy@LinuxServer ~]$ cd /tmp/sanguo
[linuxstudy@LinuxServer sanguo]$ mkdir whb
[linuxstudy@LinuxServer sanguo]$ cd whb
[linuxstudy@LinuxServer whb]$ touch linuxtest
[linuxstudy@LinuxServer whb]$ ls -l
总用量 0
-rw-rw-r--. 1 linuxstudy linuxstudy 0 5 月    16 10:20 linuxtest
```

说明： 利用 ls -l 命令显示文件信息，其中的时间为文件的 mtime。touch 命令的作用是创建了一个空文件。

【实例】 将~/.bashrc 文件连同属性一起复制到 whb 目录并改名为 whb_bashrc，并查看其三个时间。

```
[linuxstudy@LinuxServer whb]$ cp -a ~/.bashrc whb_bashrc
[linuxstudy@LinuxServer whb]$ ls -lc whb_bashrc
-rw-r--r--. 1 linuxstudy linuxstudy 231 5 月    16 10:22 whb_bashrc
[linuxstudy@LinuxServer whb]$ ls -lu whb_bashrc
-rw-r--r--. 1 linuxstudy linuxstudy 231 5 月    16 09:48 whb_bashrc
[linuxstudy@LinuxServer whb]$ ll whb_bashrc
-rw-r--r--. 1 linuxstudy linuxstudy 231 10 月   31 2018 whb_bashrc
[linuxstudy@LinuxServer whb]$ ll whb_bashrc ;ll --time=atime whb_bashrc ;ll --time=ctime whb_bashrc
-rw-r--r--. 1 linuxstudy linuxstudy 231 10 月   31 2018 whb_bashrc
-rw-r--r--. 1 linuxstudy linuxstudy 231 5 月    16 09:48 whb_bashrc
-rw-r--r--. 1 linuxstudy linuxstudy 231 5 月    16 10:22 whb_bashrc
```

说明：本实例中使用两种方法分别查看了 whb_bashrc 文件的三个时间。ls -lc 命令查看文件的 ctime；ls -lu 命令查看文件的 atime；ll 命令查看文件的 mtime，其中 ll 是 ls -l 的简写。在本实例中还用到了同时查看多项信息的组合命令，多个命令之间用分号隔开，并同时执行。

【实例】 将文件 **whb_bashrc** 的三个时间均改为当天。

```
[linuxstudy@LinuxServer whb]$ touch -d "today" whb_bashrc
[linuxstudy@LinuxServer whb]$ ll whb_bashrc ;ll --time=atime whb_bashrc ;ll --time=ctime whb_bashrc
-rw-r--r--. 1 linuxstudy linuxstudy 231 5 月    16 10:28 whb_bashrc
-rw-r--r--. 1 linuxstudy linuxstudy 231 5 月    16 10:28 whb_bashrc
-rw-r--r--. 1 linuxstudy linuxstudy 231 5 月    16 10:28 whb_bashrc
```

说明：本实例中将时间更改为当天，命令中使用了"today"。那如果调整为三天前呢？把时间写成"3 days ago"吗？请学习者在实践中检验、证明。

【实例】 将文件 **whb_bashrc** 的日期改为 **2018/12/12 12:12**。

```
[linuxstudy@LinuxServer whb]$touch –t "201812121212" whb_bashrc
[linuxstudy@LinuxServer whb]$ ll whb_bashrc ;ll --time=atime whb_bashrc ;ll --time=ctime whb_bashrc
-rw-r--r--. 1 linuxstudy linuxstudy 231 12 月  12 12:12 whb_bashrc
-rw-r--r--. 1 linuxstudy linuxstudy 231 12 月  12 12:12 whb_bashrc
-rw-r--r--. 1 linuxstudy linuxstudy 231 5 月    16 10:30 whb_bashrc
```

3.3.3　复制、移动与删除

对于文件与目录最基本的管理操作是复制、移动与删除，下面详细讲解这三个操作命令。

1. 复制命令

命令名称：cp（Copy）。

使用方式：cp　[参数]　源文件　目标文件。

复制、移动与删除

说　　明：将一个文件复制至另一个文件，或复制至另一个目录。

参　　数：

　　　　-f：文件在目标路径中存在时，直接覆盖；

　　　　-i：文件在目标路径中存在时，提示询问是否覆盖；

　　　　-r：复制指定文件中所有内容和结构；

　　　　-b：生成覆盖文件的备份；

　　-a：保持文件原有属性；

　　-s：复制为软链接，也就是快捷方式；

　　-l：复制为硬链接；

　　-d：如果源文件是链接文件，则复制链接文件属性，而非文件本身。

【实例】 在前面创建的 **sanguo** 目录中，创建 **caowei** 目录，并将**/etc/passwd** 文件复制到该目录。

```
[linuxstudy@LinuxServer sanguo]$ cd /tmp/sanguo
[linuxstudy@LinuxServer sanguo]$ mkdir caowei
[linuxstudy@LinuxServer sanguo]$ cp /etc/passwd ./caowei/
[linuxstudy@LinuxServer sanguo]$ ls -l caowei/
总用量 4
-rw-r--r--. 1 linuxstudy linuxstudy 2277 5 月　 16 10:46 passwd
```

【实例】 将**/etc** 目录下的 **passwd** 文件复制到 **caowei** 目录下，并改名为 **caocao**。

```
[linuxstudy@LinuxServer sanguo]$ cp /etc/passwd /tmp/sanguo/caowei/caocao
[linuxstudy@LinuxServer sanguo]$ ls -l caowei/
总用量 8
-rw-r--r--. 1 linuxstudy linuxstudy 2277 5 月　 16 10:49 caocao
-rw-r--r--. 1 linuxstudy linuxstudy 2277 5 月　 16 10:46 passwd
```

　　说明 1：以上两个实例中分别应用了相对路径 "." 和绝对路径 "/etc/passwd" "/tmp/sanguo/caowei/caocao"，后续章节中会介绍到两者的概念与区别。

　　说明 2：在这两个实例中大家可看到，cp 命令的功能不仅有复制，还可在复制的同时重命名。

【实例】 将**/var/log/wtmp** 文件复制到 **caowei** 目录中，查看其属性，加上**-a** 参数后再次查看。

```
[linuxstudy@LinuxServer sanguo]$ cp /var/log/wtmp caowei/
[linuxstudy@LinuxServer sanguo]$ ls -l caowei/wtmp /var/log/wtmp
-rw-rw-r--. 1 linuxstudy linuxstudy 18816 5 月　 16 10:51 caowei/wtmp
-rw-rw-r--. 1 root        utmp       18816 5 月　 15 18:53 /var/log/wtmp
[linuxstudy@LinuxServer sanguo]$ cp -a /var/log/wtmp caowei/wtmp1
[linuxstudy@LinuxServer sanguo]$ ls -l caowei/wtmp1 /var/log/wtmp
-rw-rw-r--. 1 linuxstudy linuxstudy 18816 5 月　 15 18:53 caowei/wtmp1
-rw-rw-r--. 1 root        utmp       18816 5 月　 15 18:53 /var/log/wtmp
```

　　说明：通过本实例可以发现，-a 参数的作用相当于-pdr 参数，即复制后保持原有文件的所有属性。

【实例】 使用 **root** 用户将**/etc/**目录复制到 **caowei** 目录下。

```
[root@LinuxServer sanguo]# cp -r /etc caowei/
[root@LinuxServer sanguo]# ls -l caowei/
总用量 60
-rw-r--r--.   1 linuxstudy linuxstudy  2277 5 月　 16 10:49 caocao
drwxr-xr-x. 138 root       root        8192 5 月　 16 10:56 etc
-rw-r--r--.   1 linuxstudy linuxstudy  2277 5 月　 16 10:46 passwd
-rw-rw-r--.   1 linuxstudy linuxstudy 18816 5 月　 16 10:51 wtmp
-rw-rw-r--.   1 linuxstudy linuxstudy 18816 5 月　 15 18:53 wtmp1
```

说明：通过本实例可以看到，如果复制的是一个目录，则必须加上-r 参数，-r 表示递归，即连同目录中的文件或子目录一并复制过来。

【实例】 为 caowei 目录下的 passwd 文件分别创建软、硬链接。

```
[root@LinuxServer caowei]# cp -s passwd ruanlianjie
[root@LinuxServer caowei]# cp -l passwd yinglianjie
[root@LinuxServer caowei]# ls -l
总用量 64
-rw-r--r--.    1 linuxstudy linuxstudy   2277 5 月   16 10:49 caocao
drwxr-xr-x. 138 root         root         8192 5 月   16 10:56 etc
-rw-r--r--.    3 linuxstudy linuxstudy   2277 5 月   16 10:46 passwd
lrwxrwxrwx.    1 root         root            6 5 月   16 11:00 ruanlianjie -> passwd
-rw-rw-r--.    1 linuxstudy linuxstudy 18816 5 月   16 10:51 wtmp
-rw-rw-r--.    1 linuxstudy linuxstudy 18816 5 月   15 18:53 wtmp1
-rw-r--r--.    3 linuxstudy linuxstudy   2277 5 月   16 10:46 yinglianjie
```

说明：通过本实例发现，ruanlianjie 的大小仅有 6 个字节，正好是 passwd 文件名字的长度，即软链接中只存了源文件的名字，而硬链接大小与 passwd 相同。

【实例】 在刚才创建的软、硬链接的基础上删除 passwd 文件，并查看。

```
[root@LinuxServer caowei]# rm passwd
rm: 是否删除普通文件 "passwd"? y
[root@LinuxServer caowei]# ls -l
总用量 60
-rw-r--r--.    1 linuxstudy linuxstudy   2277 5 月   16 10:49 caocao
drwxr-xr-x. 138 root         root         8192 5 月   16 10:56 etc
lrwxrwxrwx.    1 root         root            6 5 月   16 11:00 ruanlianjie -> passwd
-rw-rw-r--.    1 linuxstudy linuxstudy 18816 5 月   16 10:51 wtmp
-rw-rw-r--.    1 linuxstudy linuxstudy 18816 5 月   15 18:53 wtmp1
-rw-r--r--.    2 linuxstudy linuxstudy   2277 5 月   16 10:46 yinglianjie
```

说明：本实例中提前应用了文件的删除命令 rm，源文件删除后 yinglianjie 文件没有变化，而软链接出现了问题，这是因为名称为 ruanlianjie 的文件本身就是个快捷方式，源文件被删除后，快捷方式也就出问题了。

2. 移动命令

命令名称：mv（Move）。

使用方式：mv [参数] 源文件   目标文件。

说　　明：重命名文件或将文件移动至另一目录。

参　　数：

　　　　-i：如果存在文件重名，则提示是否覆盖；

　　　　-b：建立覆盖文件的备份；

　　　　-f：如果存在文件重名，则直接覆盖；

　　　　-u：移动时如果存在同名文件，则比较新旧，源文件新则覆盖目标文件。

【实例】 在 sanguo 目录下创建名为 shuhan 的目录，将 caocao 文件移动至该目录。

```
[root@LinuxServer sanguo]# mkdir shuhan
[root@LinuxServer sanguo]# mv caowei/caocao shuhan
[root@LinuxServer sanguo]# ls shuhan
caocao
```

【实例】 在 **sanguo** 目录下创建名为 **sunquan** 的目录，并将其改名为 **sunwu**。

```
[root@LinuxServer sanguo]# mkdir sunquan
[root@LinuxServer sanguo]# ls
caowei   shuhan   sunquan
[root@LinuxServer sanguo]# mv sunquan sunwu
[root@LinuxServer sanguo]# ls
caowei   shuhan   sunwu
```

3．删除命令

命令名称：rm（Remove）。

使用方式：rm　[参数]　目录名称或文件名称。

说　　明：删除文件或目录。

参　　数：

　　　　-i：删除前逐一询问确认；

　　　　-f：即使原文件属性设为只读也直接删除，无须逐一确认，可强制删除；

　　　　-r：将目录及其目录内文件逐一删除。

【实例】 删除 **shuhan** 目录下的 **caocao** 文件。

```
[root@LinuxServer sanguo]# rm shuhan/caocao
rm：是否删除普通文件 "shuhan/caocao"? y
[root@LinuxServer sanguo]# ls shuhan
[root@LinuxServer sanguo]#
```

【实例】 删除 **caowei** 目录下的 **etc** 目录。

```
[root@LinuxServer sanguo]# rm -r caowei/etc/
rm：是否进入目录"caowei/etc/"? y
rm：是否删除普通文件 "caowei/etc/fstab"? y
rm：是否删除普通空文件 "caowei/etc/crypttab"? y
rm：是否删除符号链接 "caowei/etc/mtab"? ^C
[root@LinuxServer sanguo]# rm -rf caowei/etc/
[root@LinuxServer sanguo]# ls caowei/
ruanlianjie   wtmp   wtmp1   yinglianjie
```

说明：用 rm -r 命令删除目录时会逐一询问是否删除，加上了-f 参数后则不会再逐一询问，直接删除。但是切记，-f 参数不要随便使用，否则可能会造成无法挽回的损失。

3.3.4　查看文件内容

查看文件内容

在不借助任何查看工具的前提下，想利用 Linux 命令查看文件的内容，应该怎么做呢？接下来将详细介绍查看命令 cat、tac、more、less、head、tail。其中，cat 由第一行开始显示文件内容；tac 从最后一行开始显示文件内容，与 cat 正好相反；more 分页显示文件内容；less 与 more 类似，但支持往上翻页；head 查看文件前几行内容；tail 查看文件后几行内容。下面详细解读一下每个命令的用法。

1．cat 命令

命令名称：cat（Concatenate）。

使用方式：cat [参数] [--help] [--version] 文件名称。

说　　明：查看纯文本文件内容（适用于内容较少的文件）。

参　　数：

-n 或--number：由 1 开始对所有输出的行数编号；

-b 或--number-nonblank：和-n 相似，只不过对于空白行不编号；

-s 或--squeeze-blank：当遇到有连续两行以上的空白行时，就代换为一行；

-v 或--show-nonprinting：显示具体格式。

【实例】 将/etc 目录下的 passwd 文件复制到 sanguo 目录下，并用 cat 命令查看其内容。

```
[root@LinuxServer sanguo]# cp /etc/passwd /tmp/sanguo/
[root@LinuxServer sanguo]# cat /tmp/sanguo/passwd
root:x:0:0:root:/root:/bin/bash
bin:x:1:1:bin:/bin:/sbin/nologin
daemon:x:2:2:daemon:/sbin:/sbin/nologin
adm:x:3:4:adm:/var/adm:/sbin/nologin
lp:x:4:7:lp:/var/spool/lpd:/sbin/nologin
sync:x:5:0:sync:/sbin:/bin/sync
……
```

【实例】 将上面查看的文件加上行号。

```
[root@LinuxServer sanguo]# cat -n /tmp/sanguo/passwd
     1    root:x:0:0:root:/root:/bin/bash
     2    bin:x:1:1:bin:/bin:/sbin/nologin
     3    daemon:x:2:2:daemon:/sbin:/sbin/nologin
     4    adm:x:3:4:adm:/var/adm:/sbin/nologin
     5    lp:x:4:7:lp:/var/spool/lpd:/sbin/nologin
     6    sync:x:5:0:sync:/sbin:/bin/sync
……
```

2. tac 命令

命令名称：tac。

使用方式：tac 文件名称。

说　　明：将文件从最后一行到第一行反向输出。

【实例】 用 tac 命令查看 sanguo/passwd 的内容。

```
[root@LinuxServer sanguo]# tac /tmp/sanguo/passwd
linuxstudy:x:1000:1000:LinuxStudy:/home/linuxstudy:/bin/bash
tcpdump:x:72:72::/:/sbin/nologin
ntp:x:38:38::/etc/ntp:/sbin/nologin
postfix:x:89:89::/var/spool/postfix:/sbin/nologin
avahi:x:70:70:Avahi mDNS/DNS-SD Stack:/var/run/avahi-daemon:/sbin/nologin
sshd:x:74:74:Privilege-separated SSH:/var/empty/sshd:/sbin/nologin
……
```

3. more 命令

命令名称：more。

使用方式：more [参数] 文件名称。

说　　明：分页显示文件的内容，空格键【Space】代表显示下一页，【B】键代表显示上一页，还有搜寻字串的功能（与 Vim 相似），按【H】键可显示说明文件。

参　　数：

　　　　-f：统计逻辑行数而不是屏幕行数；

　　　　-p：不滚屏，清屏并显示文本；

　　　　-s：将多个空行压缩为一行；

　　　　-NUM：指定每屏显示的行数为 NUM；

　　　　+NUM：从文件第 NUM 行开始显示；

　　　　+/STRING：从匹配搜索字符串 STRING 的文件位置开始显示；

　　　　-V：输出版本信息并退出。

【实例】　使用 **more** 命令查看 **passwd** 文件的信息。

```
[root@LinuxServer sanguo]# more passwd
root:x:0:0:root:/root:/bin/bash
bin:x:1:1:bin:/bin:/sbin/nologin
daemon:x:2:2:daemon:/sbin:/sbin/nologin
adm:x:3:4:adm:/var/adm:/sbin/nologin
lp:x:4:7:lp:/var/spool/lpd:/sbin/nologin
--More--(52%)
```

4．less 命令

命令名称：less。

使用方式：less　[参数]　文件名称。

说　　明：less 与 more 的作用十分相似，都可用来浏览文件的内容。不同的是，less 允许往上翻页，浏览已经看过的部分。less 并非一次性读入整个文件，因此针对大型文件速度会比一般的文本编辑器（如 Vim）快。

参　　数：

　　　　-c：从上到下刷新屏幕，并显示文件内容，而不是通过底部滚动完成刷新；

　　　　-f：强制打开文件，显示二进制文件时不提示警告；

　　　　-i：搜索时忽略大小写，除非搜索串中包含大写字母；

　　　　-I：搜索时忽略大小写，除非搜索串中包含小写字母；

　　　　-m：显示读取文件的百分比；

　　　　-M：显示读取文件的百分比、行号及总行数；

　　　　-N：在每行前输出行号。

【实例】　使用 **less** 命令查看 **passwd** 的信息。

```
[root@LinuxServer sanguo]# less passwd
root:x:0:0:root:/root:/bin/bash
bin:x:1:1:bin:/bin:/sbin/nologin
daemon:x:2:2:daemon:/sbin:/sbin/nologin
passwd
```

5．head 命令

命令名称：head。

使用方式：head　[参数]　文件名称。

说　　明：以行为单位读取文件前 N 行数据。

参　　数：-n 后面接数字 N，代表显示 N 行。

【实例】 使用 **head** 命令读取 **passwd** 文件前 **3** 行数据。

```
[root@LinuxServer sanguo]# head -n 3 passwd
root:x:0:0:root:/root:/bin/bash
bin:x:1:1:bin:/bin:/sbin/nologin
daemon:x:2:2:daemon:/sbin:/sbin/nologin
```

6．tail 命令

命令名称：tail。

使用方式：tail　[参数]　文件名称。

说　　明：以行为单位读取文件最后 N 行数据。

参　　数：-n 后面接数字 N，代表显示 N 行。

【实例】 使用 **tail** 命令读取 **passwd** 文件后 **3** 行数据。

```
[root@LinuxServer sanguo]# tail -n 3 passwd
ntp:x:38:38::/etc/ntp:/sbin/nologin
tcpdump:x:72:72::/:/sbin/nologin
linuxstudy:x:1000:1000:LinuxStudy:/home/linuxstudy:/bin/bash
```

【实例】 使用 **tail** 命令读取 **passwd** 文件 **40** 行以后的数据。

```
[root@LinuxServer sanguo]# tail -n +40 passwd
postfix:x:89:89::/var/spool/postfix:/sbin/nologin
ntp:x:38:38::/etc/ntp:/sbin/nologin
tcpdump:x:72:72::/:/sbin/nologin
linuxstudy:x:1000:1000:LinuxStudy:/home/linuxstudy:/bin/bash
```

3.4 Vim 文本编辑器

Vim 编辑器

Vim 是一个类似于 Vi 的文本编辑器，但在 Vi 的基础上增加了很多新特性，Vim 被普遍认为是类 Vi 编辑器中最好的一个。Vi 和 Vim 都是多模式编辑器，不同的是 Vim 是 Vi 的升级版本，它不仅兼容 Vi 的所有指令，而且还有一些新特性，比如代码补全、编译及错误跳转、代码高亮显示等方便编程的功能，在程序员中被广泛使用。另外，Vim 还可以很好地支持中文，尤其是简体中文。

学习 Vim 首先要过两关。第一关是理解 Vim 的设计思路，Vim 是整个文本编辑都用键盘而非鼠标来完成的，键盘上几乎每个键都有固定用法，且 Vim 希望用户在普通模式（也就是命令行模式，只可输入命令）下完成大部分的编辑工作，将此模式设置为默认模式。初学者打开 Vim 后，若直接输入单词，则会"滴滴"乱响，这是因为 Vim 把用户输入的单词理解为命令了。第二关是命令，Vim 有超过一百条命令，若能熟练使用这些命令，编辑速度会比使用鼠标快，但要全都记住也是一件难事，因此最好的方法就是多操作，把 Vim 用在日常文本编辑中，遇到难题及时解决，这样 Vim 技能便会提升。

Vim 是一个多模式编辑器，其模式大致分为以下六种。

（1）命令模式（n）：在其他任何一种模式下，按【Esc】键或者【Ctrl+C】组合键可以退到命令模式。

（2）输入模式（i）：也叫插入模式，在该模式下，Vim 像一个常见的编辑器。在命令模式下，按【I】或【A】键可进入该模式。当然，还有一些其他命令也可实现。

（3）可视模式（v）：在该模式下，可以按【H】键进行选择，然后进行复制、粘贴或其他操作。在命令模式下，按【V】键进入该模式。

（4）块操作模式（V）：在命令模式下，按【Ctrl+V】组合键进入该模式。

（5）修改模式（R）：即改写模式，很多软件中用【Insert】键来完成这个切换。在 Vim 中，在命令模式下，按【R】键进入该模式。

（6）末行模式（ex）：命令执行模式，在命令模式下，按冒号【:】键切换到该模式。

在以上六种模式中，最常用的是命令模式、输入模式及末行模式三种。Linux 中一般直接进入的是命令模式，在命令模式下按【I】【A】【O】等键可进入输入模式，输入模式下按【Esc】键可以回到命令模式；在命令模式下按【:】键可进入末行模式，末行模式下按【Esc】键可以回到命令模式。模式互相转换的示意图如图 3.6 所示。

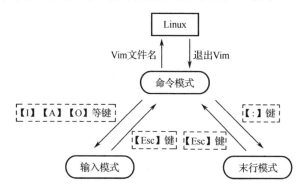

图 3.6　模式转换图

Vim 具有颜色显示的功能，并且还支持许多程序语法，因此当用户使用 Vim 编辑器时，可以高亮显示，并在程序出现错误时智能提示。在 Linux 系统中输入 Vim 命令得到如图 3.7 所示界面。

图 3.7　Vim 编辑器界面

Vim 的主要命令有进入 Vim、光标控制、添加数据、删除数据、修改数据、查找替换、复制文本、撤销重复及保存退出等，每部分都有命令符。下面就通过简单的命令符加上实例来学习 Vim。

1. 进入 Vim

☑ Vim 文件名称：打开或新建文件，并将光标置于第一行行首；
☑ Vim +n 文件名称：打开文件，并将光标置于第 n 行行首；
☑ Vim +文件名称：打开文件，并将光标置于最后一行行首；
☑ Vim 文件名称 1……文件名称 n：打开多个文件，依次进行编辑。

【实例】 使用 **Vim** 打开**/etc/passwd** 文件，结果如图 **3.8** 所示。

```
[linuxstudy@LinuxServer sanguo]$ vim /etc/passwd
```

图 3.8 /etc/passwd 文件

2. 光标控制

☑ h：光标左移一个字符，例如，8h 左移 8 个字符，以下可类推；
☑ l：光标右移一个字符，到本行右端则不再移动；
☑ k 或 Ctrl+p：光标移至上一行的同列位置；
☑ j 或 Ctrl+n：光标移至下一行的同列位置；
☑ Space：光标右（后）移一个字符，到本行右端将移到下一行；
☑ Backspace：光标左（前）移一个字符，到本行左端将移到上一行。

3. 翻页操作

☑ Ctrl+u 或 Ctrl+d：向文件首（Ctrl+u）或文件尾（Ctrl+d）翻半屏；
☑ Ctrl+f 或 Ctrl+b：向文件首（Ctrl+f）或文件尾（Ctrl+b）翻一屏。

4. 插入操作

☑ i 或 I：在光标前（i）或当前行首（I）插入；
☑ a 或 A：在光标后（a）或当前行尾（A）插入；

☑ o 或 O：在当前行之下（o）或之上（O）新开一行；

☑ r：替换当前字符；

☑ R：替换当前字符及其后的字符，直至按【Esc】键。

5．删除操作

☑ ndw 或 ndW：删除光标处开始及其后的 n-1 个字符；

☑ d0 或 d$：删至行首（d0）或行尾（d$）；

☑ dL：删至当前屏幕最后一行；

☑ ndd：删除当前行及其后 n-1 行。

【实例】 将**/etc/passwd** 文件复制到**/tmp/sanguo** 目录，用 **Vim** 查看，并删除当前光标下的 **5** 行。

```
[linuxstudy@LinuxServer tmp]$ cp /etc/passwd /tmp/sanguo/
[linuxstudy@LinuxServer tmp]$ vim /tmp/sanguo/passwd
```

说明： 光标处于 sync:x:5:0:sync:/sbin:/bin/sync 这一行的行首，因为要一次删除 5 行数据，所以在命令模式下执行"5dd"命令，删除前如下：

```
root:x:0:0:root:/root:/bin/bash
bin:x:1:1:bin:/bin:/sbin/nologin
daemon:x:2:2:daemon:/sbin:/sbin/nologin
adm:x:3:4:adm:/var/adm:/sbin/nologin
lp:x:4:7:lp:/var/spool/lpd:/sbin/nologin
sync:x:5:0:sync:/sbin:/bin/sync
shutdown:x:6:0:shutdown:/sbin:/sbin/shutdown
halt:x:7:0:halt:/sbin:/sbin/halt
mail:x:8:12:mail:/var/spool/mail:/sbin/nologin
operator:x:11:0:operator:/root:/sbin/nologin
games:x:12:100:games:/usr/games:/sbin/nologin
ftp:x:14:50:FTP User:/var/ftp:/sbin/nologin
```

删除后如下：

```
root:x:0:0:root:/root:/bin/bash
bin:x:1:1:bin:/bin:/sbin/nologin
daemon:x:2:2:daemon:/sbin:/sbin/nologin
adm:x:3:4:adm:/var/adm:/sbin/nologin
lp:x:4:7:lp:/var/spool/lpd:/sbin/nologin
games:x:12:100:games:/usr/games:/sbin/nologin
ftp:x:14:50:FTP User:/var/ftp:/sbin/nologin
```

可见，已经达到了删除效果。

6．复制、粘贴操作

☑ yy：将当前行的内容放入临时缓冲区；

☑ nyy：将 n 行的内容放入临时缓冲区；

☑ p：将临时缓冲区中的文本粘贴到光标后；

☑ P：将临时缓冲区中的文本粘贴到光标前。

Vim 操作命令有很多，详细使用方法请参看 man 手册。下面通过几个实例来完成相对复杂一些的操作。

【实例】 使用 **root** 用户新建文件 **libai**，并在其中输入 **4 行数据**。

[root@LinuxServer ~]# vim libai

在打开的文件中输入李白的《静夜思》并保存，如图 3.9 所示。

图 3.9　打开文件并输入内容

说明："wq" 用于数据的保存退出。

【实例】 光标定位到 **libai** 文件的第 **3** 行，将 **ls -l /root** 命令的执行结果附加到光标之下的位置。

将光标定位到第 3 行开头，并在末行模式下输入 "：r! ls -l /root"，如图 3.10 和图 3.11 所示。

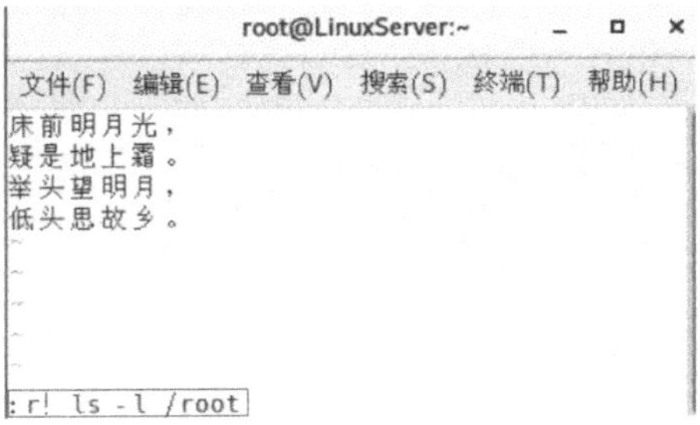

图 3.10　附加结果 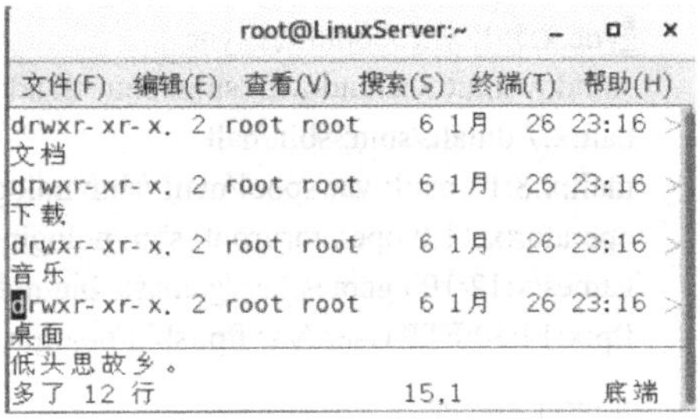　　　　　　　　　　图 3.11　附加了执行结果

【实例】 用 **Vim** 查看刚刚创建的 **libai** 文件并显示行号，如图 **3.12** 所示。

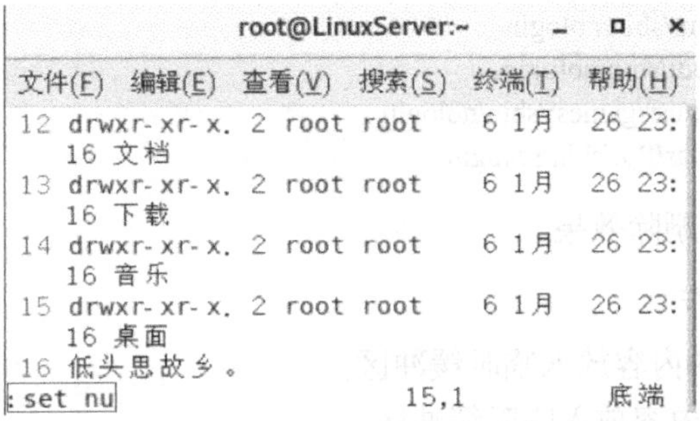

图 3.12　查看 libai 文件并显示行号

【实例】 将 **libai** 文件中的 **root** 替换成 **whb**，如图 **3.13** 所示。
说明：%s 代表整个文件，g 代表全部替换。

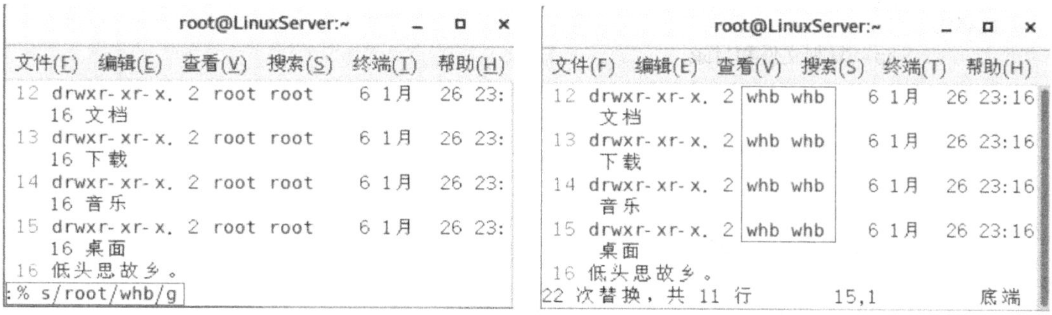

图 3.13　替换文字

3.5　Linux 系统中获取帮助

Linux 系统中有很多命令供用户使用，其参数也十分复杂，而不同情况下使用何种命令呢？很多初学者试图记住所有命令，勇气可嘉但没有必要，因为选择命令时可以使用在线帮助文件。下面详细讲解获取帮助的三个命令。

3.5.1　man 命令

在 Linux 系统中，如果对某个命令的意思或使用方法不熟悉，找到该命令的"使用说明书"（man）即可。man 是 manual（操作说明）的简写，所有的 man page 文件都放在目录/usr/share/man 中。

命令名称： man。

使用方式： man　[参数]　[命令名称]。

说　　明： 利用 man 文件查看命令的用法。

参　　数：

-M：指定搜索 man 手册页的路径，通常路径由环境变量 MANPATH 预设，若在命令行中指定另外的路径，则覆盖 MANPATH 的设定；

-P：指定所使用的分页程序，默认使用/usr/bin/less-is，在环境变量MANPAGER 中预设；

-a：显示所有的手册页内容，而不是只显示第一页；

-d：该参数主要用于调试排错，如果用户加入了新文件，可用该参数调试排错，但不列出文件内容；

-f：只显示出命令功能而不显示其中详细的说明文件；

-p：string 设定运行的预先处理程序的顺序；

-w：不显示手册页，只显示文件所在位置。

【实例】　使用 man 查询 cp 命令的作用和用法。

```
[linuxstudy@LinuxServer sanguo]$ man cp
CP(1)                    General Commands Manual                    CP(1)
```

```
NAME
        cp - 复制文件和目录

总览

        cp [参数] 文件路径
        cp [参数] 文件...目录

        POSIX 参数: [-fipRr]

        GNU    参数(最短形式):    [-abdfilprsuvxPR]    [-S
        SUFFIX]    [-V    {numbered,existing,simple}]
         [--sparse=WHEN] [--help] [--version] [--]

描述

        cp                               复制文件(或者目录等).
        可以使用这个命令复制一个文件到一个指定的目的地,
        或者复制任意多个文件到一个目的目录.
```

下面介绍一下 man page 文件中的基本标记的含义:

☑ Header: 标题;

☑ NAME: 命令的名称及作用;

☑ 总览: 命令的具体格式;

☑ 描述: 命令参数的详细说明;

☑ 参数: 该命令所有可选参数的详细说明。

在 man page 中的各按键的作用如下:

☑ 空格键: 向下翻一页;

☑ PageDown: 向下翻一页;

☑ PageUp: 向上翻一页;

☑ Home: 到第一页;

☑ End: 到最后一页;

☑ /word: 向下搜索 word 字符串,如果要搜索 date 的话,就输入"/date";

☑ ?word: 向上搜索 word 字符串;

☑ n,N: 使用/或?来搜索字符串时,可以用 n 来继续下一个搜索;

☑ q: 结束并退出 man page。

3.5.2 info 命令

info page 也是在线求助的方法,与 man 用法类似。info page 是将文件数据拆成一个一个的段落,每个段落用独立的页面来撰写,并在各个页面中还有类似网页的"超链接",可跳到不同的页面中。每个独立的页面被称为一个节点。值得注意的是,查询的目标数据的说明文件必须以 info 的格式实现,才能使用 info 的特殊功能。info page 的文件都放在 /usr/share/info 目录中。

命令名称: info。

使用方式: info [参数] [命令名称]。

说　　明：利用 info 查看命令用法。

【实例】　查看命令 info 的用法。

```
[linuxstudy@LinuxServer sanguo]$ info info
File: info.info,   Node: Top,   Next: Getting Started,   U\
p: (dir)

Info: An Introduction
********************

The GNU Project distributes most of its on-line manuals\
 in the "Info
format", which you read using an "Info reader".   You ar\
e probably using
an Info reader to read this now.

    There are two primary Info readers: 'info', a stand-\
alone program
designed just to read Info files (*note What is Info?: \
(info-stnd)Top.),
and the 'info' package in GNU Emacs, a general-purpose \
editor.   At
--zz-Info: (info.info.gz)Top, 80 lines --Top------------
Welcome to Info version 5.1. Type h for help, m for men
```

在 info page 文件中，部分数据的意义如下：

☑ File：代表 info page 中的数据由 info.info 文件所提供；

☑ Node：代表当前页面属于 top 节点；

☑ Next：下一节点的名称；

☑ Up：回到上一层节点的总览界面；

☑ Prev：前一节点；

在 info page 中各按键的用法如下：

☑ PageDown：向下翻页；

☑ PageUp：向上翻页；

☑ Tab：在节点之间移动；

☑ Enter：当光标在节点上面时，按【Enter】键可以进入该节点；

☑ B：移动光标至该 info 界面的第一个节点处；

☑ E：移动光标至该 info 界面的最后一个节点处；

☑ N：到下一个节点处；

☑ P：到上一个节点处；

☑ U：向上移动一层；

☑ S（/）：在 info page 中进行查询；

☑ H：显示求助菜单；

☑ Q：结束并退出 info page。

3.5.3　help 命令

命令名称：help。

使用方式：[命令名称]　--help。

说　　明：通过该命令可以查找 Shell 命令的用法，只需在所查找的命令后输入
"--help"，即可看到所查命令的内容。

【实例】　查看 **cal** 命令的用法。

```
[linuxstudy@LinuxServer sanguo]$ cal --help

用法:
cal [参数] [[[日] 月] 年]

参数:
-1, --one        只显示当前月份（默认）
-3, --three      显示上个月、当月和下个月
-s, --sunday     周日作为一周第一天
-m, --monday     周一作为一周第一天
-j, --julian     输出儒略日
-y, --year       输出整年
-V, --version    显示版本信息并退出
-h, --help       显示此帮助并退出
```

3.6　小结

本章学习了 Linux 基本操作和相关的命令，主要包括 GNOME 图形界面的使用；Bash
基础及命令组成；Shell 简介及其分类；Linux 系统常用命令：查看目录命令（pwd、cd、ls）、
创建目录和文件命令（mkdir、rmdir、touch）、对文件和目录操作命令（cp、mv、rm），以
及查看文件内容命令（cat、tac、more、less、head、tail）；Vim 文本编辑器的基本操作，以
及 Linux 系统中三种帮助命令的使用方法。

实训 3　Linux 基本操作

一、实训目的

熟练掌握 Linux 系统中的常用命令和 Vim 编辑器的使用，学会在 Linux 中寻求在线
帮助。

二、实训内容

（1）常用命令：pwd、cd、ls、mkdir、rmdir、touch、cp、mv、rm、cat、tac、more、
less、head、tail。

（2）文本编辑命令：Vim。

（3）帮助命令：man、info、help。

三、项目背景

小 A 了解了 Linux 系统的历史背景，安装了虚拟机和 Linux 系统，现在小 A 要真正开始学习 Linux 系统了。小 A 知道 Linux 是基于命令的操作系统，所以必须掌握一些常用命令的基本操作，并学会如何寻求帮助。

四、实训步骤

任务 1：掌握 Linux 中图形界面 GNOME 的基本操作。

任务 2：完成下面的题目。

1．常用命令实践题

（1）进入/var/mail 目录，利用命令查看实际工作目录与链接文件本身的详细信息。

（2）在根目录下创建 test 目录，进入该目录并分别创建 test1 与 test2/test3/test4/test5 目录。在 test1 目录中创建权限为 rwx--x--x 的目录 test11 和具有默认权限的目录 test12，并通过 ls -al 命令查看其区别。

（3）将第（2）题中创建的 test2 中的文件及目录全部删除。

（4）用 root 身份查看自身的环境变量，切换到 linuxstudy 下查看其环境变量是否有区别。

（5）切换到 root 用户，将 ls 由/bin/ls 移动到/root/ls（可用 mv /bin/ls /root 命令）。在/root 目录下，请问：①能不能直接输入 ls？②若不能，该如何执行 ls 命令？③若要直接输入 ls 即可执行，又该如何修改环境变量$PATH？④将 ls 移动回原目录。

（6）列出根目录下的所有文档（含隐藏），并显示其详细内容。

（7）将 root 用户根目录中的.bashrc 文件复制到第（2）题中创建的 test11 目录中，并改名为 bashrc；进入 test11 文件夹，将/var/log/wtmp 复制到当前所在的目录下并用 ls 查看其属性。

（8）复制 etc 目录下的所有内容到 test12 目录中；为第（7）题中复制的 bashrc 创建软、硬链接并分别命名为 bashrc_s 与 bashrc_h，查看其详细信息；将 bashrc_s 复制成 bashrc_s1 与 bashrc_s2，查看其详细信息，体会何时复制的是真实文档，何时复制的是链接本身。

（9）将第（7）题中建立的 bashrc 文件删除，将 test11 中所有 bashrc 开头的文件全部删除，在 test 目录中创建 test3/test31，将 test3/test31 全部删除。

（10）使用 touch 新建文件 testtouch，并查看其时间和大小；分别查看该文件的 atime、ctime 和 mtime 三个时间。

（11）将~/.bashrc 文件复制到普通用户 linuxstudy 的根目录下并改名为 bashrc，复制时使用-a 参数；查看该文件的 atime、ctime 和 mtime 三个时间；将 bashrc 的日期向前调整 2 天；将 bashrc 的时间更改为当前时间。

2．Vim 编辑器实践题

（1）使用 Vim 编辑一个文件，取名为 jin.c。

（2）打开编写的文件，执行 ls -la /etc/命令，并将执行结果附加到 jin.c 文件中。

（3）将 jin.c 文件中的"a"字符全部替换成"linux"。

3．帮助命令实践题

（1）查看 etc 目录下的 issue 文件内容，如何显示行号？如何将空白行的行号去掉？

（2）利用 tac 查看 etc 目录下的 issue 文件内容，与 cat 的结果进行比较，有什么不同？

（3）利用 more 查看/root/initial-setup-ks.cfg 文件，熟悉 more 中的翻页、查找说明文件与退出操作。

（4）利用 less 查看/root/initial-setup-ks.cfg 文件，熟悉 less 中的上、下翻页与退出操作。

（5）创建 teacher.c 文件，输入 30 行数据，利用 head 与 tail 命令进行查看，体会其区别。

（6）若要显示/etc/passwd 文件的第 20 行到第 30 行内容，该如何实现？

（7）将/usr/bin/passwd 文件内容以 ASCII 码方式输出，将/etc/issue 文件内容以八进制方式输出。

第4章
Linux 用户管理

　　Linux 操作系统的典型特点之一是安全，用户管理是 Linux 系统非常重要的组成部分，具备完善的用户管理技巧，对于合理分配系统资源、提升系统服务、保障系统安全都是至关重要的。本章将详细介绍 Linux 系统下用户管理、用户组管理和用户身份的切换。

4.1　Linux 用户基础

　　Linux 是多用户多任务的分时操作系统，允许不同的用户从本地登录或 　Linux 用户基础
远程登录，并同时访问相同或不同的文件。实现多用户多任务的前提是拥有一个合法的账号，Linux 系统通过账号实现对用户的访问控制，并通过对用户与组进行有效的管理提供对用户访问的支撑。用户账号能帮助系统管理员对使用系统的用户进行跟踪，控制他们对系统资源的访问，同时也能帮助用户组织文件，并为用户提供安全性保护。每个用户账号都拥有一个唯一的用户名，并设有与用户名对应的密码。用户在登录时输入正确的用户名和密码后，才能进入系统，访问该用户的主目录，如图 4.1 所示。

图 4.1　用户登录界面

　　Linux 下的用户分为三类：超级用户、系统用户和普通用户。超级用户的用户名为 root，它具有一切权限，只有在进行系统维护（如创建账号）或其他必要情形下才用超级用户登录，以避免系统出现安全问题；系统用户是 Linux 系统正常工作所必需的内建用户，主要是为了满足相应的系统进程对文件所有者的要求而建立的，系统用户不能用来登录，如 bin、daemon、adm、lp 等用户；普通用户是用于登录管理和应用的系统账号。

　　实现用户账号的管理，要完成的工作主要有以下几个方面：

☑ 用户账号的添加、删除和修改；

☑ 用户密码的管理；

☑ 用户组的管理。

添加账号就是在系统中创建一个新的账号，然后为新账号分配用户 ID、用户所属的组、主目录和登录的 Shell 等资源。新增加的账号是被锁定的，不能直接使用，只有为其设置密码后才可以使用该账号。

4.2　UID 与 GID

登录 Linux 系统需要输入账号和密码，但其实 Linux 系统根本不识别用户的账号名称，而是通过一组数字来区分不同的账号，这组数字称为 UID。使用 id 命令可以查看用户有关的 ID 信息。

命令名称：id。

使用方式：id　[参数]　[--help]　[--version]　[用户名]。

说　　明：用于显示用户的 ID，以及所属群组的 ID。

参　　数：

-Z：只输出当前用户的安全上下文；

-g, --group：显示用户所属的组 ID；

-G,--groups：显示用户所属附加组的 ID；

-n, --name：显示用户和组的名称；

-r, --real：显示真实 ID 而不是有效 ID；

-u, --user：显示有效 ID；

--help：显示帮助信息；

--version：显示版本信息。

【实例】　查看当前用户的 ID 信息。

```
[linuxstudy@LinuxServer ~]$ id
uid=1000(linuxstudy) gid=1000(linuxstudy) 组=1000(linuxstudy) 环境
=unconfined_u:unconfined_r:unconfined_t:s0-s0:c0.c1023
[linuxstudy@LinuxServer ~]$ su root
密码：
[root@LinuxServer linuxstudy]# id
uid=0(root) gid=0(root) 组=0(root) 环境
=unconfined_u:unconfined_r:unconfined_t:s0-s0:c0.c1023
```

说明 1：使用 id 命令看到的 UID 就是用户名对应的 ID，GID 就是用户所属组的 ID。

说明 2：su 命令用来切换用户，实验证明切换账号后 UID 和 GID 发生了改变。root 的 UID 和 GID 都是 0。

每个文件都有一个所有者，表示该文件是由谁创建的，这个文件的所有者在 Linux 系统中存储的是该用户名对应的 UID，同时该文件还有一个组编号 GID，表示该文件所属的组，一般为文件所有者所属的组。除了 id 命令，还可以通过查找配置文件的方式查看某账号的 UID 与 GID。

```
[root@LinuxServer /]# grep 'linuxstudy' /etc/passwd
linuxstudy:x:1000:1000:LinuxStudy:/home/linuxstudy:/bin/bash
```

说明： /etc/passwd 文件中存放用户相关的 7 项信息，包括用户名、密码、UID、GID 等。/etc/group 文件中存放用户组相关信息。

普通用户是为了让使用者能够使用 Linux 系统资源而建立的，大多用户都属于此类。每个用户都有一个唯一标志码，称为 UID。超级用户的 UID 为 0，系统用户的 UID 一般为 1～999，普通用户的 UID 一般为 1000～60000。一般情况下，每建立一个账号，就会建立一个同名的组。

4.3 用户管理配置文件

用户管理配置文件

用户（User）和用户组（Group）的配置文件，是系统管理员最应该掌握的基础文件之一，合格的系统管理员应该对用户和用户组配置文件有比较透彻的了解。

Linux 系统的灵活、方便体现在完全开源的配置文件上，用户管理也不例外。用户管理非常重要的三个配置文件是：①账号信息文件/etc/passwd；②密码信息文件/etc/shadow；③用户组信息文件/etc/group。用户与组的创建、删除、修改等操作就是针对这几个配置文件的操作。下面详细讲解这几个配置文件。

4.3.1 /etc/passwd

/etc/passwd 中存放用户相关信息，是系统根据 ID 识别用户的文件。打个比方，/etc/passwd 就像一个花名册，系统所有用户在这里都有记载。例如，以 linuxstudy 账号登录时，系统首先查阅该文件，查找是否有 linuxstudy 账号，如果有则获取其 UID，通过 UID 来确认用户身份；然后根据 UID 读取/etc/shadow 文件中对应密码，如果密码核实无误则登录系统，读取用户的配置文件。Linux 系统中的每个用户都在/etc/passwd 文件中有一个与之对应的记录行，记录了该用户的基本信息。/etc/passwd 文件对任何用户都是可读的，但只有超级账号 root 拥有其写权限。

使用 Vim 命令查看/etc/passwd 文件，结果如图 4.2 所示。

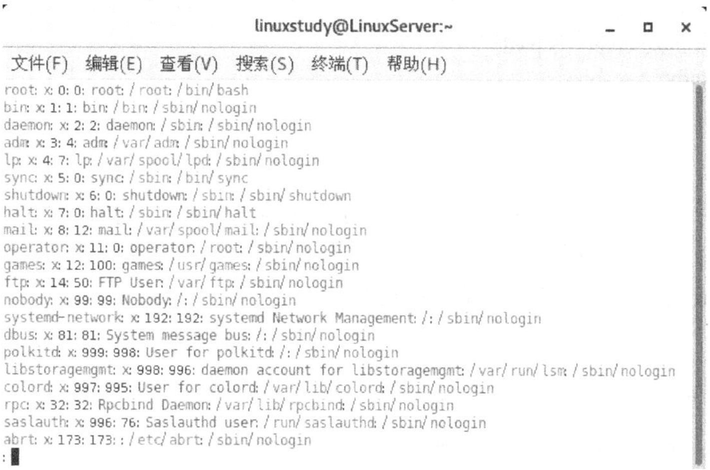

图 4.2 /etc/passwd 文件

在/etc/passwd 中，每行代表一个用户的信息，一行有 7 个字段，各字段之间用 ":" 分隔。

第 1 字段：用户名

在不包括路径的情况下，Linux 中用户名一般不超过 32 个字符，由大写字母、小写字母或数字组成，用户名中不能包含特殊字符。

第 2 字段：密码占位符

x 表示密码占位符，代表算法加密。Linux 中使用最广泛的加密方式是 MD5，密码存放在/etc/shadow 中。

第 3 字段：UID

UID 是用户的唯一标志码，一般情况下与用户名是一一对应的。如果几个用户名对应同一个 UID，Linux 内核会将其解析成同一个账号，但它们可以拥有不同的密码，登录之后使用不同的主目录和登录不同的 Shell。用户名是给计算机使用者看的，Linux 内核真正识别的是 UID。UID 的默认取值范围是 1000～60000，该取值范围源于/etc/login.defs 文件中的参数配置，可以根据需要进行修改。0 为超级账号 root 的 ID。1～999 由系统保留，由系统的 distribution 自行创建系统账号，201～999 在用户有系统账号需求时可以使用，普通账号的 UID 从 1000 开始。

第 4 字段：GID

该字段记录用户所属组的 ID，简称 GID，GID 对应着/etc/group 中的一条记录。

第 5 字段：用户名全称

该字段用于解释用户名，是可选的。该字段没有实际性意义，用于对用户名进行解释与标注，除了用户名全称还可以存储姓名、地址、电话号码等信息。使用 finger 命令修改用户信息时，保存到该字段。

第 6 字段：主文件夹

该字段为用户主目录所在位置，超级账号 root 的主文件夹是/root，所以当 root 登录之后会立刻登录到/root 目录。用户可根据需要修改该字段，将账号的主文件夹移动到硬盘的其他位置。在创建普通账号时，默认在/home 目录下创建同名主文件夹，例如 linuxstudy 账号的主文件夹是/home/linuxstudy。

【实例】 使用 pwd 命令查看 root 账号的根目录。

```
[linuxstudy@LinuxServer ~]$ pwd
/home/linuxstudy
```

说明："~"代表 root 的根目录，pwd 命令用于查看当前工作目录。

第 7 字段：用户所用 Shell

用户登录后需要启动一个进程，负责将用户的操作传递给内核，这个进程就是用户登录到系统后的命令解释器或命令翻译程序，称为 Shell，Shell 是用户与 Linux 系统之间交互的接口。linuxstudy 和 root 启动的是/bin/bash。

4.3.2 /etc/shadow

/etc/shadow 文件是/etc/passwd 的影子文件，二者之中的记录行一一对应。该文件不是由/etc/passwd 生成的，而是由 pwconv 命令根据/etc/passwd 文件中的数据字段生成的，这两个文件是对应互补的。/etc/shadow 文件的内容包括被加密的密码及其他/etc/passwd 不能包含的信息，比如用户的有效期限等。

/etc/shadow 文件只有 root 用户可操作，其他用户没有任何操作权限，这样就保证了用户密码的安全性。普通用户查看该文件将会被提示权限不够。

【实例】 使用 **linuxstudy** 用户查看/etc/shadow 文件。

```
[linuxstudy@LinuxServer ~]$ ls -l /etc/shadow
----------. 1 root root 1246 5 月    15 17:38 /etc/shadow
[linuxstudy@LinuxServer ~]$ cat /etc/shadow
cat: /etc/shadow: 权限不够
```

说明 1： 使用 ls -l /etc/shadow 查看该文件，权限为空，不能对其进行读、写执行的任何操作，所以在 linuxstudy 账号使用 cat /etc/shadow 查看文件内容时，提示权限不够。

说明 2： 这里的疑问在于既然这个文件的权限是空，那就代表谁都不能对其进行操作，不过别忘了，Linux 中有个万能的"天神"——root。

/etc/shadow 文件的内容，共有 9 个字段，用":"分隔。使用 Vim 命令查看 /etc/shadow 文件，结果如图 4.3 所示。

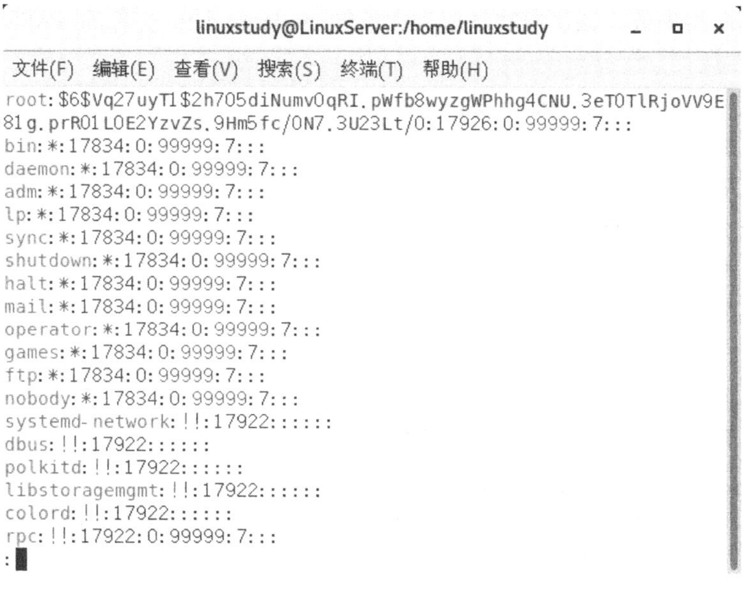

图 4.3 /etc/shadow 文件

下面对/etc/shadow 中的 9 个字段逐一详细介绍。

第 1 字段：用户名

在/etc/shadow 中，用户名和/etc/passwd 是相同的，这样就把 passwd 和 shadow 中用的用户记录联系在一起。该字段是非空的，必须保证与/etc/passwd 中的完全相同。

第 2 字段：密码（已被加密）

该字段才是真正的用户密码，是/etc/passwd 密码的迁移，如果有用户的该字段是 x 或其他特殊字符，表示该用户不能登录到系统。该字段也是非空的。

第 3 字段：上次修改密码的时间

该字段是最后一次修改密码的时间。Linux 中这个时间是一串数字，这串数字是从 1970

年 1 月 1 日算起到最近一次修改密码的时间间隔的天数。

```
[root@LinuxServer ~]# date -d '1970-01-01 18031 days'
2019 年 05 月 15 日 星期三 00:00:00 CST
```

说明：date -d 命令用于将从 1970-01-01 开始的数字转化为实际日期，从 1970 年 1 月 1 日起数 18031 天是 root 账号上次修改密码的时间。

第 4 字段：最小修改时间间隔

该字段规定了从第 3 个字段开始，多长时间内不能修改密码，如果为 0 表示随时可以修改，如果为 100 表示这次修改后 100 天内不可修改。该字段默认值为读取的/etc/login.defs 文件的 PASS_MIN_DAYS 字段值。

第 5 字段：密码有效期

该字段是指相对于第 3 个字段，强制多长时间内必须修改密码，其作用是能增强管理员管理用户密码的时效性。该字段默认值为读取的/etc/login.defs 文件的 PASS_MAX_DAYS 字段值。

第 6 字段：提前多少天警告用户密码将过期

该字段是指相对于第 5 个字段，提前多少天警告用户密码将过期。当用户登录系统后，会被提示密码即将失效。该字段默认值为读取的/etc/login.defs 文件的 PASS_WARN_AGE 字段值。

第 7 字段：密码过期后的账号宽限天数

在密码过期之后多少天禁用此用户，也是相对于第 5 个字段来说的。此字段表示用户密码到期后宽限多少天，在宽限的时间内允许修改密码，如仍未修改将完全禁用该账号。

第 8 字段：账号过期日期

该字段是指相对于第 3 个字段，账号过期的日期。如果该字段为空，则表示账号永久可用，否则该账号在此字段规定的日期之后将无法使用。

第 9 字段：保留字段

该字段目前为空，以备将来 Linux 发展使用。

【实例】 查看 linuxstudy 账号的密码情况。

```
[root@LinuxServer ~]# cat /etc/shadow | grep 'linuxstudy'
linuxstudy:$6$SWP2/StA$.BfJgUmQrQnsqfTMkfJGuPO0R6splvOhR4myq8LjNHGD4G1HxQ61/J1EQ6J
W5S62xmhKJNI078T31MG0G.ABC/:18033:0:99999:7:::
```

说明 1：本例使用了管道"|"，在查看 shadow 文件所有内容的基础上，查找 linuxstudy 账号的密码相关信息。

说明 2：linuxstudy 账号的密码已经加密；上次修改密码的时间为 2019 年 5 月 17 日；可随时修改密码；密码永不过期，99999 折算年数约 273 年，对账号使用者来说，可以代表永久有效；提前警告时间为 7 天。

4.3.3 /etc/group

具有某种共同特征的用户集合起来就是用户组，用户组配置文件主要有 /etc/group 和 /etc/gshadow，其中/etc/gshadow 是与/etc/group 对应的加密信息文件。

/etc/group 是用户组的配置文件，用户组的所有信息都存入该文件，内容包括用户和用户组信息，并且能显示出用户归属于哪个用户组或哪几个用户组。一个用户可以属于一个或多个不同的用户组，同一个用户组的用户之间具有相似的特征。

将用户分组是 Linux 系统中对用户进行管理及控制的手段之一。一个用户属于一个或多个不同的用户组，一个组中可以有多个用户。当一个用户同时属于多个组时，就要搞清楚该用户的主组，/etc/passwd 文件中记录着用户所属的主组（也就是登录时所属的默认组）。不是主组的组称为附加组，用户要访问属于附加组的文件时，必须首先使用 newgrp 命令使自己成为所要访问的组中的成员。用户组的所有信息都存放在/etc/group 文件中，格式与/etc/passwd 文件类似。

在系统管理中，用户组的特性为系统管理员提供了极大的方便，但安全性也是值得关注的，如某用户管理系统中较为重要的内容，最好让该用户拥有独立的用户组，或者是把归属该用户的文件权限设置为完全私有。为安全考虑，root 用户组一般不要轻易把普通用户加入进去。

/etc/group 文件的内容共有 4 个字段，包括用户组、用户组密码、GID 及该用户组所包含的用户。文件的每行代表一个用户组的信息，一行有 4 个字段，用 ":" 分隔，使用 Vim 命令查看/etc/group 文件，结果如图 4.4 所示。

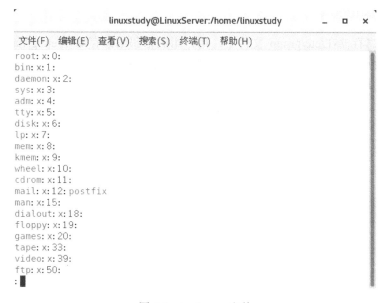

图 4.4　/etc/group 文件

下面对/etc/group 中的 4 个字段逐一详细介绍。

第 1 字段：用户组名称

用户组的名称，其命名规则与/etc/passwd 中的用户名相同。

第 2 字段：用户组密码

x 表示密码已经迁移，其迁移文件为/etc/gshadow。

第 3 字段：GID

用户组的唯一标志。Linux 系统不识别组名，只能识别组的 ID，称为 GID，GID 也是一组整数，在系统内部用来标志组。/etc/passwd 中的 GID 来源于/etc/group。

说明：GID 和 UID 类似，是一串整数，GID 从 0 开始，GID 为 0 的组是 root 用户组；

系统会预留一些较靠前的 GID 给系统虚拟用户组；不同的 Linux 系统预留的 GID 有所不同，比如 CentOS 7 预留了 1000 个，用户添加新用户组时，GID 从 1000 开始。若要查看系统添加用户组默认的 GID 范围，则应该查看/etc/login.defs 中的 GID_MIN 和 GID_MAX 值。

第 4 字段：组中的用户

每个用户之间用"，"号分隔，本字段可以为空，一个用户可以加入多个组，加入组其实就是将其用户名写入该字段。

【实例】 把 **linuxstudy** 用户加入 **root** 组，查看**/etc/passwd** 和**/etc/group** 中的记录。

```
[root@LinuxServer ~]# usermod -G root linuxstudy
[root@LinuxServer ~]# grep linuxstudy /etc/passwd /etc/group
/etc/passwd:linuxstudy:x:1000:1000:LinuxStudy:/home/linuxstudy:/bin/bash
/etc/group:root:x:0:linuxstudy
```

说明 1： usermod -G root linuxstudy 表示将 linuxstudy 用户加入 root 组。

说明 2： grep linuxstudy /etc/passwd /etc/group 表示在后面两个文件中查找 linuxstudy 字符串。在 root 组的最后显示了 linuxstudy 账号，代表该账号属于 root 组。

4.3.4 /etc/gshadow

用户组信息存储在/etc/group 文件中，用户组的密码信息存储在/etc/gshadow 文件中。/etc/gshadow 文件的内容共有 4 个字段，用"："分隔。使用 Vim 命令查看 /etc/gshadow 文件，结果如图 4.5 所示。

图 4.5 /etc/gshadow 文件

下面对/etc/gshadow 中的 4 个字段逐一详细介绍。

第 1 字段：用户组

用户组的名称，同/etc/group 文件中的组名相对应。

第 2 字段：用户组密码

这个字段通常为空，表示不设组密码；有时该字段为"！"，表示没有密码，也不设管理员。

第 3 字段：用户组管理者

这个字段最大的功能就是创建组管理员，如果有多个管理员则用 "," 分隔。

第 4 字段：组成员

该字段显示这个用户组中有哪些附加用户，和/etc/group 文件中附加组的显示内容相同。

4.4 用户管理

用户管理的工作主要包括用户账号的增、删、改、查，用户密码的管理和用户组的管理。下面详细讲解如何实现用户管理。

4.4.1 用户身份查询

在 Linux 系统操作中，有时需要知道当前登录的用户的信息，如登录的用户名、登录的地址和其他信息，使用 who 或者 w 命令实现用户身份的查询。

【实例】 使用 w 命令查看所有登录用户的信息。

```
[linuxstudy@LinuxServer ~]$ w
16:28:55   up   1:32,  2 users,  load average: 0.00, 0.01, 0.05
USER      TTY     FROM      LOGIN@    IDLE    JCPU    PCPU    WHAT
linuxstu   :0      :0                 15:45     ?xdm?   1:53    1.01s   /usr/libexec/gnome-ses
linuxstu   pts/0   :0                 15:45     7.00s   0.14s   0.03s   w
```

说明：显示的内容是每个用户的详细信息，包括用户名、登录终端、登录 IP 地址、登录时间、停留时间、CPU 占用率和当前运行的程序。

【实例】 使用 who 命令查看所有登录用户的信息。

```
[linuxstudy@LinuxServer ~]$ who
linuxstudy :0              2019-05-19 15:45 (:0)
linuxstudy pts/0           2019-05-19 15:45 (:0)
```

说明：显示的内容主要包括用户名、登录终端、时间。

要查看某个用户的登录信息，可以使用 w+用户名的命令格式进行查询。

```
[linuxstudy@LinuxServer ~]$ w root
16:31:40   up   1:35,  2 users,  load average: 0.00, 0.01, 0.05
USER     TTY     FROM     LOGIN@    IDLE     JCPU    PCPU   WHAT
[linuxstudy@LinuxServer ~]$ w linuxstudy
16:31:45 up   1:35,   2 users,  load average: 0.00, 0.01, 0.05
USER     TTY     FROM     LOGIN@    IDLE     JCPU    PCPU   WHAT
linuxstu   :0      :0              15:45      ?xdm?   1:56    1.01s   /usr/libexec/gnome-ses
linuxstu   pts/0   :0              15:45      1.00s   0.12s   0.00s   w linuxstudy
```

【实例】 查看当前用户所属的组。

```
[linuxstudy@LinuxServer ~]$ groups
linuxstudy
[linuxstudy@LinuxServer ~]$ su root
```

密码：
[root@LinuxServer linuxstudy]# groups
root linuxstudy

说明：groups 命令可以查询当前用户所属的组，su 命令用于账号切换，需要知道要切换的账号的密码。

4.4.2 添加用户

添加用户账号就是在系统中创建一个新账号，然后为新账号分配用户 ID、用户组、主目录和登录 Shell 等资源，新添加的账号是被锁定的，无法使用。

添加用户

命令名称：useradd。

使用方式：useradd ［参数］ ［用户名］。

说　明：用户名指的是新增加的账号的名称。

参　数：

-c：指定账号的描述信息，写到/etc/passwd 第 5 个字段；

-u, --uid UID：指定新账号的 UID；

-d, --home-dir HOME_DIR：新账号的主目录；

-g, --gid GROUP：新账号主组的名称或 ID；

-G, --groups GROUPS：新账号的附加组列表；

-K, --key KEY=VALUE：不使用/etc/login.defs 中的默认值；

-m, --create-home：创建用户的主目录；

-M, --no-create-home：不创建用户的主目录；

-r, --system：创建一个系统账号；

-s, --shell SHELL：新账号的登录 Shell。

【实例】 以默认参数增加一个账号，名称为 **test1**。

```
[linuxstudy@LinuxServer ~]$ useradd test1
bash: /usr/sbin/useradd: 权限不够
[linuxstudy@LinuxServer ~]$ su root
密码：
[root@LinuxServer linuxstudy]# useradd test1
[root@LinuxServer linuxstudy]# grep test1 /etc/passwd /etc/shadow /etc/group
/etc/passwd:test1:x:1001:1001::/home/test1:/bin/bash
/etc/shadow:test1:!!:18035:0:99999:7:::
/etc/group:test1:x:1001:
[root@LinuxServer linuxstudy]# ll -d /home/test1
drwx------. 3 test1 test1 78 5 月　19 16:49 /home/test1
```

说明 1：useradd 命令需要超级账号 root 才能执行，普通账号没有权限。

说明 2：使用"grep+关键词+多个文件"的命令格式，可以按照关键词同时查看多个文件的内容。

说明 3：使用 useradd 命令创建账号后，可以看到/etc/passwd、/etc/shadow、/etc/group 3 个文件全都增加了一条数据，其新建的账号的 UID 和 GID 都为 1001。

说明 4：新创建的账号在没有设置密码前不能登录系统，其在 shadow 文件中的密码位为 "!!"。

说明 5：ll 命令就相当于 ls -l 命令。

说明 6：新创建的账号对其主目录的权限为 rwx------，也就是只有自己能够操作该目录，其他用户没有权限。

【实例】 创建用户 **test2**，使用 **test1** 为初始用户组，**1111** 为 **UID**。

```
[root@LinuxServer linuxstudy]# useradd -u 1111 -g test1 test2
[root@LinuxServer linuxstudy]# ll -d /home/test2
drwx------. 3 test2 test1 78 5 月   19 17:00 /home/test2
[root@LinuxServer linuxstudy]# grep test2 /etc/passwd /etc/shadow /etc/group
/etc/passwd:test2:x:1111:1001::/home/test2:/bin/bash
/etc/shadow:test2:!!:18035:0:99999:7:::
```

说明 1：查看/etc/passwd 发现新增的账号 UID 为 1111，并且指定了其初始 GID 为 1001，也就是 test1。

说明 2：指定某个组为新建用户的初始组的前提是该组已存在。

说明 3：以默认参数创建用户时会创建一个同名的组，指定已经存在的组 test1 作为新建用户的初始组，所以不再创建组。

【实例】 创建账号 **test3**，将其加入组 **test1**，不作为初始组。

```
[root@LinuxServer ~]# useradd -G test1 test3
[root@LinuxServer ~]# ll -d /home/test3
drwx------. 3 test3 test3 78 5 月   19 17:36 /home/test3
[root@LinuxServer ~]# grep test3 /etc/passwd /etc/shadow /etc/group
/etc/passwd:test3:x:1112:1112::/home/test3:/bin/bash
/etc/shadow:test3:!!:18035:0:99999:7:::
/etc/group:test1:x:1001:test3
/etc/group:test3:x:1112:
```

说明 1：在创建用户时同时创建了一个相同 ID 和相同名称的用户组，并且用户的初始组不是 test3。

说明 2：可以发现该账号在属于 test3 组的同时，tets1 组中包含了 test1 账号，换句话说就是 test3 账号属于 test1 组。

1．useradd 参考文件

创建账号后，账号的初始属性可以通过 useradd –D 命令来查看。

```
[root@LinuxServer ~]# useradd -D
GROUP=100
HOME=/home
INACTIVE=-1
EXPIRE=
SHELL=/bin/bash
SKEL=/etc/skel
CREATE_MAIL_SPOOL=yes
```

说明：

（1）GROUP=100 表示以默认参数创建的用户都属于 GID 为 100 的组，也就是 users 组；

（2）HOME=/home 表示默认的账号主文件夹所在的目录，用户的主文件夹通常与账号名相同名称，这个目录会被放置在/home/下面；

（3）INACTIVE=-1 表示密码的失效日，也就是 shadow 文件的第 7 个字段，如果为 0 代表立即失效，如果为-1 代表永久有效；

（4）EXPIRE= 表示账号失效日，也就 shadow 文件的第 8 个字段；

（5）SHELL=/bin/bash 指的是默认的 Shell；

（6）SKEL=/etc/skel 表示用户文件夹的内容数据参考目录，新增用户主目录的各项数据是从该文件中复制过去的；

（7）CREATE_MAIL_SPOOL=yes 表示是否主动帮用户创建邮箱，yes 表示创建。

2. /etc/login.defs 文件

除了通过 useradd -D 命令查看的这些基本设置，/etc/login.defs 文件中详细描述了关于用户的各项设置。下面使用 Vim 命令查看 /etc/login.defs 文件。

```
# Please note that the parameters in this configuration file control the
# behavior of the tools from the shadow-utils component. None of these
# tools uses the PAM mechanism, and the utilities that use PAM (such as the
# passwd command) should therefore be configured elsewhere. Refer to
# /etc/pam.d/system-auth for more information.
# *REQUIRED*
#    Directory where mailboxes reside, _or_ name of file, relative to the
#    home directory.   If you _do_ define both, MAIL_DIR takes precedence.
#    QMAIL_DIR is for Qmail
#
#QMAIL_DIR          Maildir
MAIL_DIR           /var/spool/mail
#MAIL_FILE          .mail
# Password aging controls:
#
#    PASS_MAX_DAYS     Maximum number of days a password may be used.
#    PASS_MIN_DAYS     Minimum number of days allowed between password changes.
#    PASS_MIN_LEN      Minimum acceptable password length.
#    PASS_WARN_AGE     Number of days warning given before a password expires.
#
PASS_MAX_DAYS      99999
PASS_MIN_DAYS      0
PASS_MIN_LEN       5
PASS_WARN_AGE      7
#
# Min/max values for automatic uid selection in useradd
#
UID_MIN                     1000
UID_MAX                     60000
# System accounts
SYS_UID_MIN                 201
SYS_UID_MAX                 999
#
# Min/max values for automatic gid selection in groupadd
#
```

```
       GID_MIN                    1000
       GID_MAX                    60000
       # System accounts
       SYS_GID_MIN                201
       SYS_GID_MAX                999
       #
       # If defined, this command is run when removing a user.
       # It should remove any at/cron/print jobs etc. owned by

       # the user to be removed (passed as the first argument).
       #
       #USERDEL_CMD        /usr/sbin/userdel_local
       #
       # If useradd should create home directories for users by default
       # On RH systems, we do. This option is overridden with the -m flag on
       # useradd command line.
       #
       CREATE_HOME        yes
       # The permission mask is initialized to this value. If not specified,
       # the permission mask will be initialized to 022.
       UMASK              077
       # This enables userdel to remove user groups if no members exist.
       #
       USERGROUPS_ENAB yes
       # Use SHA512 to encrypt password.
       ENCRYPT_METHOD SHA512
```

说明：

（1）MAIL_DIR /var/spool/mail 表示用户默认邮箱放置的目录；

（2）PASS_MAX_DAYS 99999 表示/etc/shadow 中的第 5 个字段，即密码有效期，99999 代表永久有效；

（3）PASS_MIN_DAYS 0 表示/etc/shadow 中的第 4 个字段，多长时间内不能修改密码；

（4）PASS_MIN_LEN 5 表示密码的最短长度；

（5）PASS_WARN_AGE 7 表示/etc/shadow 中的第 6 个字段，即密码过期前提前几天警告用户必须修改密码；

（6）UID_MIN 1000 表示用户能使用的最小 ID，UID_MAX 60000 表示用户能使用的最大 UID；

（7）SYS_UID_MIN 201 表示用户能使用的最小 ID，SYS_UID_MAX 999 表示最大系统用户 ID；

（8）GID_MIN 500 表示用户能使用的最小用户组 ID，GID_MAX 60000 表示用户能使用的最大用户组 ID；

（9）SYS_GID_MIN 201 表示最小系统用户组 ID，SYS_GID_MAX 999 表示最大系统用户组 ID；

（10）CREATE_HOME 表示是否创建用户的根目录，yes 表示创建；

（11）UMASK 077 表示创建用户主文件夹的 UMASK，因为这里设置为了 077，所以新创建的用户的根目录下的权限都为 rwx------；

（12）USERGROUPS_ENAB 表示使用 usedel 命令删除用户时是否删除初始用户组，yes 表示删除；

（13）ENCRYPT_METHOD SHA512 表示密码是否经过加密机制处理。

【实例】 将**/etc/login.defs** 文件中的 **UMASK** 修改为 **022**，然后以默认参数创建用户 **test4**，并查看其用户信息。

第 1 步：修改配置文件。

```
# The permission mask is initialized to this value. If not specified,
# the permission mask will be initialized to 022.
UMASK                022
```

第 2 步：创建账号。

```
[root@LinuxServer ~]# useradd test4
[root@LinuxServer ~]# ll -d /home/test4
drwxr-xr-x. 3 test4 test4 78 5 月   19 18:21 /home/test4
```

说明：UMASK 修改为 022 了，新创建的用户在根目录下的权限为 rwxr-xr-x，也就是 755。

第 3 步：查看账号信息。

```
[root@LinuxServer ~]# grep test4 /etc/passwd /etc/shadow /etc/group
/etc/passwd:test4:x:1113:1113::/home/test4:/bin/bash
/etc/shadow:test4:!!:18035:0:99999:7:::
/etc/group:test4:x:1113:
```

说明：test4 账号 UID 和 GID 都为 1113，暂时没有设置密码。

【实例】 将**/etc/login.defs** 文件中的 **CREATE_HOME** 修改为 **no**，然后以默认参数创建用户 **test5**，并查看其用户信息。

第 1 步：修改配置文件。

```
# If useradd should create home directories for users by default
# On RH systems, we do. This option is overridden with the -m flag on
# useradd command line.
CREATE_HOME         no
```

第 2 步：创建账号。

```
[root@LinuxServer ~]# useradd test5
[root@LinuxServer ~]# cd /home
[root@LinuxServer home]# ls -l
总用量 0
drwx------. 8 linuxstudy linuxstudy 248 5 月   19 15:51 linuxstudy
drwx------. 3 test1       test1       78 5 月   19 16:49 test1
drwx------. 3 test2       test1       78 5 月   19 17:00 test2
drwx------. 3 test3       test3       78 5 月   19 17:36 test3
drwxr-xr-x. 3 test4       test4       78 5 月   19 18:21 test4
```

说明：在/home 下没有 test5 账号的根目录，因为其 CREATE_HOME 设置成了 no。

第 3 步：查看账号信息。

```
[root@LinuxServer home]# grep test5 /etc/passwd /etc/shadow /etc/group
/etc/passwd:test5:x:1114:1114::/home/test5:/bin/bash
```

/etc/shadow:test5:!!!:18035:0:99999:7:::

/etc/group:test5:x:1114:

说明：使用 grep 命令查看配置文件时，发现用户根目录指向的是/home/test5，但实际上这个目录根本不存在。

【实例】将/etc/login.defs 文件中的 **UID_MIN** 修改为 **6000**，**GID_MIN** 也修改为 **6000**，然后以默认参数创建用户 **test6**，并查看其用户信息。

第 1 步：修改配置文件。

```
UID_MIN                     6000
UID_MAX                     60000
# System accounts
SYS_UID_MIN                 201
SYS_UID_MAX                 999
# Min/max values for automatic gid selection in groupadd
GID_MIN                     6000
GID_MAX                     60000
```

第 2 步：创建账号。

```
[root@LinuxServer ~]# useradd test6
[root@LinuxServer ~]# cd /home
[root@LinuxServer home]# ls -l
总用量 0
drwx------. 8 linuxstudy linuxstudy 248 5 月    19 15:51 linuxstudy
drwx------. 3 test1         test1        78 5 月    19 16:49 test1
drwx------. 3 test2         test1        78 5 月    19 17:00 test2
drwx------. 3 test3         test3        78 5 月    19 17:36 test3
drwxr-xr-x. 3 test4          test4       78 5 月    19 18:21 test4
```

第 3 步：查看账号信息。

```
[root@LinuxServer /]# grep test6 /etc/passwd /etc/shadow /etc/group
/etc/passwd:test6:x:6000:6000::/home/test6:/bin/bash
/etc/shadow:test6:!!!:18035:0:99999:7:::
/etc/group:test6:x:6000:
```

说明：因为我们把 UID_MIN 和 GID_MIN 修改为 6000，所以在创建账号 test6 时，UID 也为 6000，GID 也为 6000。之所以仍未创建根目录，是因为上一个实例中将 CREATE_HOME 修改为了 no。

4.4.3 用户密码

使用 useradd 可以创建账号，但是创建的账号在/etc/shadow 中密码为特殊字符，这表示该用户虽然创建了，但不能使用该账号登录，如果想使用该账号登录系统则需要为其设置密码。

命令名称：passwd。

使用方式：passwd [参数] [用户名]。

说   明：为用户设置的密码必须满足/etc/login.defs 配置文件中规定的密码的位数。

参   数：

-l：锁定账号，禁止登录；

修改密码

-u：解除账号锁定；

-d：删除密码，允许无密码登录；

-n：后面接天数，用来设置/etc/shadow 文件中的第 4 个字段，多少天内不能修改密码；

-x：后面接天数，用来设置/etc/shadow 文件中的第 5 个字段，多少天内必须修改密码；

-w：后面接天数，用来设置/etc/shadow 文件中的第 6 个字段，密码过期前多少天发出密码过期警告；

-i：后面接天数，用来设置/etc/shadow 文件中的第 7 个字段，密码失效日期；

--stdin：允许通过标准输入修改用户密码，如 echo "123" | passwd --stdin test。

【实例】 请 root 账号为 test1 账号设置密码。

```
[root@LinuxServer /]# passwd
更改用户 root 的密码。
新的 密码：
[root@LinuxServer /]# passwd test1
更改用户 test1 的密码。
新的 密码：
无效的密码： 密码少于 8 个字符
重新输入新的 密码：
passwd：所有的身份验证令牌已经成功更新。
```

说明 1：root 账号可以修改任何账号的密码，因此使用 root 账号修改密码时应在 passwd 命令后面加上 username，如果没有加 username，则修改的是 root 账号自己的密码。在 Linux 的学习过程中，很多新手会出现无意中修改了 root 密码，导致后面不能登录的问题。

说明 2：设置密码时，系统会提示密码过于简单，但使用 root 账号修改密码，可以忽略提示，因为 root 账号可以随意设置密码，不受规则限制。值得注意的是，在输入密码的过程中什么也不会显示，也不显示位数，因此自己一定要记清楚。

【实例】 切换到 test1 账号，设置自己的登录密码。

```
[root@LinuxServer /]# su test1
[test1@LinuxServer /]$ passwd
更改用户 test1 的密码。
为 test1 更改 STRESS 密码。
（当前）UNIX 密码：
新的 密码：
无效的密码： 密码少于 8 个字符
新的 密码：
无效的密码： 密码未通过字典检查 - 过于简单化/系统化
新的 密码：
无效的密码： 这个密码和原来的相同
新的 密码：
无效的密码： 密码与原来的太相似
新的 密码：
无效的密码： 密码仅是旧密码的反转
```

新的 密码：
无效的密码： 密码未通过字典检查 - 它没有包含足够的不同字符
passwd: 已经超出服务重试的最多次数
[test1@LinuxServer /]$ passwd
更改用户 test1 的密码。
为 test1 更改 STRESS 密码。
（当前）UNIX 密码：
新的 密码：
重新输入新的 密码：
passwd：所有的身份验证令牌已经成功更新。

说明 1：只有 root 用户可以修改其他用户的密码，才有必要在 passwd 命令后面加上 username。普通账号只能修改自己密码，直接使用 passwd 命令即可。

说明 2：普通用户修改自己密码需要首先输入原密码，如果输入不正确则会出现"鉴定令牌操作错误"的提示；如果输入密码没有通过 PAM 模块的检测，Linux 会根据输入的密码性质进行错误提示，只有输入的密码合理合规并且长度适合才可以修改成功。

说明 3：普通用户修改自己密码比较麻烦，这正是 Linux 系统安全性的体现。

说明 4：关于密码的规定：

☑ 密码不能与账号相同；

☑ 密码不要使用字典里经常会出现的英语单词；

☑ 密码长度一般要超过 8 位；

☑ 密码设置了最大字符个数，超过即为不合法；

☑ 新密码中连续设置同一类字符的最大数目；

☑ 密码至少包含 1 个特殊字符、1 个数字、1 个大写字母、1 个小写字母。

【实例】 使用 standard input 命令为用户 test1 设置密码。

[root@LinuxServer /]# echo 1234 | passwd --stdin test1
更改用户 test1 的密码。
passwd：所有的身份验证令牌已经成功更新。

说明：echo 命令用于输出其后的字符串。"|"表示管道，其前的结果，作为其后的输入。

【实例】 显示用户 test1 和 test2 的相关参数。

[root@LinuxServer /]# passwd -S test1
test1 PS 2019-05-19 0 99999 7 -1 (密码已设置，使用 SHA512 算法。)
[root@LinuxServer /]# passwd -S test2
test2 LK 2019-05-19 0 99999 7 -1 (密码已被锁定。)

说明：输出/etc/shadow 文件的内容，如果尚未设置密码或者锁定账号，则进行提示。

[root@LinuxServer /]# chage -l test1
最近一次密码修改时间   : 5 月 19, 2019
密码过期时间   : 从不
密码失效时间   : 从不
账号过期时间   : 从不
两次改变密码之间相距的最小天数   : 0
两次改变密码之间相距的最大天数   : 99999
在密码过期之前警告的天数   : 7

说明：除了 passwd -S 命令，还可以通过 chage -l 命令来查看账号参数的详细信息。

【实例】 锁定 **test1** 账号让其不能修改密码。

```
[root@LinuxServer /]# passwd -l test1
锁定用户 test1 的密码。
passwd: 操作成功
[root@LinuxServer /]# passwd -S test1
test1 LK 2019-05-19 0 99999 7 -1 (密码已被锁定。)
[root@LinuxServer /]# grep test1 /etc/shadow
test1:!!$6$vYObOQ/4$jx2TEUhi2mf7dqdJU6bYOjsYlB3nm0Gy7hQUVS.OZ1F5MZ795UTH6mGzbl5brj
hgTqrR3WMs46xTJ6eYAX8o2/:18035:0:99999:7:::
```

说明：/etc/shadow 中的第 2 个字段为特殊字符"！"表示账号被锁定。

【实例】 清空 **test1** 账号的密码。

```
[root@LinuxServer /]# passwd -d test1
清除用户的密码 test1。
passwd: 操作成功
[root@LinuxServer /]# passwd -S test1
test1 NP 2019-05-19 0 99999 7 -1(密码为空。)
```

说明：passwd -d username 命令用于清空该用户的密码。

【实例】 为 **test1** 账号设置密码，设置 **5** 天内不能修改密码，**10** 天内必须修改密码，密码过期 **3** 天前警告，到期 **3** 天后账号失效。

```
[root@LinuxServer /]# passwd test1
更改用户 test1 的密码。
新的 密码:
无效的密码: 密码少于 8 个字符
重新输入新的 密码:
passwd: 所有的身份验证令牌已经成功更新。
[root@LinuxServer /]# passwd -n 5 -x 10 -w 3 -i 2 test1
调整用户密码老化数据 test1。
passwd: 操作成功
[root@LinuxServer /]# passwd -S test1
test1 PS 2019-05-19 5 10 3 2(密码已设置，使用 SHA512 算法。)
[root@LinuxServer /]# grep test1 /etc/shadow
test1:$6$sl9Vyjxs$K2YNiomnG97GFcFOcXt5Ygi4IEJgXppJeSO.Oai01uEj9eD1lu/CZWKMvwOqBOwjj
ZEqikf0qn9CWUKC4SFQb0:18035:5:10:3:2::
```

说明：修改密码，变更/etc/shadow 文件中的第 2 和第 3 个字段，使用-n、-x、-w、-i 分别变更/etc/shadow 文件中的第 4～第 7 个字段。

4.4.4 修改用户

在首次创建账号时如果信息不全，或者某些设置出现了错误，这就需要修改用户的信息。修改用户信息可以直接通过修改/etc/passwd 和/etc/shadow 文件来实现。除了修改配置文件，Linux 系统中使用 usermod 命令完成用户信息的修改。

命令名称：usermod。

使用方式：usermod [参数] [用户名]。

说　明：修改用户信息只有 root 账号才可以执行。

修改、删除用户

参　　数：

-a, --append：将用户添加到附加组，只能和-G 参数一起使用；

-c：修改账号注释字段的值，对应/etc/passwd 文件中的第 5 个字段；

-d：修改用户的登录目录，和-m 参数配合使用；

-e：修改用户密码有效期，对应/etc/shadow 文件中的第 5 个字段；

-f：密码过期之后宽限的天数，对应/etc/shadow 文件中的第 7 个字段；

-g：修改用户所属的组；

-G：修改用户所属的附加组；

-l：修改用户账号名称；

-L：锁定用户密码，使密码无效；

-s：修改用户登入后所使用的 Shell，对应/etc/passwd 文件中的第 7 个字段；

-u：修改用户 ID，对应/etc/passwd 文件中的第 3 个字段；

-m：修改用户根目录，只有和-d 参数组合使用时才有效，对应/etc/passwd 文件中的第 6 个字段；

-U：解除密码锁定。

【实例】　把 test1 用户加入 linuxstudy 组。

```
[test1@LinuxServer /]$ usermod -aG linuxstudy test1
bash: /usr/sbin/usermod: 权限不够
[test1@LinuxServer /]$ su root
密码：
[root@LinuxServer /]# usermod -aG linuxstudy test1
[root@LinuxServer /]# id test1
uid=1001(test1) gid=1001(test1) 组=1001(test1),1000(linuxstudy)
```

说明：在 test1 账号下使用 usermod 命令时，发现提示权限不够，该命令只有 root 账号才可以操作。

【实例】　修改 test1 用户的根目录。

```
[root@LinuxServer home]# usermod -md /home/linuxtest1 test1
[root@LinuxServer home]# grep test1 /etc/passwd
test1:x:1001:1001::/home/linuxtest1:/bin/bash
```

说明：在 Linux 6 中，如果指定一个目录为某用户的根目录，则该目录需要提前创建，但在 CentOS 7 中，该文件夹可以是不存在的，如果不存在，则执行命令过程中系统会创建该目录。

【实例】　修改 test1 用户的名称为 linuxtest。

```
[root@LinuxServer /]# usermod -l linuxtest test1
[root@LinuxServer /]# grep test1 /etc/passwd /etc/shadow /etc/group
/etc/group:test1:x:1001:test3
[root@LinuxServer /]# grep linuxtest /etc/passwd /etc/shadow /etc/group
/etc/passwd:linuxtest:x:1001:1001::/home/linuxtest:/bin/bash
/etc/shadow:linuxtest:$6$sl9Vyjxs$K2YNiomnG97GFcFOcXt5Ygi4IEJgXppJeSO.Oai01uEj9eD1lu/CZW
KMvwOqBOwjjZEqikf0qn9CWUKC4SFQb0:18035:5:10:3:2::
/etc/group:linuxstudy:x:1000:root,linuxtest
```

说明：修改用户名后，查询原用户名，除了组名没有查询到任何记录，查询新用户名发现在/etc/passwd、/etc/shadow 和/etc/group 文件中均查找到了相应的记录。

【实例】 让账号 linuxtest 的密码在 2021 年 12 月 31 日失效。

```
[root@LinuxServer /]# usermod -e "2021-12-31" linuxtest
[root@LinuxServer /]# grep linuxtest /etc/shadow
linuxtest:$6$sl9Vyjxs$K2YNiomnG97GFcFOcXt5Ygi4IEJgXppJeSO.Oai01uEj9eD1lu/CZWKMvwOqBO
wjjZEqikf0qn9CWUKC4SFQb0:18035:5:10:3:2:18992:
```

说明：18992 表示按照 1970 年 1 月 1 日开始计算正好为 2021 年 12 月 31 日。

【实例】 为账号 linuxtest 加上说明"linuxtest is wanglaoshi"。

```
[root@LinuxServer /]# usermod -c "linuxtest is wanglaoshi" linuxtest
[root@LinuxServer /]# grep linuxtest /etc/passwd
linuxtest:x:1001:1001:linuxtest is wanglaoshi:/home/linuxtest1:/bin/bash
```

说明：使用 grep 查找时，必须输入查找条件，通过查找发现/etc/passwd 文件的第 5 个字段已经被修改。

4.4.5 删除用户

删除用户可以直接删除配置文件/etc/passwd 和/etc/shadow 中与账号相关的信息，并通过查找，删除该账号创建的文件，但这种方式过于复杂不推荐使用。userdel 命令功能很简单，就是删除账号的相关数据，此命令只有 root 账号才能使用。

用户相关的数据保存在/etc/passwd、/etc/shadow、/etc/group 和/etc/gshadow 4 个文件之中。用户个人文件包括用户的主目录（默认位于/home/用户名）和用户邮箱（位于/var/spool/mail/用户名）。userdel 命令的作用就是从以上文件中，删除与指定用户有关的数据信息。

命令名称：userdel。

使用方式：userdel [参数] [用户名]。

说　　明：userdel 可删除用户账号与相关的文件，若不加参数，则仅删除用户账号，而不删除相关文件。

参　　数：

　　　　-f：强制删除用户。

　　　　-r：连同用户的根目录一起删除。

【实例】 删除账号 test2。

```
[root@LinuxServer ~]# userdel test2
[root@LinuxServer ~]# grep test2 /etc/passwd /etc/shadow /etc/group
[root@LinuxServer ~]# ls -l /home/
drwx------.   15  linuxstudy   linuxstudy   4096   1 月   30 17:26   linuxstudy
drwx------.    3  linuxtest    test1         78   5 月   20 08:07   test1
drwx------.    3  1111         test1         78   5 月   20 08:07   test2
drwx------.    3  test3        test3         78   5 月   20 08:08   test3
drwxr-xr-x.    3  test4        test4         78   5 月   20 08:09   test4
```

说明：默认情况下删除用户，所有配置文件中的用户信息已经被全部删除，但是该用户的根目录还存在，和这个目录相关的文件也还存在。

【实例】 删除账号 **test3**，连同用户的根目录一起删除。

```
[root@LinuxServer ~]# userdel -r test3
[root@LinuxServer ~]# grep test3 /etc/passwd /etc/shadow /etc/group
[root@LinuxServer ~]# ls -l /home/
drwx------. 15 linuxstudy linuxstudy 4096 1 月   30 17:26 linuxstudy
drwx------.  3 linuxtest   test1        78 5 月   20 08:07 test1
drwx------.  3             1111 test1   78 5 月   20 08:07 test2
drwxr-xr-x.  3 test4       test4        78 5 月   20 08:09 test4
```

说明：加上参数-r 之后，删除账号的时候连同根目录一起删除。

4.5 用户组管理

4.5.1 初始组与附加组

/etc/passwd 文件中每个用户的信息分为 7 个字段，其中第 4 字段（GID）指的就是用户所属的初始组，初始组指用户登录时就拥有这个用户组的相关权限。每个用户的初始组只能有一个，通常，初始组的组名和此用户的用户名相同。比如添加用户 test1，在创建用户 test1 的同时，就会创建 test1 组作为 test1 用户的初始组。

附加组指用户可以加入多个其他的用户组，并拥有这些组的权限。每个用户只能有一个初始组，除了初始组，用户再加入的其他用户组都是该用户的附加组。附加组可以有多个，而且用户可以有这些附加组的权限。

使用 groups 命令可以查看某个用户所隶属的组。

```
[root@LinuxServer /]# groups
root
[root@LinuxServer /]# usermod -G root linuxstudy
[root@LinuxServer /]# su linuxstudy
[linuxstudy@LinuxServer /]$ groups
linuxstudy root
```

说明：在不同的账号下使用 groups 命令都会得到相应用户所隶属的组。使用 groups 命令查看用户组时，有时会出现同时属于多个组的情况，此时第一个组为初始组，也称有效组。一个用户可以属于多个组，但是在某一时刻只能隶属于一个组。

【实例】 将 linuxstudy 用户的有效组调整为 **root** 组。

```
[linuxstudy@LinuxServer /]$ groups
linuxstudy root
[linuxstudy@LinuxServer /]$ newgrp root
[linuxstudy@LinuxServer /]$ groups
root linuxstudy
```

说明：newgrp 用来切换用户的有效组。

新建、修改、删除组

4.5.2 新建用户组

用户组的操作和用户的操作大同小异，主要涉及用户组的增删改，还涉及两个文件/etc/group 和/etc/gshadow。

命令名称： groupadd。

使用方式： groupadd ［参数］ ［用户组名］。

参　　数：

-g , --gid GID：指定用户组的 GID；

-r：新建系统用户组，与/etc/login.defs 内的 GID_MIN 有关；

-o：允许创建有重复 GID 的组；

-K, --key KEY=VALUE：不使用/etc/login.defs 中的默认值。

【实例】 新建一个用户组，名称为 **group1**。

```
[root@LinuxServer /]# groupadd group1
[root@LinuxServer /]# grep group1 /etc/group /etc/gshadow
/etc/group:group1:x:6001:
/etc/gshadow:group1:!::
```

说明： group1 的 GID 为 6001，这是因为在前面的实验中将/etc/login.defs 中的 GID_MIN 修改成了 6000，每次新建一个组，GID 会自动加 1。

【实例】 新建一个系统用户组，名称为 **system1**。

```
[root@LinuxServer /]# groupadd -r system1
[root@LinuxServer /]# grep system1 /etc/group /etc/gshadow
/etc/group:system1:x:982:
/etc/gshadow:system1:!::
```

说明： /etc/login.defs 中 1000 以内的 GID 为系统预留，这里新建的系统用户组满足该规则。

【实例】 新建一用户组，名称为 **group2**，指定其 **GID** 为 **1200**。

```
[root@LinuxServer /]# groupadd -g 1200 group2
[root@LinuxServer /]# grep group2 /etc/group /etc/gshadow
/etc/group:group2:x:1200:
/etc/gshadow:group2:!::
[root@LinuxServer /]# groupadd -g 1200 group3
groupadd: GID "1200"已经存在
```

说明： -g 参数可以指定新组的 GID，前提是该 GID 没有被使用过。

4.5.3 修改用户组

用户组修改命令 groupmod 与 usermod 类似，用来修改用户组的信息。

命令名称： groupmod。

使用方式： groupmod ［参数］ ［用户组名］。

参　　数：

　　　　　　-g, --gid GID：修改用户组 GID 为 gid；

　　　　　　-n group_name：修改用户组名为 group_name。

【实例】　将用户组 **group1** 的名称修改为 **grp1**。

```
[root@LinuxServer /]# groupmod -n grp1 group1
[root@LinuxServer /]# grep group1 /etc/group /etc/gshadow
[root@LinuxServer /]# grep grp1 /etc/group /etc/gshadow
/etc/group:grp1:x:6001:
/etc/gshadow:grp1:!::
```

说明：查找 group1 已无相关信息，查找 grp1 发现与原 group1 信息一致。

【实例】　将用户组 **group2** 的 **GID** 修改为 **1111**。

```
[root@LinuxServer /]# groupmod -g 1111 group2
[root@LinuxServer /]# grcp group2 /etc/group /etc/gshadow
/etc/group:group2:x:1111:
/etc/gshadow:group2:!::
```

4.5.4　删除用户组

用户组的删除通过命令 groupdel 来实现。

命令名称：groupdel。

使用方式：groupdel　[用户组名]。

【实例】　删除组 **grp1**。

```
[root@LinuxServer /]# grep grp1 /etc/group /etc/gshadow
etc/group:grp1:x:6001:
/etc/gshadow:grp1:!::
[root@LinuxServer /]# groupdel grp1
[root@LinuxServer /]# grep grp1 /etc/group /etc/gshadow
```

说明：删除后，发现配置文件中已经没有了该组的信息。

4.6　用户身份切换

用户身份切换

大部分 Linux 发行版为了避免日常管理中的误操作，使用户更加安全地管理 Linux 系统，通常默认账号是普通用户。当需要执行一些管理员操作，需要 root 身份才能进行时，这就需要从当前用户切换到 root 用户。Linux 中切换用户的命令有两种：su 和 sudo。

4.6.1　su 命令

su 命令的全称就是 switch user，用于切换用户身份，使得用户可以在 Shell 中以其他身份运行程序。该命令的语法一般如下：

命令名称：su。

使用方式：su　[参数]　[用户名]。

说 明：使用 root 账号切换到任何账号都不需要密码，普通账号之间的切换和普通账号切换到 root 账号，都需要知道被切换用户的密码。

参 数：

-, -l, --login：使当前 Shell 成为登录 Shell；

-f, --fast：向 Shell 传递-f 参数；

-c, --command <命令>：使用-c 参数向 Shell 传递一条命令；

-s, --shell <shell>：若/etc/shells 允许，则运行 Shell；

-m, -p, --preserve-environment：执行 su 命令时，不重置环境变量。

说明：如果使用 su 命令不指定用户名，则默认为 root，所以切换到 root 身份可以使用 su - root 或 su -。

使用 su 命令完成用户身份切换时在参数中加入"-"代表的意义不同。不使用"-"参数只是切换了用户身份，Shell 环境仍然是切换前用户的 Shell；使用"-"参数进行用户身份切换时连同 Shell 环境一起切换。

【实例】 在 root 身份下切换到 linuxstudy 身份。

```
[root@LinuxServer ~]# echo $PATH
/usr/local/sbin:/usr/local/bin:/sbin:/bin:/usr/sbin:/usr/bin:/root/bin
[root@LinuxServer ~]# pwd
/root
[root@LinuxServer ~]# su linuxstudy
[linuxstudy@LinuxServer root]$ echo $PATH
/usr/local/sbin:/usr/local/bin:/sbin:/bin:/usr/sbin:/usr/bin:/root/bin
[linuxstudy@LinuxServer root]$ pwd
/root
[linuxstudy@LinuxServer root]$ exit
exit
[root@LinuxServer ~]# su - linuxstudy
上一次登录：日 6 月  2 17:48:45 CST 2019pts/0 上
[linuxstudy@LinuxServer ~]$ echo $PATH
/usr/local/bin:/bin:/usr/bin:/usr/local/sbin:/usr/sbin:/home/linuxstudy/.local/bin:/home/linuxstudy/bin
[linuxstudy@LinuxServer ~]$ pwd
/home/linuxstudy
```

说明：使用 su linuxstudy 命令切换用户后，查看环境变量和当前所在目录均无变化；使用 su - linuxstudy 命令切换用户后，发现环境变量和当前所在目录均完全切换到了 linuxstudy 下。

【实例】 在 linuxstudy 身份下以 non-login shell 方式切换到 root 身份，并验证。

```
[linuxstudy@LinuxServer ~]$ tail -3 /etc/shadow
tail: 无法打开"/etc/shadow" 读取数据: 权限不够
[linuxstudy@LinuxServer ~]$ su root
密码：
[root@LinuxServer linuxstudy]# tail -3 /etc/shadow
test5:!!:18036:0:99999:7:::
test6:!!:18036:0:99999:7:::
linuxtest:$6$bJCCweqH$GcC2fjYmA/MeuAXV4C.9lA0hDSnPddIJIeHwjkSPGfBVA6J4FFsID7ghEBWj
AyajBn6IR5zD2awXCugg/A3yS/:18036:0:99999:7:::
[root@LinuxServer linuxstudy]# echo $PATH
```

```
/usr/local/bin:/bin:/usr/bin:/usr/local/sbin:/usr/sbin:/home/linuxstudy/.local/bin:/home/linuxstudy/bin
[root@LinuxServer linuxstudy]# id
uid=0(root) gid=0(root) 组=0(root),1000(linuxstudy) 环境=unconfined_u:unconfined_r:
unconfined_t:s0-
s0:c0.c1023
[root@LinuxServer linuxstudy]# env | grep linuxstudy
USER=linuxstudy
PATH=/usr/local/bin:/bin:/usr/bin:/usr/local/sbin:/usr/sbin:/home/linuxstudy/.local/bin:/home/linuxstudy/bin
MAIL=/var/spool/mail/linuxstudy
PWD=/home/linuxstudy
LOGNAME=linuxstudy
XDG_DATA_DIRS=/home/linuxstudy/.local/share/flatpak/exports/share:/var/lib/flatpak/exports/share:/usr/
local/share:/usr/share
```

说明 1： 在账号 linuxstudy 下使用 tail 命令查看/etc/shadow 的信息，提示权限不够，切换到 root 账号下可以查看该文件信息。

说明 2： 普通用户之间切换和普通用户切换到超级账号 root 都需要被切换账号的密码。

说明 3： 环境变量仍是 linuxstudy 下的环境变量，使用 id 命令确认是 root 账号，使用 env 命令在环境变量中查找 linuxstudy，发现虽然切换到了 root 账号，但环境变量仍是 linuxstudy 账号的环境变量。

【实例】 在 **linuxstudy** 身份下以 **login shell** 方式切换到 **root** 身份，并验证。

```
[linuxstudy@LinuxServer ~]$ tail -2 /etc/shadow
tail: 无法打开"/etc/shadow" 读取数据: 权限不够
[linuxstudy@LinuxServer ~]$ su - root
密码：
[root@LinuxServer ~]# tail -2 /etc/shadow
test5:!!:18036:0:99999:7:::
test6:!!:18036:0:99999:7:::
[root@LinuxServer ~]# id
uid=0(root) gid=0(root) 组=0(root),1000(linuxstudy) 环境=unconfined_u:unconfined_
r:unconfined_t:s0- s0:c0.c1023
[root@LinuxServer ~]# env | grep linuxstudy
[root@LinuxServer ~]# env | grep root
USER=root
MAIL=/var/spool/mail/root
PATH=/usr/local/sbin:/usr/local/bin:/sbin:/bin:/usr/sbin:/usr/bin:/root/bin
PWD=/root
HOME=/root
LOGNAME=root
XDG_DATA_DIRS=/root/.local/share/flatpak/exports/share:/var/lib/flatpak/exports/share:/usr/
local/share:/usr/share
```

说明： 环境变量和用户身份完全切换到了 root 账号。

4.6.2 sudo 命令

使用 su 命令切换用户时需知道对应用户的登录密码，若要切换到 root 用户身份，则需知道 root 用户的密码，在很多情况下拿到 root 的密码几乎是不可能的。sudo 命令用来完成普通账号在不需要知道 root 密码的情况下，在 root 授权的前提下，执行需 root 权限才能执行的命令或操作。

sudo 是一种权限管理机制，依赖于/etc/sudoers 文件，该文件中定义了授权哪个用户可以以管理员的身份执行什么样的管理命令。

使用 visudo 命令可以编辑/etc/sudoers 配置文件。

命令名称：sudo。

使用方式：sudo [参数] [命令] [用户名]。

说　　明：默认情况下只有 root 账号可以执行 sudo 命令，其他账号如果想要执行该命令，则需要得到 root 的授权才可以。

参　　数：

-b, --background：在后台运行命令；

-e, --edit：编辑文件而非执行命令；

-h, --help：显示帮助消息并退出；

-H, --set-home：将 HOME 变量设为目标用户的主目录；

-k, --reset-timestamp：结束密码的有效期限，下次再执行 sudo 命令时需要输入密码；

-l, --list：列出用户权限或检查某个特定命令；

-s, --shell：以目标用户运行 Shell，可同时指定一条命令；

-S, --stdin：从标准输入读取密码；

-v, --validate：更新用户的密码有效期而不执行命令；

-V, --version：显示版本信息并退出。

（1）sudo 命令的执行流程。

① 当用户执行 sudo 命令时，系统从/etc/sudoers 文件中查找该用户是否有执行 sudo 命令的权限；

② 若用户具有可执行 sudo 命令的权限，便让用户输入用户自己的密码来确认，也可以设置为不需要密码；

③ 若密码输入成功，便开始执行 sudo 命令后续的命令，root 执行 sudo 命令时无须输入密码；

④ 若欲切换的身份与执行身份相同，那么也不需要密码。

（2）使用 sudo 命令的好处。

不需要知道 root 的密码也可以使用 root 的权限来运行命令，而使用 su 则必须要知道 root 的密码。

【实例】　在 linuxstudy 用户下，使用 sudo 命令查看/etc/shadow 文件的前 3 行。

```
[linuxstudy@LinuxServer ~]$ sudo -u root cat /etc/shadow
我们信任您已经从系统管理员那里了解了日常注意事项。
总结起来无外乎这三点：
    #1) 尊重别人的隐私。
    #2) 输入前要先考虑（后果和风险)。
    #3) 权力越大，责任越大。
[sudo] linuxstudy 的密码：
linuxstudy 不在 sudoers 文件中。此事将被报告。
```

说明：使用 sudo 命令时提醒该用户没有在/etc/sudoer 文件中。

【实例】 以 **linuxstudy** 身份在**/tmp/**下建立一个名称为 **myweb** 的文件。

```
[linuxstudy@LinuxServer ~]$ su - root
密码：
[root@LinuxServer ~]# sudo -u linuxtest touch /tmp/myweb
[root@LinuxServer ~]# ll /tmp/myweb
-rw-r--r--. 1 linuxtest linuxtest   0   6月   19 10:16 /tmp/myweb
[root@LinuxServer ~]# touch /tmp/myweb2
[root@LinuxServer ~]# ll /tmp/myweb2
-rw-r--r--. 1 root root   0   6月   19 10:17 /tmp/myweb2
```

说明：通过对比发现，sudo 命令对应 root 身份的用法，就是可以让 sudo 以其他任何身份在系统内管理文件。

【实例】 列出 **sudo** 目前的权限。

```
[root@LinuxServer ~]# sudo -l
匹配 %2$s 上 %1$s 的默认条目：
!visiblepw, always_set_home, match_group_by_gid, always_query_group_plugin,
env_reset, env_keep="COLORS DISPLAY HOSTNAME HISTSIZE KDEDIR LS_COLORS",
env_keep+="MAIL PS1 PS2 QTDIR USERNAME LANG LC_ADDRESS LC_CTYPE",
env_keep+="LC_COLLATE LC_IDENTIFICATION LC_MEASUREMENT LC_MESSAGES",
env_keep+="LC_MONETARY LC_NAME LC_NUMERIC LC_PAPER LC_TELEPHONE",
env_keep+="LC_TIME LC_ALL LANGUAGE LINGUAS _XKB_CHARSET XAUTHORITY",
secure_path=/sbin\:/bin\:/usr/sbin\:/usr/bin
```

【实例】 查看 **sudo** 的版本信息。

```
[root@LinuxServer ~]# sudo -V
Sudo 版本 1.8.23
Sudoers 策略插件版本 1.8.23
Sudoers 文件语法版本 46
Sudoers 路径：/etc/sudoers
nsswitch 路径：/etc/nsswitch.conf
ldap.conf 路径：/etc/sudo-ldap.conf
ldap.secret 路径：/etc/ldap.secret
用户 root 可以在 LinuxServer 上运行以下命令：
(ALL) ALL
……
```

root 用户可以使用 visudo 命令来编辑/etc/sudoers 配置文件。其实把 visudo 拆开来看就是使用 vi 命令打开 sudo 的配置文件而已。使用 visudo 命令得到如下结果。

```
## Next comes the main part: which users can run what software on
## which machines (the sudoers file can be shared between multiple
## systems).
## Syntax:
## user        MACHINE=COMMANDS
## The COMMANDS section may have other options added to it.
## Allow root to run any commands anywhere
root        ALL=(ALL)        ALL
```

说明：最后一行的含义是 root 用户拥有所有权限。

【实例】 让 **linuxstudy** 账号具有查看**/etc/shadow** 文件的权限。

第 1 步：使用 root 修改/etc/sudoers 文件。

```
[root@ LinuxServer~]# visudo
## Allow root to run any commands anywhere
root        ALL=(ALL)           ALL
linuxstudy ALL=(root)    /user/bin/ cat /etc/shadow
```

说明 1：方框内增加的语句的含义是让 linuxstudy 账号的操作和 root 一样，可以使用 cat 命令查看/etc/shadow 文件。

说明 2：使用 visudo 命令打开的/etc/sudoers 文件中，需要修改的共有四个部分。

☑ 用户账号。系统的哪个账号可以使用 sudo 命令，默认为 root。

☑ 登录者来源主机名。这个账号由哪台主机连接到本主机。

☑ 可切换的身份。这个账号可以切换成什么身份来执行后面的命令。

☑ 可以执行的命令。这个命令请写绝对路径。

第 2 步：切换回 linuxstudy，查看/etc/shadow 文件。

```
[linuxstudy@LinuxServer ~]$ cat /etc/shadow
head: 无法打开"/etc/shadow" 读取数据: 权限不够
[linuxstudy@LinuxServer ~]$ sudo -u root cat /etc/shadow
[sudo] linuxstudy 的密码：
root:$6$7VuFSiIr$49tVvNOmLgpTmj7fXAfUFqV1e0HdkxPDzvSPHM/YHw.px2igbMU.vBQsA9A/H5D
fhA/WejQ7vyHdB53w./Nqq1:18031:0:99999:7:::
bin:*:17834:0:99999:7:::
daemon:*:17834:0:99999:7:::
```

说明：经过授权后，linuxstudy 账号可以使用 sudo 命令查看/etc/shadow 文件的内容。

【实例】 使用 **linuxstudy** 账号帮 **root** 修改其他账号的密码。

```
[root@LinuxServer ~]# su - linuxstudy
上一次登录：三 6 月 19 09:57:05 CST 2019pts/0 上
[linuxstudy@LinuxServer ~]$ passwd root
passwd: 只有根用户才能指定用户名。
[linuxstudy@LinuxServer ~]$ sudo passwd linuxtest
更改用户 linuxtest 的密码。
新的 密码：
无效的密码： 密码少于 8 个字符
重新输入新的 密码：
passwd: 所有的身份验证令牌已经成功更新。
```

说明：先在/etc/sudoers 文件中授权 linuxstudy 账号的权限，才可以使用该账号帮助 root 修改其他账号的密码，而且密码必须符合 Linux 密码的规则。

【实例】 新建账号 **linuxtest2**，为其设置密码，设置 **sudoers** 文件，让该账号具有可以创建账号的权限。

第 1 步：创建 linuxtest2 账号并设置密码。

```
[root@LinuxServer ~]# useradd linuxtest2
[root@LinuxServer ~]# passwd linuxtest2
更改用户 linuxtest2 的密码。
新的 密码：
无效的密码： 密码少于 8 个字符
```

重新输入新的 密码：
passwd：所有的身份验证令牌已经成功更新。

第 2 步：使用 root 修改/etc/sudoers 文件。

```
## Allow root to run any commands anywhere
root        ALL=(ALL)          ALL
linuxstudy ALL=(root)   /usr/bin/passwd
linuxtest2 ALL=(root) /usr/sbin/useradd
```

第 3 步：切换到 linuxtest2，执行增加账号的操作。

```
[root@LinuxServer ~]# su - linuxtest2
上一次登录：三 6 月  19 11:41:39 CST 2019pts/0  上
[linuxtest2@LinuxServer ~]$ useradd abc
-bash: /usr/sbin/useradd: 权限不够
[linuxtest2@LinuxServer ~]$ sudo -u root useradd abc
[sudo] linuxtest2 的密码：
[linuxtest2@LinuxServer ~]$ cat /etc/password
……
abc:!!:18325:0:99999:7:::
```

说明：可以看到 linuxtest2 账号具有了增加账号的权限。

4.7　小结

本章讲解了 Linux 系统通过 Linux 账号实现对用户的访问控制，Linux 系统的用户分为超级用户（root）、系统用户和普通用户 3 类。添加账号流程是在系统中创建一个新的账号，为其分配 UID、所属组、主目录和登录的 Shell 等资源。用户（User）和用户组（Group）的配置文件是系统管理员最应该掌握的系统基础文件，重要的配置文件包括/etc/passwd、/etc/shadow 和/etc/group。

Linux 中切换用户的命令有两种：su 和 sudo。su 命令用于切换用户身份，使得用户可以在 Shell 中以其他身份运行程序，sudo 主要用来以某个用户的身份来执行某条命令，相对于 su 命令必须知道新切换用户的密码，sudo 命令的执行仅需要自己的密码即可，甚至可以设置不需要密码也可执行。

实训 4　用户管理

一、实训目的

掌握 CentOS 7 下的用户和组的管理，以及用户的切换。

二、实训内容

☑ 用户与组的原理与概念；
☑ 用户管理的增加用户、修改用户、设置密码、删除用户操作；

☑ 组管理的增加用户组、修改用户组、删除用户组操作；
☑ 用户切换中的 su 与 sudo 命令。

三、项目背景

随着学习的深入，系统中仅有一个用户与一个用户组已经不能满足小 A 的需求，需要创建多个用户与多个组，并且要为不同的用户与组分配不同的权限，有时还要增加一些特殊权限，尤其是还要完成用户的切换。请帮小 A 完成本次实训的任务。

四、实训步骤

任务 1：用户操作。
创建一个新账号 zhaoyun，设置其主目录为/home/zhaoyun。
（1）查看/etc/passwd 文件的最后一行记录；
（2）查看/etc/shadow 文件的最后一行记录；
（3）给账号 zhaoyun 设置密码；
（4）再次查看/etc/shadow 文件的最后一行，看看有什么变化；
（5）使用 zhaoyun 账号登录系统，看能否登录成功；
（6）锁定账号 zhaoyun；
（7）查看/etc/shadow 文件的最后一行，看看有什么变化；
（8）再次使用 zhaoyun 账号登录系统，看能否登录成功；
（9）解除对账号 zhaoyun 的锁定；
（10）更改账号 zhaoyun 的账号名为 zhangfei；
（11）查看/etc/passwd 文件的最后一行，看看有什么变化；
（12）删除账号 zhangfei。

任务 2：用户组操作。
创建一个新组，名称为 sanguo。
（1）查看/etc/group 文件的最后一行，看看是如何设置的；
（2）创建一个新账号 zhangfei，并将其初始组和附属组都设为 sanguo 组；
（3）查看/etc/group 文件中的最后一行，看看有什么变化；
（4）给 sanguo 组设置组密码；
（5）在 sanguo 组中删除账号 zhangfei；
（6）再次查看/etc/group 文件中的最后一行，看看有什么变化；
（7）删除组 sanguo。

任务 3：用户切换。
（1）新建账号 guanyu；
（2）让 guanyu 账号在只知道自己密码的前提下能够新建、删除与修改账号；
（3）新建账号 machao；
（4）让 machao 账号在知道 root 密码的前提下，能够查看/etc/shadow 文件。

第5章

Linux 文件管理

Linux 是一种开源且可与 Windows 相媲美的操作系统。文件管理是操作系统的核心功能之一，但 Linux 文件系统和 Windows 文件系统的管理方式却有很大不同。本章将对 Linux 文件系统、Linux 目录与路径、文件归档与压缩等进行详细介绍。

5.1 Linux 文件系统

Linux 文件系统

有一点计算机常识的读者都知道，计算机中的数据就是 0 和 1 的序列，这样的序列可以存储在内存中，但内存中的数据会随着机器断电而消失。为了将数据长久保存，一般把数据存储在光盘或硬盘中。通常会将数据分开保存到文件这样的小单位中（所谓的小，是相对于所有的数据而言的）。但如果数据只能组织为文件而不能分类的话，文件还是杂乱无章的。每次搜索某一个文件，就要一个文件又一个文件地检查，太过麻烦。文件系统（File System）是文件在逻辑上的组织形式，它以一种更加清晰的方式来存放各个文件。

在学习 Linux 文件系统之前，首先要树立一个概念：在 Linux 系统中，一切皆是文件（其中包括计算机的各种软硬件信息）。Linux 文件系统中的文件是数据的集合，文件系统不仅包含着文件中的数据，还有文件系统的结构，所有 Linux 用户和程序看到的文件、目录、软链接及文件保护信息等都存储在文件系统中。

Linux 操作系统是以文件的形式组织管理的，任何设备在 Linux 下都是文件。除此之外，软件及通信接口也都以文件的形式来管理。因此，Linux 中的文件种类很多。

在 Linux 中 Ext4/XFS 格式的文件系统下，针对文件的文件名长度的限制有：

☑ 单一文件或目录的文件名最大长度为 255 个字符；

☑ 包含完整路径名称及目录在内的完整文件名最大长度为 4096 个字符。

Linux 下的文件名长度可使用户完全按照自己的想法为文件命名，基本感受不到文件名规则的约束。但 Linux 的文件名最好能一目了然，通过文件名能够直接猜出文件功能。建议大家对文件的命名使用完整的英文单词。

需要注意的是，Linux 一般对组成文件名的字符没有限制，但最好避免一些特殊字符，如：* ? <> ; @ ! [ ] | ' " { } 等。

1. 文件类型

Linux 的文件类型大致可分为五类。利用 ls-l 命令查看文件信息，第 1 列显示的 10 个字符中的第 1 个字符即为文件类型。常见的一般文件为 "-"，目录文件为 "d"，但是在/dev 目录下执行 ls-l 命令可以看到第 1 列的第 1 个字符出现了 "c" "b" "1" 等。下面对 5 类常见的文件类型逐一进行介绍。

```
[root@LinuxServer dev]# ls -l
总用量 0
crw-rw----. 1 root video      10, 175 7月    8 15:37 agpgart
crw-------. 1 root root        10, 235 7月    8 15:37 autofs
drwxr-xr-x. 2 root root            160 7月    8 15:37 block
drwxr-xr-x. 2 root root             80 7月    8 15:37 bsg
crw-------. 1 root root        10, 234 7月    8 15:37 btrfs-control
drwxr-xr-x. 3 root root             60 7月    8 15:37 bus
lrwxrwxrwx. 1 root root              3 7月    8 15:37 cdrom -> sr0
drwxr-xr-x. 2 root root             80 7月    8 15:37 centos
......
```

说明：因篇幅限制，只截取了部分结果。

（1）普通文件（File）：第 1 个字符为 "-"。

☑ 文本文件（ASCll）：采用 ASCII 编码方式，可编辑，可修改。

☑ 二进制（Binary）：不可查看，不可修改。

（2）目录文件（Directory）：第 1 个字符为 "d"。

目录文件存放的内容是目录中的文件名和子目录名。

（3）设备文件（device）。

设备文件用于用户访问物理设备，分为块设备文件和字符设备文件。与系统外设及存储等相关的文件，通常都集中在/dev 目录下。块设备第 1 个属性为 "b"，字符设备第 1 个属性为 "c"。

（4）链接文件（Link）：第 1 个字符为 "l"。

软链接文件：又称为符号链接文件。目标文件和链接文件可以跨越索引点，相当于文件的快捷方式，第 1 个属性为 "l"。若删除源文件，则软链接文件失去意义；但删除软链接文件，不影响源文件。硬链接文件：链接同一索引点中的文件，相当于文件的副本。两个文件指向同一存储区，其内容、长度相同，删除一个文件不影响其他文件。该知识点将在后续章节详细介绍。

（5）管道文件（FIFO，Pipe）：第 1 个字符为 "p"。

FIFO 也是一种文件类型，其主要目的是解决多个程序同时访问一个文件所造成的错误问题，第 1 个属性为 "p"。

2. 扩展名

熟悉 Windows 系统的读者都清楚，在 Windows 系统中是通过文件的扩展名区分文件类型的，比如 whb.txt、zj.exe、qianru.doc、dianshang.mp4、wangluo.rar 等。但在 Linux 系统中，一个文件能否被执行与其扩展名无关，主要与文件属性相关。尽管如此，熟悉 Linux 文件的扩展名还是有必要的，特别是在创建文件时最好加上扩展名，不仅为了应用时方便，更让那些比较熟悉 Windows 系统的用户能够容易看懂 Linux 下的文件。虽然扩展名不起作用，但还是希望可以根据扩展名了解关于此文件的更多信息。

以下是 Linux 系统中常用的一些扩展名：

☑ .sh：脚本或者批处理文件（Scripts）；

☑ .Z、.tar、.tar.gz、.zip、.tar.bz2：经过打包的压缩文件；

☑ .html、.php：网页相关文件；

☑ file.so：库文件；

☑ file.doc、file.obt：OpenOffice 能打开的文件。

用不同工具创建的文件，其扩展名也不相同，比如用 Gimp、Gedit、OpenOffice 等工具创建出来的文件扩展名各不相同。

5.2　目录与路径

任何操作系统对文件的操作无外乎新建、删除、编辑、移动、查看及查找，Linux 也不例外，而以上操作都需要知道一个重要的问题，就是文件从哪里来？到哪里去？即文件的路径问题，路径又分为相对路径和绝对路径。下面详细介绍一下相对路径、绝对路径及目录的一些基本操作。

5.2.1　相对路径和绝对路径

在 Linux 系统中，目录的概念已基本清楚，现在重要的是理解"绝对路径"和"相对路径"的概念。在切换目录之前，必须先了解"路径"是相对路径还是绝对路径。

☑ 绝对路径：路径的写法一定是从根目录开始写起的，如/usr/share/doc。

☑ 相对路径：相对于当前工作目录的路径，如./doc 。

说明：对于文件的正确性来说，绝对路径是最为正确的路径表达方式。在编写程序（Shell Scripts）时，请务必采用绝对路径。因为在程序或脚本中，使用相对路径可能会造成执行错误，而使用绝对路径则不会出现此种错误。

5.2.2　文件的软硬链接

文件的软硬链接

Linux 文件系统中，每个对象都有唯一的 inode 索引，每个 inode 号和文件系统的一个对象对应，可以使用 ls-i 命令查看文件或目录的 inode 号，每个目录下的"."（当前目录）和".."（上级目录）都是硬链接。

Linux 系统内核为每个新建立的文件分配了一个 inode，也称为 i 节点，每个文件都有一个唯一的 inode 号。文件属性保存在索引节点里，在访问文件时，索引节点被复制到内存中，从而实现文件的快速访问。链接是在共享文件和访问它的用户的若干目录项之间建立联系的一种方法。

Linux 具有为一个文件起多个名字的功能，称为链接。被链接的文件可以存放在相同的目录下，但必须有不同的文件名，而不用在硬盘上为同样的数据重复备份。另外，被链接的文件也可以有相同的文件名，但是需要存放在不同的目录下。只要对某个目录中的文件进行修改，就可以完成对所有目录中同名链接文件的修改。对某个文件的多个链接文件，可以指定不同的权限，从而实现信息共享和提高安全性。

文件的链接有两种形式：硬链接和软链接（符号链接）。

1. 硬链接

建立硬链接时，系统在该目录或其他目录中增加目标文件的一个目录项，该文件便登记在多个目录中。创建硬链接后，已经存在的文件的 i 节点号会被多个目录文件项使用。

ls-l 命令查看的结果中的第 2 列的值为文件的硬链接数，无硬链接的文件其值为 1。默认情况下，使用 ln 命令创建硬链接，并且增加链接数，rm 命令会减少链接数。

说明 1：普通用户不能为目录创建硬链接；不能在不同的文件系统之间做硬链接，即链接文件和被链接文件必须处于同一个文件系统中。

说明 2：硬链接是文件的一个拷贝，其 inode 号是一样的。类似于复制，但比复制有优势，复制只是一个简单的拷贝，是静态的；而硬链接则不同，不但是拷贝，而且是动态的，可以共享资源。

例如，a 是源文件，b 是 a 的拷贝，单纯复制时，b 和 a 是一样的，若 a 文件被修改，b 文件需手动更新，所以是静态拷贝。而硬链接则不同，若 a 文件被修改，b 文件就动态修改，不需要手动更新。举个通俗点的例子，某公司有两个程序员属于同一开发小组，共同开发某个程序，且必须要相互交换想法，此时就可以建立硬链接，就能够随时知道对方的想法了。

硬链接是一个指针，指向文件 inode 号，系统并不为硬链接重新分配 inode。尽管硬链接节省空间，是 Linux 整合文件系统的传统方式，但也存在一些不足，即不可以在不同文件系统之间建立硬链接，且只有 root 用户可以为目录创建硬链接。

2. 软链接

软链接也称符号链接，是一个新文件。符号链接实际上是特殊文件的一种，类似于 Windows 的快捷方式。在符号链接中，文件实际上是一个文本文件，其中包含有另一个文件的位置信息，而另一个文件是实际包含所有数据的文件。所有读、写文件内容的命令被用于符号链接时，将沿着链接方向来访问实际的文件。使用 ln-s 命令可以建立符号链接。

3. 硬链接和软链接的区别

☑ 软链接是一个新文件，具有自己的 inode 号；硬链接没有建立新文件，只是一个指针。

☑ 软链接没有硬链接的限制，可以对目录建立软链接，也可以在不同文件系统之间建立软链接。

☑ 当源文件被删除后，硬链接文件同样可以被使用，而软链接文件将无法使用。

☑ 软链接会显示为"链接文件名->指向的实际文件"，而硬链接通过文件名无法判断。

4. 硬链接和软链接实例

使用 cp-s 命令可以创建软链接，使用 cp-l 命令可以创建硬链接。

【实例】 在 sanguo 目录下创建一个名字为 file 的文件，然后创建软链接 file_soft 和硬链接 file_hard，并查看详细信息。

```
[root@LinuxServer sanguo]# touch file
[root@LinuxServer sanguo]# cp -l file file_hard
[root@LinuxServer sanguo]# cp -s file file_soft
[root@LinuxServer sanguo]# ls -il
总用量 0
```

9364850	-rw-r--r--.	2 root root	0	7月	8	17:04	file
9364843	lrwxrwxrwx.	1 root root	4	7月	8	17:05	file_soft -> file
9364850	-rw-r--r--.	2 root root	0	7月	8	17:04	file_hard

说明：ls-i 命令用于查看文件的 inode 号，通过查看 inode 验证了前面的解释，即源文件和硬链接具有相同的 inode，软链接则具有自己独立的 inode。从实例中可以看出硬链接都指向了同一个 inode 条目，因此所占用的空间相同。

除了 cp 命令可以创建软、硬链接，ln 命令专门用于创建软、硬链接，并且也可以完成上述功能。下面详细介绍一下 ln 命令。

命令名称：ln（link）。

使用方式：ln [选项] 源文件。

说　　明：创建软硬链接。

参　　数：

  -s：创建软链接，如果不加参数则默认创建的是硬链接；

  -f：删除目标文件，然后创建链接。

【实例】 在 **sanguo** 目录下创建 **ceshi** 目录，并将**/etc** 下的 **passwd** 复制到该目录，利用 **ln** 命令创建软、硬链接。

```
[root@LinuxServer sanguo]# mkdir ceshi
[root@LinuxServer sanguo]# cd ceshi
[root@LinuxServer ceshi]# cp /etc/passwd .
[root@LinuxServer ceshi]# ln passwd passwd_hard
[root@LinuxServer ceshi]# ln -s passwd passwd_soft
[root@LinuxServer ceshi]# ls -il
总用量 8
18087958    -rw-r--r--.   2    root   root   2277  7月    8   17:11  passwd
18087958    -rw-r--r--.   2    root   root   2277  7月    8   17:11  passwd_hard
18087959    lrwxrwxrwx.   1    root   root      6  7月    8   17:12  passwd_soft -> passwd
```

说明：和 cp 命令创建结果一样，使用 ls-i 命令查看文件的 inode 号，同样发现源文件和硬链接具有相同的 inode，软链接则具有自己独立的 inode。

5.3　文件归档与压缩

在 Linux 系统中，常见的文件压缩命令是 gzip 和 bzip2。Compress 工具已不再使用，这里不再讲解。如果文档扩展名为.Z，可以使用 gzip 进行解压，若要用 uncompress 解压，可查看 man 手册。但目前的 Linux 版本中不再提供 compress 工具，如果需要，可使用 yum install uncompress 命令，配置 yum 仓库、利用 yum 命令来进行该工具的安装（yum 的具体使用将在后续章节详细介绍）。

gzip 是由 GNU 计划所开发出来的压缩命令，该命令已经取代了 compress。后来 GNU 又开发出 bzip2，这款软件的压缩比更高。但这些命令通常仅能针对一个文件进行压缩和解压缩，每次压缩和解压缩多个文件时较为麻烦。所以 tar 命令的作用就显得很重要，tar 命令一般和压缩命令配合使用。

tar 命令可以将多个文件打包成为一个文件，甚至是目录也可以进行打包操作。但是 tar

的操作仅仅是将许多文件打包到一个文件中，其所占用的存储空间并没有减小，即 tar 命令并没有提供压缩的功能，后来，GNU 计划将整个 tar 与压缩的功能结合在一起，为使用者提供了更方便且功能更强大的压缩和打包功能。下面详细讲解 Linux 下的基本压缩命令。

5.3.1 gzip 和 zcat

gzip、bzip2

1. gzip 的由来、原理及作用

gzip 最早由 Jean-loup Gailly 和 Mark Adler 创建，用于 UNIX 系统的文件压缩。Linux 中经常会用到后缀为.gz 的文件，它们就是 gzip 格式的。如今 gzip 格式已经成为 Internet 上使用非常普遍的一种数据压缩格式，或者说是一种文件格式。

HTTP 协议上的 gzip 编码是一种用来改进 Web 应用程序性能的技术，大流量的 Web 站点常常使用 gzip 压缩技术来让用户感受更快的速度。这一般是指 WWW 服务器中安装的某个功能，当有用户访问服务器中的网站时，服务器中该功能就将网页内容压缩后传输到来访的计算机浏览器中并显示出来。一般，纯文本内容可压缩到原大小的 40%，这样传输加快后，网址所对应的网页也会更快显示出来。当然这也会增加服务器的负载，一般服务器中都安装有该功能模块。

目前 gzip 可以解压缩 compress、zip 及 gzip 等软件所压缩的文件。至于 gzip 所建立的压缩文件最好以 *.gz 文件名结尾，以直观地看出文件是由哪个压缩命令进行压缩的。

zcat 命令专门针对 gzip 压缩命令，cat 命令可以读取纯文本内容，而 zcat 则可以读取纯文本被压缩后的文件，并且不需要解压。由于 gzip 这个压缩命令是取代 compress 的，所以 compress 的压缩文件也可以使用 gzip 解压，同时使用 zcat 命令读取压缩文件内容。

2. gzip 与 zcat 命令

下面详细介绍 gzip 和 zcat 命令的具体用法。

（1）gzip 命令。

命令名称：gzip。

使用方式：gzip　[参数]　文件名。

说　　明：对文件进行压缩和解压缩，压缩文件后缀名为.gz。

参　　数：

　　　　-a：使用 ASCII 码模式；

　　　　-c：将压缩数据输出到屏幕；

　　　　-d：解压缩；

　　　　-f：强制压缩文件，不区分文件名是否有硬链接存在，或是否为软链接；

　　　　-n：不保存原来文件名称和时间；

　　　　-q：不显示警告信息；

　　　　-t：测试文件是否完整；

　　　　-v：显示命令执行的进度；

　　　　-num：用于指定压缩效率，num 取值-1 到 9，值越大，压缩效率越高，系统预设值为 6。

【实例】 复制/etc/passwd 文件到/tmp/ceshi 目录，并压缩 passwd 文件。

```
[root@LinuxServer ceshi]# ls -l
总用量 4
-rw-r--r--.  1  root  root   2277   7月   8  17:11  passwd
[root@LinuxServer ceshi]# gzip passwd
[root@LinuxServer ceshi]# ls -l
总用量 4
-rw-r--r--.  1  root  root   921   7月   8  17:11  passwd.gz
```

说明：通过该实例说明使用默认压缩时，在产生压缩文件后就删除了原文件。对比压缩前后的文件大小可以看出，当文件被压缩后，文件大小明显减小了，也就是压缩比非常大。

【实例】 复制/etc/passwd 文件到/tmp/ceshi 目录下，并重命名为 passwd11，使用最大压缩比并且在不丢弃原文件的前提下，压缩 passwd11 文件。

```
[root@LinuxServer ceshi]# cp /etc/passwd ./passwd11
[root@LinuxServer ceshi]# ls -l
总用量 8
-rw-r--r--. 1 root root 2277 7月    8 17:40 passwd11
-rw-r--r--. 1 root root  921 7月    8 17:11 passwd.gz
[root@LinuxServer ceshi]# gzip -9 -c passwd11 >passwd11.gz
[root@LinuxServer ceshi]# ls -l
总用量 12
-rw-r--r--. 1 root root 2277 7月    8 17:40 passwd11
-rw-r--r--. 1 root root  923 7月    8 17:40 passwd11.gz
-rw-r--r--. 1 root root  921 7月    8 17:11 passwd.gz
```

说明：-9 保证了最大压缩比，">"是重定向，后续会讲到，意思是在不丢弃原文件的前提下，将压缩的数据重新定向到 passwd11.gz 文件中，同时发现压缩比调整为 9 后，压缩后的文件大小并没有比默认值小，这是因为所压缩的文件本身太小。对于大文件压缩的情况，num 值越大，压缩后的文件大小越小。

【实例】 解压缩当前目录下的 passwd.gz 文件，并显示进度。

```
[root@LinuxServer ceshi]# ls
passwd11   passwd11.gz   passwd.gz
[root@LinuxServer ceshi]# gzip -dv passwd.gz
passwd.gz:  60.6% -- replaced with passwd
[root@LinuxServer ceshi]# ls
passwd   passwd11   passwd11.gz
```

说明：通过该实例发现，当文件解压缩后压缩文件将不复存在。-d 参数表示解压缩，-v 参数显示压缩的进度。

（2）zcat 命令。

命令名称：zcat。

使用方式：zcat [参数] 文件名。

说　　明：查看 gzip 或者 compress 压缩的文档。

参　　数：

　　　　-n：压缩文件中省略压缩文件头；

　　　　-V：将当前版本和编译参数写入标准错误。

【实例】 创建空文件 **test.txt**，将"**I am studying linux**"内容通过重定向输入其中，然后将该文件压缩，并查看压缩文件的内容。

```
[root@LinuxServer sanguo]# touch test.txt
[root@LinuxServer sanguo]# echo "I am studying linux" > test.txt
[root@LinuxServer sanguo]# gzip test.txt
[root@LinuxServer sanguo]# zcat test.txt.gz
I am studying linux
```

说明：本实例中再次用到了">"重定向，重定向是给某个内容重新找个位置，将">"左边的内容存储到右面的文件之中。

5.3.2　bzip2 和 bzcat

1．bzip2 的由来、原理及作用

bzip2 是基于 Burrows-Wheeler 算法的无损压缩软件，压缩效果比 gzip 还要好。它是一款免费软件，广泛存在于 UNIX 与 Linux 的许多发行版本中。bzip2 能够进行高质量的数据压缩，它利用先进的压缩技术，能够把普通的数据文件压缩 10% 至 15%，压缩和解压缩的速度都非常快。

如果说 gzip 是为了取代 compress 并提供更好的压缩比而出现的，那么 bzip2 则是为了取代 gzip 并提供更佳的压缩比而来的，但目前 bzip2 与 gzip 仍处于共存阶段。

bzip2 压缩命令的用法和 gzip 几乎相同，但是其功能却比 gzip 更加强大，为了便于区分，使用 bzip2 工具进行文件压缩时自动创建的文件压缩包的扩展名为.bz2。bzcat 与 zcat 类似，用来查看 bzip2 压缩的文件的内容，其功能也与 zcat 没有区别，用法也基本相同，但功能却变得更强大。

2．bzip2 与 bzcat 命令

下面详细介绍 bzip2 与 bzcat 命令的具体用法。

（1）bzip2 命令。

命令名称：bzip2。

使用方式：bzip2　[参数]　文件名。

参　　数：

　　　　-c：将压缩文件中的数据输出到屏幕上；

　　　　-d：解压缩；

　　　　-k：不删除原始文件；

　　　　-z：压缩；

　　　　-v：显示命令执行的进度；

　　　　-num：跟 gzip 的压缩效率含义一样，-1<num<9。

【实例】 复制**/etc/passwd** 到 **sanguo** 目录中，并重命名为 **passwd12**，压缩该文件并查看其压缩文件大小。

```
[root@LinuxServer sanguo]# cp /etc/passwd ./passwd12
[root@LinuxServer sanguo]# ls -l
总用量 8
```

```
-rw-r--r--. 1 root root 2330 7 月    10 17:14 passwd12
-rw-r--r--. 1 root root   49 7 月    10 17:08 test.txt.gz
[root@LinuxServer sanguo]# bzip2 passwd12
[root@LinuxServer sanguo]# ls -l
总用量 8
-rw-r--r--. 1 root root 973 7 月    10 17:14 passwd12.bz2
-rw-r--r--. 1 root root  49 7 月    10 17:08 test.txt.gz
```

说明：通过本实例可以看出 bzip2 的压缩默认也是删除原文件，bzip2 产生的压缩文件扩展名为.bz2。bzip2 更擅长于大文件的压缩，在小文件的压缩上其压缩比与 gzip 相比没有明显优势。

【实例】 将/etc/services 文件复制到当前目录，使用 bzip2 命令压缩，并查看其压缩比。

```
[root@LinuxServer sanguo]# cp /etc/services ./
[root@LinuxServer sanguo]# ls
passwd12.bz2    services    test.txt.gz
[root@LinuxServer sanguo]# bzip2 -kv services
  services:  5.409:1,   1.479 bits/byte, 81.51% saved, 670293 in, 123932 out.
[root@LinuxServer sanguo]# ls
passwd12.bz2  services  services.bz2    test.txt.gz
```

说明：-k 参数使其压缩过程中保留了原始文件，同时产生了同名且后缀为.bz2 的压缩文件，该文件的压缩比为 81.51%；-v 参数表示压缩的进度。

【实例】 将 services.bz2 解压，并查看其详细信息。

```
[root@LinuxServer sanguo]# bzip2 -dv services.bz2
bzip2: Output file services already exists.
[root@LinuxServer sanguo]# rm services
rm：是否删除普通文件 "services"？y
[root@LinuxServer sanguo]# bzip2 -dv services.bz2
  services.bz2: done
[root@LinuxServer sanguo]# ls
passwd12.bz2    services    test.txt.gz
```

说明：因为前面压缩时保留了原始文件，所以在解压缩时提示文件已存在，删除原始文件后即可解压缩，当然也可以将文件解压缩到其他目录。

（2）bzcat 命令。

命令名称：bzcat。

使用方式：bzcat 文件名.bz2。

【实例】 查看文件 passwd12.bz2 中的内容。

```
[root@LinuxServer sanguo]# ls
passwd12.bz2    services    test.txt.gz
[root@LinuxServer sanguo]# bzcat passwd12.bz2
root:x:0:0:root:/root:/bin/bash
bin:x:1:1:bin:/bin:/sbin/nologin
daemon:x:2:2:daemon:/sbin:/sbin/nologin
……
```

tar 打包压缩

5.3.3 打包命令 tar

本章刚开始时曾讲到，和 Windows 下的 WinRAR 工具不同，Linux 下的压缩与打包是分开的，是使用不同命令来实现的。前面两个小节详细介绍了文件的压缩、解压缩及查看命令的使用，但通常情况下使用的大文件并非一个文件，而是一堆文件的组合，想压缩这一堆文件时该怎么办呢？只使用前面讲过的 bzip2、gzip 命令是无法完成的，这就需要先把这些文件捆绑到一起，然后再去压缩。

下面通过一个小故事来说明一下打包与压缩的关系。学生每年放假回家时，恨不能把所有的东西都带回去，但不可能一件一件地拿着回家，而是网购或去超市买个大大的编织袋，当然拉杆箱也可以。买到编织袋后再把衣服、书籍等都放进去，这就是最简单的打包。当然，编织袋装满后还有东西放不进去时，就用手使劲塞了塞，又放进去两件，实在不行了用脚端一端最终都放进去了，这就是压缩了。Linux 的打包与压缩和刚才故事中讲到的原理一样，打包和压缩一般配合使用。

Windows 中的 WinRAR 等工具实现了刚才故事中讲到的打包与压缩的双重功能。Linux 下的 tar 命令实现了打包功能，可以将一个文件夹（目录）打包成文件，并支持与 gzip、bzip2 配合使用，这样就跟 Windows 中的 WinRAR 功能没有区别了。

tar 命令相对比较复杂，其参数比较多，并经常用于和 gzip、bzip2 配合使用。下面详细介绍 tar 命令的基本用法。

命令名称：tar。

使用方式：tar [参数] [打包文件名] 原文件。

参　　数：

-c：创建打包文件；

-C：解压缩后存放的路径；

-x：解包或者解压缩；

-t：查看 tarfile 里面的文件；

-z：使用 gzip 进行压缩或者解压缩；

-j：使用 bzip2 进行压缩或者解压缩；

-v：显示压缩或者解压缩过程；

-f filename：filename 为压缩或者解压缩后的文件名；

-p：使用原文件的原来属性；

-P：保留绝对路径；

-N：比-N 后面接的日期（yyyy/mm/dd）还要新的文件，才会被打包进新建的文件中；

--exclude FILE：在压缩的过程中，不要将 FILE 打包，除此之外的意思。

说　　明：在参数使用中，c/x/t 仅能存在一个，不可同时存在，因为不可能同时压缩与解压缩。

tar 命令的参数虽然很多，但是常用的并不多，基本就是-j、-c、-t、-v、-x 等。下面通过实例来演示 tar 命令的使用。

【实例】 将/home 目录打包，并存放到/tmp 目录下。

```
[root@LinuxServer tmp]# tar -c -f /tmp/root.tar /root
tar: 从成员名中删除开头的"/"
[root@LinuxServer tmp]# ls -l /tmp/root.tar
-rw-r--r--. 1 root root 92661760 7 月    11 16:17 /tmp/root.tar
```

说明 1：-c 参数代表创建一个包，-f 参数后面输入打包后的文件名，最后是要打包的文件或目录。

说明 2：-c 和-f 两个参数可合并，写为-cf。f 参数一定要放到最后，不能和其他参数交换顺序，因为-f 参数后面接的是文件名，如果改变了顺序，会造成无法识别文件名的问题。但-f 前的参数可随意交换位置。

【实例】 将/tmp/root.tar 解包，并放在/etc 目录下。

```
[root@LinuxServer tmp]# tar -x -f /tmp/root.tar -C /etc
[root@LinuxServer tmp]# ls -ld /etc/root/
dr-xr-x---. 16 root root 4096 7 月    11 16:11 /etc/root/
```

说明：-x 参数代表解压缩，-C 参数代表解压缩后存放的路径。

【实例】 将/etc 目录打包到/tmp 目录下，再分别使用 gzip 与 bzip2 技术进行压缩。

（1）不压缩的情况下。

```
[root@LinuxServer tmp]# tar -cvf /tmp/etc.tar /etc
tar: 从成员名中删除开头的"/"
/etc/
/etc/fstab
/etc/crypttab
/etc/mtab
/etc/resolv.conf
......
[root@LinuxServer tmp]# ls -l /tmp/etc.tar
-rw-r--r--. 1 root root 130856960 7 月    11 16:29 /tmp/etc.tar
```

说明 1：在使用 tar-cvf 命令对/etc/目录进行打包时发现，因为使用了-v 参数，要求系统把所有信息都打印到屏幕上，造成了原来命令看不到。如果想看到更多行，可以通过设置/etc/vimrc 文件来实现。

以下为/etc/vimrc 文件的内容，可以看到在方框中 history 的值，该值为终端上显示的行数，改变该值后保存即可。

```
[root@LinuxServer tmp]# cat /etc/vimrc
if v:lang =~ "utf8$" || v:lang =~ "UTF-8$"
    set fileencodings=ucs-bom,utf-8,latin1
endif

set nocompatible " Use Vim defaults (much better!)
set bs=indent,eol,start        " allow backspacing over everything in insert mode
"set ai                " always set autoindenting on
"set backup            " keep a backup file
set viminfo='20,\"50   " read/write a .viminfo file, don't store more
                       " than 50 lines of registers
set history=50         " keep 50 lines of command line history
```

```
set ruler          " show the cursor position all the time
……
```

说明 2：因篇幅限制，只截取部分显示结果。

（2）使用 gzip 压缩的情况下。

```
[root@LinuxServer tmp]# tar -zcf /tmp/etc.tar.gz /etc
tar: 从成员名中删除开头的"/"
[root@LinuxServer tmp]# ls -l /tmp/etc.tar*
-rw-r--r--. 1 root root 130856960 7 月   11 16:29 /tmp/etc.tar
-rw-r--r--. 1 root root  71633945 7 月   11 16:39 /tmp/etc.tar.gz
```

说明 3：-z 参数表示使用 gzip 方式压缩，这里要声明一下，为了清楚采用的压缩技术，请在使用 gzip 进行压缩时，压缩包命名一定要以.gz 为后缀。

说明 4：通过比较 etc.tar 与 etc.tar.gz 的大小，可以清楚地感觉到压缩的好处了。

（3）使用 bzip2 压缩的情况下。

```
[root@LinuxServer tmp]# tar -jcf /tmp/etc.tar.bz2 /etc
tar: 从成员名中删除开头的"/"
[root@LinuxServer tmp]# ls -l /tmp/etc.tar*
-rw-r--r--. 1 root root 130856960 7 月   11 16:29 /tmp/etc.tar
-rw-r--r--. 1 root root  68302859 7 月   11 16:42 /tmp/etc.tar.bz2
-rw-r--r--. 1 root root  71633945 7 月   11 16:39 /tmp/etc.tar.gz
```

说明 5：-j 参数表示采用 bzip2 方式压缩，压缩包命名一定要以".bz2"为后缀。

说明 6：通过对方框中的数据进行比较，可以看到在相对较大的数据压缩中，bzip2 的压缩比比 gzip 高，bzip2 相对于 gzip 的优势在于大文件和多文件的压缩。

【实例】 查阅上述 /tmp/etc.tar.gz 文件内有哪些文件？

```
[root@LinuxServer tmp]# tar -ztvf /tmp/etc.tar.gz
drwxr-xr-x root/root              0 2019-07-11 16:19 etc/
-rw-r--r-- root/root            465 2019-01-26 13:46 etc/fstab
-rw------- root/root              0 2019-01-26 13:46 etc/crypttab
lrwxrwxrwx root/root              0 2019-01-26 13:46 etc/mtab -> /proc/self/mounts
-rw-r--r-- root/root            101 2019-07-11 16:10 etc/resolv.conf
……
```

说明：-t 参数表示查看，-z 参数表示使用 gzip 方式压缩，-zt 参数表示查看 gzip 方式压缩的文件。

【实例】 将/tmp/ etc.tar.bz2 解压缩到根目录"/"中，并将过程显示出来。

```
[root@LinuxServer tmp]# tar -jxvf /tmp/etc.tar.bz2 -C /
etc/
etc/fstab
etc/crypttab
etc/mtab
etc/resolv.conf
etc/fonts/
……
```

说明：-x 参数表示解压缩，-j 参数表示使用 bizp2 方式压缩，-jx 参数表示解压缩 bzip2 方式压缩的文件，-C 参数表示解压缩后存放的指定目录。

【实例】 将/tmp/etc.tar.gz 内的 etc/passwd 解压到/tmp 目录中。

```
[root@LinuxServer tmp]# tar -zxvf /tmp/etc.tar.gz etc/passwd
etc/passwd
[root@LinuxServer tmp]# ls -l etc/passwd
-rw-r--r--. 1 root root 2330 5 月   31 16:20 etc/passwd
```

说明：在解压缩时，如果命令后接文件名，则表示解压其压缩包中的某个文件。

【实例】 将/etc/内的所有文件备份到当前目录下，并且保存其权限。

```
[root@LinuxServer tmp]# tar -zcpf ./etc1.tar.gz /etc
tar: 从成员名中删除开头的"/"
[root@LinuxServer tmp]# ls -l ./etc1.tar.gz
-rw-r--r--. 1 root root 716381164 7 月   11 17:06 ./etc1.tar.gz
```

说明 1：文件备份就是目录的压缩过程，和前面实例的最大区别在于-p 参数，表示保留了备份数据的权限与属性。

说明 2：加上-p 参数，备份时保留了 etc 前面的"/"，这样如果系统出现问题，会直接将备份文件恢复到根目录下，即完全替代了当前系统最重要的/etc 目录中的所有文件。所以在操作时一般不要加-p 参数，因为在实际工作过程中，一旦加了-p 参数并在不小心解压缩时，很可能会造成灾难性的问题。

【实例】 把/etc/中比 2019/01/01 新的文件备份，使用 bizp2 技术进行压缩，并保存到当前目录下。

```
[root@LinuxServer tmp]# tar -N "2019/01/01" -jcf etc2.tar.bz2 /etc
tar: 从成员名中删除开头的"/"
[root@LinuxServer tmp]# ls -l etc2.tar.bz2
-rw-r--r--. 1 root root 68303906 7 月   11 17:15 etc2.tar.bz2
```

说明：-N 后面加时间，代表比这个时间新的文件要进行备份。

【实例】 把除/etc/passwd 以外的文件进行备份，并保存到根目录"/"中。

```
[root@LinuxServer tmp]# tar --exclude /etc/passwd -jcf /etc4.tar.bz2 /etc
tar: 从成员名中删除开头的"/"
[root@LinuxServer tmp]# ls -l /etc4.tar.bz2
-rw-r--r--. 1 root root 68304942 7 月   11 17:18 /etc4.tar.bz2
```

说明：--exclude 表示除此之外的意思，即除某个文件外都备份。

【实例】 把/etc/sgml 目录下的文件利用 tar 命令直接移动到/tmp 目录下。

```
[root@LinuxServer tmp]# tar -cf - /etc/sgml/|tar -xf -
tar: 从成员名中删除开头的"/"
[root@LinuxServer tmp]# ls ./etc
passwd  sgml
```

说明：该实例类似 cp 命令的功能，在打包时不产生打包文件，而是利用管道直接输出到另外一个文件夹。符号"|"叫作管道，后续章节中会详细讲到。

经过上面的讲解及实例演示，不难看出 tar 命令最常用的功能如下。

（1）使用 bzip2 方式解压缩。

☑ 压缩：tar -jcvf filename.tar.bz2 被压缩的文件或目录名。

☑ 查询：tar -jtvf filename.tar.bz2。

☑ 解压缩：tar -jxvf filename.tar.bz2 -C　要解压缩的目录。

（2）使用 gzip 方式解压缩。

☑ 压缩：tar -zcvf filename.tar.gz　被压缩的文件或目录名称。

☑ 查询：tar -ztvf filename.tar.gz。

☑ 解压缩：tar -zxvf filename.tar.gz -C 要解压缩的目录。

tar 并不会自动产生或创建文件名，文件名需自定义。在此扩展名很重要，如果不加-j、-z 参数，文件名最好取为 *.tar；如果加-j 参数，则代表使用的是 bzip2 方式，文件名最好取为*.tar.bz2；如果加-z 参数，则代表使用的是 gzip 方式，文件名最好取为 *.tar.gz。

5.4　小结

通过本章的学习，了解了 Linux 文件管理的结构；清楚了目录与路径的概念；明确了绝对路径与相对路径；讲述了文件的软、硬链接以及如何创建软、硬链接；分别介绍了使用 gzip 和 bzip2 命令进行压缩与解压缩的用法，使用 zcat 和 bzcat 命令进行压缩文档查看的方法，使用 tar 命令和压缩命令一起进行打包与压缩的方法。

实训 5　文件管理

一、实训目的

熟练掌握 Linux 文件系统的概念与结构，掌握 Linux 系统下的目录与路径、软链接与硬链接，以及文件的打包与压缩命令。

二、实训内容

（1）文件的软硬链接：ln。

（2）文件归档与压缩：gzip、bzip2、tar。

三、项目背景

小 A 已经了解了 Linux 的基本操作与用户管理，但是对"Linux 中一切皆是文件"这句话十分好奇。因此，小 A 决心学习 Linux 的文件管理。

四、实训步骤

（1）使用 ls-l 命令查看/root 和/dev 目录下的文件，其文件类型有哪几种？

（2）复制/etc/fstab 文件到根目录"/"下，使用 ln 命令为/fstab 文件创建软、硬链接，并查看其 inode；删除/fstab 文件后，再次查看软、硬链接文件内容；添加软链接内容"update"；再次分别查看软、硬链接内容。

（3）将/etc 目录下的所有文件打包到/tmp 目录，包名为 etc2.tar。

（4）将/tmp 目录下的 etc2.tar 解压缩到/tmp/etcbk 目录。

（5）将/boot 目录压缩到当前目录下的 boot.tar.gz 文件中。

（6）解压缩 boot.tar.gz 文件到/tmp/bootbk/目录。

（7）使用 bzip2 将/opt 目录压缩到/tmp 目录。

（8）使用 bzip2 将第（7）题中的包解压缩到/tmp/optbk 目录。

（9）复制/etc/passwd 文件到/tmp 目录，并把/tmp 目录下的 passwd 文件使用 gzip 方式打包，查看打包后的内容。

（10）将第（9）题中的包进行解压，解压缩到/tmp/zs 目录。

扩展内容：

（1）创建文件 zs01，使用重定向并输入内容"this is zs01"，终结标志符为姓名全拼。

（2）将当前的系统时间追加在 zs01 文件之后。

（3）分别输入一个正确与错误的指令，并将正确的输出结果保存在 zsright 文件中，将错误的信息保存在 zswrong 文件中。

标准输入输出重定向

alias 设置别名

第6章

Linux 权限管理

权限管理是 Linux 系统的特色之一，优秀的权限管理机制为 Linux 操作系统的安全提供了可靠的保障。Linux 系统的权限管理可以分为两个方面：针对用户与针对文件，而权限管理通常是针对文件的。本章在简单介绍 Linux 用户权限的基础上，详细学习文件的权限管理。

6.1 Linux 用户权限

在系统学习 Linux 权限管理之前，首先需要了解 Linux 的用户基础。Linux 是一个多用户多任务的分时操作系统，和其他操作系统一样，若要进入系统，则必须拥有账号。一方面账号可以帮助系统管理员对使用系统的用户进行跟踪，并控制其对系统资源的访问；另一方面也可以帮助用户组织文件，并为用户提供安全性保护。

Linux 操作系统中，root 用户拥有至高无上的权限，也被称为超级权限的拥有者或超级管理员，尤其在一些欧美或中国台湾地区的书籍、网站中把 root 用户称为"天神"。很多普通用户无法执行的操作 root 用户都可以完成，所以也被称之为超级管理用户。

每个文件、目录和进程均归属于某一用户，未经该用户许可时，其他普通用户无法对其进行操作，但 root 用户除外。root 用户的特权具体表现有：在超越任何用户和用户组时，读取、修改、删除文件或目录（在系统正常的许可范围内），执行或终止可执行程序，添加、创建或移除硬件设备，修改文件或目录的权限和属性等操作。

正因 root 用户的权限巨大，所以在实际工作环境中，一般不使用 root 用户进行 Linux 系统管理，如果操作不当便会导致不可挽回的后果。

6.2 Linux 文件权限

Linux 文件权限

每个文件、目录和进程均属于某一用户，用户对它们具有权限和属性。Linux 文件权限管理，其实是理清文件是自己的、朋友的还是他人的，都具有何种权限。所以需要树立三个概念——自己（owner）、同组（group）、其他（others），下面详细介绍这三个概念。

1. 自己（文件所有者）

前面章节已多次提到，Linux 是多用户多任务的操作系统，因此会经常出现多个用户同时使用 Linux 系统做多件事情的情况，这种操作在提高系统利用率的同时也带来了很多问题，比如如何保障个人隐私文件的安全，如何设置文件信息共享等。为了解决上述问题，Linux 引入了所有者的概念，即一个文件只能属于一个用户，该用户可以设置它的权限与属性，从而达到保护个人隐私和文件安全的目的。其实这点和 Windows 的文件创建者相似，但在文件的权限控制上 Linux 比 Windows 好。

2. 同组（文件所属组）

和现实生活中一样，我们身边还有朋友或他人，朋友在 Linux 系统中归结为同组。比如，移动 2001 班有三个团队，每个团队有五名学生参加同一比赛，团队之间具有竞争关系。指导教师为这三个团队提供了比赛场所，每个学生用自己的笔记本电脑组建了一个局域网。因为最终每个团队都要上交一份大赛方案，团队要求是既希望自己团队成员可以看到并修改团队的方案，又不想让对手看到自己团队的作品，于是每个团队就成立一个组，并将自己团队的文档设置为组内成员可查看或修改。指导教师应该属于每个组，即 Linux 系统支持一个用户同时属于多个组。

上述案例提到了组的概念，但和 Linux 系统中的组还有些差距。Linux 系统中的组一般指在一台计算机上的组，这里只是借用现实生活中的案例使读者更容易理解，不必延伸。

3. 其他（其他人）

Linux 系统中除了文件的所有者、文件的所属组，还有其他人的概念。以上述的比赛案例来说明，毕竟三个团队的成员同属于一个班级，可能在比赛中某些资料不仅自己和自己的组员可以查看和修改，还允许其他同学查看，这就是其他人的概念，在 Linux 中是靠文件权限的设置来实现的。

了解了文件的所有者、所属组及其他人的概念后，下面通过一个故事进一步深入讲解这三个概念。

王老汉家有三个儿子，名曰老大、老二、老三。三个儿子都长大了，要娶媳妇，但是老汉由于经济条件所限只买了一套三室的房子，三个儿子每人一个卧室。对于这套房子，若把自己的卧室看成一个文件的话，文件的所有者是自己，也就是老大不能随便到老三的卧室去查看他的私人信件，老二也不能随便到老大的卧室去睡他的床。如果把家里除了三个卧室的地方也看成文件的话，则是三个人公用的，公用的文件三个人可以共享。如果把这个家看成组的话，这些文件对于组内的成员都是能够增删改的。而对于其他家的人来说，他们不能随便进入这个组，其他家的人对这个家庭来说属于"其他人"，如图 6.1 所示。

图 6.1　文件所有者、同组及其他示意图

6.3　Linux 文件属性

Linux 文件属性

前面章节已经讲过 ls 命令，但 ls 命令有个-l 参数没有详细讲解，只是说明可以列出指定目录的详细信息，下面详细解读 ls-l 或 ls-al 命令。其中-a 的作用已经详细介绍过，这里不再赘述。这里重提 ls 命令，是要用该命令来详细查看 Linux 文件的属性与权限。

下面通过 ls-al 命令查看/home 目录下的详细信息。

```
[linuxstudy@LinuxServer ~]$ ls -al /home
总用量 4
drwxr-xr-x.   3   root        root           24  1月  26 14:02  .
dr-xr-xr-x.  17   root        root          245  1月  30 16:32  ..
drwx------.  15   linuxstudy  linuxstudy   4096  1月  30 17:26  linuxstudy
```

如图 6.2 所示，利用 ls-al 命令查看的信息共有 7 列，分别为：

（1）文件属性和权限；

（2）链接数或子目录数；

（3）文件所有者；

（4）文件所属组；

（5）文件大小；

（6）文件最后被修改的时间；

（7）文件名。

第 7 列中若文件名的第一个字符为 "."，则代表其为隐藏文件。下面对这 7 列逐一进行介绍。

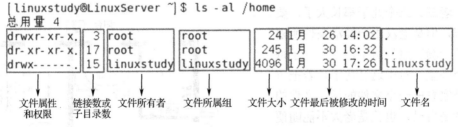

图 6.2　ls 查看详细信息

1. 第 1 列——文件属性和权限

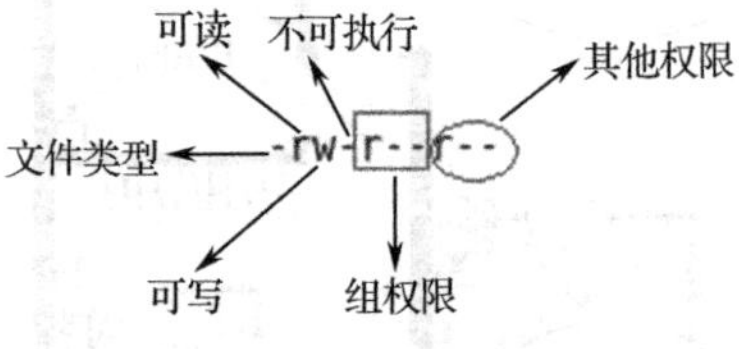

从图 6.2 中可以看到，第 1 列由 10 个字符组成，每个字符都有其自身的含义，具体如图 6.3 所示。

第 1 个字符代表文件类型，如果是减号 "-"，表示该文件类型是普通文件；字符 "d" 表示该文件类型是目录，"d" 是 directory（目录）的缩写，目录或文件夹属于特殊文件，该特殊文件存放的是其他普通文件和文件夹的相关信息；字符 "l" 表示该文件类型是符号链接，"l" 是 link（链接）的缩写，符号链接的概念类似于 Windows 的快捷方式；字符 "b" 表示该文件类型是块设备文件，"b" 是 block（块）的缩写，设备文件是普通文

图 6.3　文件属性和权限

件和程序访问硬件设备的入口，是很特殊的文件，它没有文件大小，只有一个主设备号和一个辅设备号；字符"p"表示该文件类型是管道。第 1 列中所代表的文件类型在文件类型章节中已经详细讲过，此处不再赘述。

在 UNIX 类系统中，一个文件可以有多个文件名，一个文件的多个文件名之间互称为硬链接，这些文件名可以指向同一个文件，删除其中一个文件名并不能删除该文件，只有把指向该文件的所有硬链接都删除，该文件才真正被删除，这个文件所占用的空间才被真正释放。这和 Windows 是有很大区别的，Windows 中不允许一个文件有两个或以上文件名，如果存在这种情况，则被认为是文件系统错误。

Linux 系统对文件的权限管理，可以总结为"两个 3"。第 1 个"3"是文件的所属，分为自己、同组与其他；第 2 个"3"是文件的权限，分为读、写与执行。

图 6.2 中的第 1 列，除第 1 个字符之外，其他 9 个字符可以 3 个一组分为 3 组，分别代表自己、同组与其他，如图 6.4 所示。其中每组有且只有 3 个字符，分别是"r"代表可读（read），"w"代表可写（write），"x"代表可以执行（execute）。这 3 个字符的顺序不能改变，每组中的第 1 个字符都代表可读，第 2 个字符代表可写，第 3 个字符则代表可执行。如果不具有读写执行中的某个权限，则用"-"填补，表示没有这个权限。

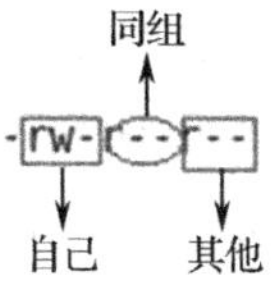

如图 6.4 所示中 3 个组的具体含义如下：

图6.4 第1列后9个字符的含义

☑ 第 1 组：自己。即"文件所有者的权限"，这里的权限为可读、可写、不可执行。

☑ 第 2 组：同组。即"用户所属组成员的权限"，这里的权限为可读、不可写、不可执行。

☑ 第 3 组：其他。即"其他非自己非本组用户的权限"，这里的权限是不可读、不可写、不可执行。

【实例】 创建/tmp/ceshi 目录，并将/etc/passwd 文件复制到/tmp/ceshi 目录下，查看其详细信息并说明文件权限情况。

```
[root@LinuxServer ~]# mkdir /tmp/ceshi
[root@LinuxServer ~]# cp /etc/passwd /tmp/ceshi
[root@LinuxServer ~]# ls -al /tmp/ceshi
总用量 8
drwxr-xr-x.    2  root  root   20     6月    18 11:22 .
drwxrwxrwt.  26 root  root   4096   6月    18 11:22 ..
-rw-r--r--.    1   root  root   2277   6月    18 11:22 passwd
```

说明：从 passwd 文件第 1 列可以看出，第 1 个字符表示其为普通文件；从第 2～4 个字符可以看出，文件所有者对该文件具有读写权限，但不可执行，说明该文件是个不可执行文件；从第 5～7 个字符可以看出，该文件对所属组成员仅开放了读权限；从第 8～10 个字符可以看出，该文件对其他用户也仅开放了读权限。其实 passwd 文件存储了当前 Linux 系统的所有用户信息，当然是不能随便让别人去修改的。

2．第 2 列——链接数或子目录数

如果所查看的是目录，则第 2 列表示的是该目录下有多少个子目录；如果所查看的是文件，则表示该文件的硬链接数。在 Linux 系统中，文件的权限与属性都会记录到文件系

统的 inode 中，每个文件名都指向这个 inode，即该列表示的是该文件有多少个文件名。

【实例】 查看 passwd 文件的链接数，为其创建 2 个硬链接后再查看其链接数，为其创建 1 个软链接后继续查看。

```
[root@LinuxServer ceshi]# ls -l
-rw-r--r--.  1  root  root  2277  6月   18 11:22  passwd
[root@LinuxServer ceshi]# cp -l passwd passwd_h1
[root@LinuxServer ceshi]# cp -l passwd passwd_h2
[root@LinuxServer ceshi]# cp -s passwd passwd_s1
[root@LinuxServer ceshi]# ls -l
总用量 12
-rw-r--r--.  3  root  root  2277  6月   18 11:22  passwd
-rw-r--r--.  3  root  root  2277  6月   18 11:22  passwd_h1
-rw-r--r--.  3  root  root  2277  6月   18 11:22  passwd_h2
lrwxrwxrwx.  1  root  root     6  6月   18 14:30  passwd_s1 -> passwd
```

说明：从该实例中可以看出，未创建任何硬链接时，passwd 文件的链接数为 1，每为其创建 1 个硬链接，该文件的链接数增加 1，而创建软链接并不改变其链接数。从而说明，第 2 列代表的是文件的硬链接数。其中 passwd_h1 与 passwd_h2 互为硬链接。

用 ls-li 命令查看一下当前目录下的所有文件。

```
[root@LinuxServer ceshi]# ls -li
总用量 12
18087912 -rw-r--r--. 3 root root 2277  6月   18 11:22 passwd
18087912 -rw-r--r--. 3 root root 2277  6月   18 11:22 passwd_h1
18087912 -rw-r--r--. 3 root root 2277  6月   18 11:22 passwd_h2
18087915 lrwxrwxrwx. 1 root root    6  6月   18 14:30 passwd_s1 -> passwd
```

说明：从查看的结果可以看出，建立硬链接后的文件和原来 passwd 文件的 inode 号是一样的，而与创建的软链接 inode 号是不一样的，再次说明，硬链接其实指向的是同一个文件，只是不同的文件名而已。

3. 第 3 列——文件所有者

第 3 列表示这个文件是属于哪个用户的，即文件的所有者。UNIX 类系统都是多用户系统，每个文件都有它的拥有者，只有文件的拥有者才具有改动文件属性的权利。当然，root 用户具有改动任何文件属性的权利。对一个目录来说，只有拥有该目录的用户，或者具有写权限的用户，才会在目录下拥有创建文件的权利。

【实例】使用 linuxstudy 账号复制/etc/fstab 到/tmp 目录，并查看/etc/fstab 和/tmp/fstab 文件的所有者。

```
[linuxstudy@LinuxServer tmp]$ cp /etc/fstab /tmp
[linuxstudy@LinuxServer tmp]$ ls -l /etc/fstab
-rw-r--r--.  1  root       root       465  1月   26 13:46  /etc/fstab
[linuxstudy@LinuxServer tmp]$ ls -l /tmp/fstab
-rw-r--r--.  1  linuxstudy linuxstudy 465  6月   18 14:53  /tmp/fstab
```

说明：虽然/tmp/fstab 是从/etc/fstab 复制过来的，但复制过程中改变了文件所有者，/tmp/fstab 文件的所有者为 linuxstudy，而/etc/fstab 文件的所有者为 root。

4．第 4 列——文件所属组

组的概念可以看作是共同完成一个项目的团队，通过组可以使文件被特定的用户查看、修改或运行。一个用户可以加入多个组，但只有一个是主属组，就是显示在第 4 列的组名称，该列代表文件的主属组。

【实例】 查看**/etc/fstab** 和**/tmp/fstab** 文件的所属组。

```
[linuxstudy@LinuxServer tmp]$ ls -l /etc/fstab
-rw-r--r--.   1   root      root        465   1 月   26 13:46   /etc/fstab
[linuxstudy@LinuxServer tmp]$ ls -l /tmp/fstab
-rw-r--r--.   1   linuxstudy   linuxstudy   465   6 月    18 14:53   /tmp/fstab
```

说明：虽然/tmp/fstab 是从/etc/fstab 复制过来的，但复制过程中改变了其所属组，/tmp/fstab 所属组为 linuxstudy，而/etc/fstab 所属组为 root。

5．第 5 列——文件大小

第 5 列表示文件大小，如果是文件夹，则表示该文件夹本身的大小，而不是文件夹及它下面文件的总大小。文件大小在 Linux 操作系统中的默认单位是 B。

【实例】 查看**/tmp/ceshi** 文件夹和**/tmp/fstab** 文件的大小。

```
[linuxstudy@LinuxServer tmp]$ ls -ld ./ceshi
drwxr-xr-x.   2   root        root        71    6 月    18 14:30   ./ceshi
[linuxstudy@LinuxServer tmp]$ ls -l ./fstab
-rw-r--r--.   1   linuxstudy   linuxstudy   465   6 月    18 14:53   ./fstab
```

说明：ceshi 文件夹本身的大小为 71B，fstab 文件的大小为 465B。

6．第 6 列——文件最后被修改的时间

第 6 列代表文件的创建时间或最后一次被修改的时间。

【实例】 查看**/etc/fstab** 和**/tmp/fstab** 文件的最后一次被修改的时间。

```
[linuxstudy@LinuxServer tmp]$ ls -l /etc/fstab
-rw-r--r--.   1   root      root        465   1 月   26 13:46   /etc/fstab
[linuxstudy@LinuxServer tmp]$ ls -l /tmp/fstab
-rw-r--r--.   1   linuxstudy   linuxstudy   465   6 月    18 14:53   /tmp/fstab
```

说明：通过本实例可以看出，两个文件的最后一次修改时间是不一样的，因为/tmp/fstab 文件是刚复制过来的，它的最后一次被修改时间肯定会改变。

7．第 7 列——文件名

第 7 列代表文件名。如果是一个符号链接，那么会有一个"->"箭头符号，后面跟着它指向的文件，符号链接文件的大小恰好是其所指向的文件名的字符数。

【实例】 查看**/tmp/sanguo** 目录下的文件名，尤其是软链接的文件名。

```
[linuxstudy@LinuxServer ceshi]$ ls -l
总用量 12
-rw-r--r--.   3   root   root   2277   6 月   18 11:22   passwd
-rw-r--r--.   3   root   root   2277   6 月   18 11:22   passwd_h1
-rw-r--r--.   3   root   root   2277   6 月   18 11:22   passwd_h2
lrwxrwxrwx. 1   root   root    6     6 月   18 14:30   passwd_s1 -> passwd
```

6.4　文件与目录权限的意义

前面讲过"两个 3"：第 1 个"3"是自己（owner）、同组（group）、其他（others）；第 2 个"3"是 r（读）、w（写）、x（可执行）。并且学习了如何对这些信息进行修改。那么 r、w、x 对于文件代表什么？对于目录又代表什么呢？下面进行详细介绍。

6.4.1　文件权限的意义

☑ r：可以读该文件的具体内容。

☑ w：可以编辑该文件的内容，包括增加、修改、删除文件的具体内容。

☑ x：代表该文件具有可执行的权限。

说明：这里和 Windows 不一样，在 Windows 中，文件的可执行权限通过扩展名表现出来，如 exe、msi、bat 等，但在 Linux 中文件的可执行权限通过 x 决定，与文件名无关。

6.4.2　目录权限的意义

☑ r：可以查看该目录中的完整文件列表信息。

☑ w：可以对该目录中的所有文件及目录进行相应的更改，即可以更改该目录中的结构列表，具体权利如下：

● 可以在该目录中创建新的文件或目录；

● 可以在该目录中删除已存在的文件或目录；

● 可以重命名及更改文件或目录的位置。

☑ x：目录没有可执行权限，因此目录中 x 的功能就是允许别的用户进入该目录。

说明：若要和同组或其他人共享一个文件，即使更改了文件的权限，对方还是不能看到，因为对方进入不了你的用户主目录，默认没有 x 权限。此时如果开放 x 权限，对方便可以进入该目录查看或修改这个文件。如果对方要复制一份文件时发现没有权限，因为目录默认也没有 w 权限。最好不要直接开放 w 权限，因为这样将会造成其他人也可以随意更改该目录下的列表了，解决办法是可以把文件复制一份放到具有 w 权限的第三方目录，对方也从第三方目录里复制文件，这样便保证了主目录的安全性。

6.5　更改 Linux 文件权限与属性

通过前面的学习，已经清楚了 Linux 系统下文件权限机制，以及文件权限与属性的重要性。那如何修改文件的权限与属性呢？又为何要修改其权限与属性呢？下面进行详细介绍。

无论何种操作系统，自己的所有文件永远不会停留在只有自己使用的情况，有些文件需要共享或传输，否则便失去了互联网时代的优势。例如，root 用户要把一个文件分发给 linuxstudy 用户时，root 用户会复制一份同样的文件，并发送给 linuxstudy 用户，但是 linuxstudy 用户仍不可使用该文件。下面通过实例来看一下吧。

【实例】 使用 **root** 用户复制一份**/etc/shadow** 文件放到**/tmp/ceshi** 目录下，给文件所属用户加上可读权限，文件名称仍为 **shadow**，供 **linuxstudy** 用户使用。

```
[root@LinuxServer ceshi]# cp /etc/shadow /tmp/ceshi/shadow
[root@LinuxServer ceshi]# chmod u+r /tmp/ceshi/shadow
[root@LinuxServer ceshi]# su linuxstudy
[linuxstudy@LinuxServer ceshi]$ ls -l /tmp/ceshi
总用量  16
-rw-r--r--.      3  root   root   2277    6 月    18 11:22   passwd
-rw-r--r--.      3  root   root   2277    6 月    18 11:22   passwd_h1
-rw-r--r--.      3  root   root   2277    6 月    18 11:22   passwd_h2
lrwxrwxrwx.     1  root   root      6     6 月    18 14:30   passwd_s1 -> passwd
-r--------.      1  root   root   1246    6 月    18 15:28   shadow
[linuxstudy@LinuxServer ceshi]$ cat /tmp/ceshi/shadow
cat: /tmp/ceshi/shadow: 权限不够
```

说明 1：因为 shadow 文件本身的权限为"----------"，为了更好地进行试验，使 linuxstudy 用户可以使用该文件，本实例提前使用了 chmod 命令给 shadow 文件加上了读权限，其使用方法后续将会详细讲解。

说明 2：在 linuxstudy 用户下使用 ls 命令查看文件详细信息时发现，shadow 文件的所有者与所属组仍为 root，使用 cat 命令查看该文件内容时发现，linuxstudy 用户的权限不够。明明具有读权限，但却读不了，这样就造成文件仍然不能使用的局面。

正因为有时候虽然给了别人一个文件，但别人却不能正常使用的情况经常存在，所以必须学习如何更改文件的权限与属性。

6.5.1 更改所有者命令 chown

更改文件属性

命令名称：chown（Change Owner）。

使用方式：chown   用户名   文件名或目录名。

参　　数：-R 递归修改，连同子目录一起修改。

说　　明：修改文件所有者。该命令只有 root 用户才可使用，普通用户没有权限更改他人文件的所有者，也没有权限把自己文件的所有者改为别人。

【实例】 延续上面的实例，**linuxstudy** 用户看到自己不能使用 **shadow** 文件后，试图将文件所有者改为自己。

```
[linuxstudy@LinuxServer ceshi]$ chown linuxstudy /tmp/ceshi/shadow
chown: 正在更改"/tmp/ceshi/shadow" 的所有者: 不允许的操作
```

说明：chown 命令不能把别人的文件改成自己的，因为它的所有者为 root。

【实例】**linuxstudy** 用户试图把自己的**/tmp/fstab** 文件给 **root**，即把其所有者改为 **root**。

```
[linuxstudy@LinuxServer ceshi]$ ls -l /tmp/fstab
-rw-r--r--.  1  linuxstudy  linuxstudy  465   6 月   18 14:53   /tmp/fstab
[linuxstudy@LinuxServer ceshi]$ chown root /tmp/fstab
chown: 正在更改"/tmp/fstab" 的所有者: 不允许的操作
```

说明：chown 命令不但不能把别人的文件改成自己的，也不能把自己的文件的所有者改为别人。chown 命令在不进行特殊修改的情况下，只有 root 才具有使用权限。

【实例】 延续上面的实例，如何才能让 linuxstudy 用户看到**/tmp/ceshi/shadow** 文件的内容。

```
[linuxstudy@LinuxServer ceshi]$ su root
密码：
[root@LinuxServer ceshi]# chown linuxstudy /tmp/ceshi/shadow
[root@LinuxServer ceshi]# ls -l /tmp/ceshi/shadow
-r--------.   1  linuxstudy   root   1246  6 月  18 15:28   /tmp/ceshi/shadow
[root@LinuxServer ceshi]# su linuxstudy
[linuxstudy@LinuxServer ceshi]$ cat /tmp/ceshi/shadow
root:$6$Vq27uyT1$2h705diNumv0qRI.pWfb8wyzgWPhhg4CNU.3eT0TlRjoVV9E81g.prR01L0E2YzvZs
.9Hm5fc/0N7.3U23Lt/0:17926:0:99999:7:::
bin:*:17834:0:99999:7:::
……
```

说明：使用 su 命令切换到 root 用户，再使用 chown 命令将 shadow 文件的所有者改为 linuxstudy 用户，返回 linuxstudy 用户后，使用 cat 命令查看 shadow 文件内容，此时可以查看到。因为该文件的所有者是 linuxstudy 了，且拥有读权限，所以可以查看其内容。

【实例】 再次使用 **root** 用户将**/etc/shadow** 文件复制两份到**/tmp/ceshi** 目录下，分别命名为 **yingzi1** 和 **yingzi2**，使用 **chown** 命令同时更改这两个文件的所有者与所属组。

```
[root@LinuxServer ceshi]# cp /etc/shadow /tmp/ceshi/yingzi1
[root@LinuxServer ceshi]# cp /etc/shadow /tmp/ceshi/yingzi2
[root@LinuxServer ceshi]# ls -l /tmp/ceshi/yingzi1
----------.   1  root      root   1246  6 月  18 16:29   yingzi1
[root@LinuxServer ceshi]# ls -l /tmp/ceshi/yingzi2
----------.   1  root      root   1246  6 月  18 16:29   yingzi2
[root@LinuxServer ceshi]# chown linuxstudy.linuxstudy yingzi1
[root@LinuxServer ceshi]# chown linuxstudy:linuxstudy yingzi2
[root@LinuxServer ceshi]# ls -l /tmp/ceshi/yingzi1
----------.   1  linuxstudy  linuxstudy   1246  6 月  18 16:29   yingzi1
[root@LinuxServer ceshi]# ls -l /tmp/ceshi/yingzi2
----------.   1  linuxstudy  linuxstudy   1246  6 月  18 16:29   yingzi2
```

说明 1：本实例使用两种方法同时修改文件的所有者与所属组，第一种是"用户名.组名"，第二种是"用户名:组名"。

说明 2：如果需要使用 chown 命令同时更改文件的所有者与所属组，建议使用"用户名:组名"格式，因为有些用户使用带有"."的域名等作为用户名，这样容易产生歧义。

【实例】 将**/tmp/ceshi** 目录及其中所有文件的所有者全部修改成 **linuxstudy** 用户。

```
[root@LinuxServer ceshi]# ls -ld /tmp/ceshi
drwxr-xr-x.  2  root  root  115  6 月  18 16:29   /tmp/ceshi
[root@LinuxServer ceshi]# ls -l /tmp/ceshi
总用量 24
-rw-r--r--.   3  root        root        2277 6 月  18 11:22  passwd
-rw-r--r--.   3  root        root        2277 6 月  18 11:22  passwd_h1
-rw-r--r--.   3  root        root        2277 6 月  18 11:22  passwd_h2
lrwxrwxrwx. 1  root        root           6 6 月  18 14:30  passwd_s1 -> passwd
-r--------.   1  linuxstudy  root        1246 6 月  18 15:28  shadow
----------.   1  linuxstudy  linuxstudy  1246 6 月  18 16:29  yingzi1
```

```
----------.    1   linuxstudy    linuxstudy   1246 6 月   18 16:29   yingzi2\
[root@LinuxServer ceshi]# chown -R linuxstudy /tmp/ceshi
[root@LinuxServer ceshi]# ls -ld /tmp/ceshi
drwxr-xr-x.  2   linuxstudy   root 115 6 月   18 16:29 /tmp/ceshi
[root@LinuxServer ceshi]# ls -l /tmp/ceshi
总用量 24
-rw-r--r--.  3   linuxstudy   root        2277 6 月   18 11:22   passwd
-rw-r--r--.  3   linuxstudy   root        2277 6 月   18 11:22   passwd_h1
-rw-r--r--.  3   linuxstudy   root        2277 6 月   18 11:22   passwd_h2
lrwxrwxrwx. 1   linuxstudy   root           6   6 月   18 14:30   passwd_s1 -> passwd
-r--------.  1   linuxstudy   root        1246 6 月   18 15:28   shadow
----------.  1   linuxstudy   linuxstudy   1246 6 月   18 16:29   yingzi1
----------.  1   linuxstudy   linuxstudy   1246 6 月   18 16:29   yingzi2
```

说明：-R 表示递归修改，意思是连同目录中所有文件的所有者一起修改。

6.5.2 更改所属组命令 chgrp

命令名称：chgrp（Change Group）。

使用方式：chgrp   组名   文件或目录名。

参　数：-R 递归修改，连同指定目录及其下的所有子目录中文件的属组一起修改。

说　明：chgrp 命令中可以使用组 ID 或组名。在/etc/group 文件中可以查询组的详细信息。如果不是 root 用户或该文件的所有者，则不能更改该文件的所属组。

【实例】 延续前面的实例，不仅要求 **linuxstudy** 用户能看到 **root** 用户给的文件，还要求和 **linuxstudy** 同组的用户都能查看该文件。

```
[root@LinuxServer ceshi]# ls -l /tmp/ceshi/shadow
-r--------.   1   linuxstudy   root 1246 6 月   18 15:28 /tmp/ceshi/shadow
[root@LinuxServer ceshi]# chgrp linuxstudy /tmp/ceshi/shadow
[root@LinuxServer ceshi]# ls -l /tmp/ceshi/shadow
-r--------.   1   linuxstudy   linuxstudy 1246 6 月   18 15:28 /tmp/ceshi/shadow
[root@LinuxServer ceshi]# chmod g+r /tmp/ceshi/shadow
[root@LinuxServer ceshi]# useradd -G linuxstudy linux_whb
[root@LinuxServer ceshi]# su linux_whb
[linux_whb@LinuxServer ceshi]$ cat /tmp/ceshi/shadow
root:$6$Vq27uyT1$2h705diNumv0qRI.pWfb8wyzgWPhhg4CNU.3eT0TlRjoVV9E81g.prR01L0E2YzvZs.
9Hm5fc/0N7.3U23Lt/0:17926:0:99999:7:::
bin:*:17834:0:99999:7:::
……
```

说明：chgrp 命令的用法和 chown 命令基本一样。本实例中使用 useradd 命令新建了一个 linux_whb 用户，并将其加入 linuxstudy 组，即让 linux_whb 和 linuxstudy 用户同属于一个组，并使用 chmod 命令给 shadow 文件加上同组可读权限，当切换到 linux_whb 用户后，发现可以查看 shadow 文件内容。

【实例】 将/tmp/ceshi 目录及其中所有文件的所属组全部改成 **linuxstudy** 组。

```
[root@LinuxServer ceshi]# ls -ld /tmp/ceshi;ls -l /tmp/ceshi
drwxr-xr-x.  2   linuxstudy   root 115 6 月   18 16:29 /tmp/ceshi
总用量 24
```

-rw-r--r--.	3	linuxstudy	root	2277 6 月	18 11:22 passwd
-rw-r--r--.	3	linuxstudy	root	2277 6 月	18 11:22 passwd_h1
-rw-r--r--.	3	linuxstudy	root	2277 6 月	18 11:22 passwd_h2
lrwxrwxrwx.	1	linuxstudy	root	6 6 月	18 14:30 passwd_s1 -> passwd
-r--r-----.	1	linuxstudy	linuxstudy 1246 6 月		18 15:28 shadow
----------.	1	linuxstudy	linuxstudy 1246 6 月		18 16:29 yingzi1
----------.	1	linuxstudy	linuxstudy 1246 6 月		18 16:29 yingzi2

[root@LinuxServer ceshi]# **chgrp -R linuxstudy /tmp/ceshi**
[root@LinuxServer ceshi]# ls -ld /tmp/ceshi;ls -l /tmp/ceshi
drwxr-xr-x. 2 linuxstudy linuxstudy 115 6 月   18 16:29 /tmp/ceshi
总用量 24

-rw-r--r--.	3	linuxstudy	linuxstudy 2277 6 月	18 11:22 passwd
-rw-r--r--.	3	linuxstudy	linuxstudy 2277 6 月	18 11:22 passwd_h1
-rw-r--r--.	3	linuxstudy	linuxstudy 2277 6 月	18 11:22 passwd_h2
lrwxrwxrwx.	1	linuxstudy	linuxstudy 6 6 月	18 14:30 passwd_s1 -> passwd
-r--r-----.	1	linuxstudy	linuxstudy 1246 6 月	18 15:28 shadow
----------.	1	linuxstudy	linuxstudy 1246 6 月	18 16:29 yingzi1
----------.	1	linuxstudy	linuxstudy 1246 6 月	18 16:29 yingzi2

说明：-R 表示递归修改，意思是连同目录中文件的所属组一起修改。

6.5.3　更改权限命令 chmod

更改文件权限

命令名称：chmod。

使用方式：（1）包含字母和操作符表达式的文字设定法；（2）包含数字的数字设定法。

说　　明：文件存取权限分为 3 级：文件所有者、所属组、其他用户。确定了一个文件的访问权限后，用户可以利用 chmod 命令来重新设定文件的访问权限。

Linux 系统中，每个文件和目录都有访问权限，用它来确定谁可以通过何种方式对文件和目录进行访问或操作。文件和目录的访问权限分为读、写和可执行 3 种。以文件为例，读权限表示只允许读其内容，而禁止对其做任何的更改操作；写权限表示允许其修改文件内容；可执行权限表示允许将该文件作为程序执行。文件被创建时，文件所有者自动拥有对该文件的读、写和可执行权限，用户也可根据需要把访问权限设置为需要的任何组合。

有 3 种不同类型的用户可对文件或目录进行访问：文件所有者、同组用户、其他用户。所有者一般是文件的创建者。所有者可以允许同组用户有权限访问文件，还可以将文件的访问权限赋予系统中的其他用户。每个文件或目录的访问权限都有 3 组，每组用 3 位表示，分别为文件所有者的读、写和执行权限；所属组用户的读、写和执行权限；系统中其他用户的读、写和执行权限。

1. 文字设定法

设定文件或目录权限的命令格式如下：

chmod ［who］［+|-|=］［mode］filename

who 可以是下述字母中的任意一个或它们的组合：

☑ u 表示"用户（owner）"，即文件或目录的所有者；

☑ g 表示"同组（group）用户"，即与文件所有者有相同组 ID 的所有用户；

☑ o 表示"其他（others）用户"；

☑ a 表示"所有（all）用户"，它是系统默认值。

[   ]中的操作符号可以是下述符号：

☑ + 表示添加某个权限；

☑ – 表示取消某个权限；

☑ = 表示赋予给定权限并取消其他所有权限。

设置 mode 所表示的权限可用下述字母的任意组合：

☑ r 表示可读；

☑ w 表示可写；

☑ x 表示可执行，只有目标文件对某些用户是可执行的或该目标文件是目录时，才追加 x 属性；

☑ s 表示在文件执行时把进程的所有者或主属组设置为该文件的所有者或主属组，"u+s"设置 UID 特殊权限，"g+s"设置 GID 特殊权限；

☑ t 表示保存程序的文本到交换设备上；

☑ u 表示与文件所有者拥有一样的权限；

☑ g 表示与和文件所有者同组的用户拥有一样的权限；

☑ o 表示与其他用户拥有一样的权限。

在一个命令行中可给出多个权限方式，并用逗号隔开。也可以通过 chmod 命令设置特殊权限（除 r、w、x 外的权限），将在后续章节中进行详细介绍。

例如，chmod g+r, o+r example 命令设置同组和其他用户对文件 example 有读权限。

【实例】 删除/tmp/ceshi 目录下的所有文件，然后将/etc/shadow 文件复制到该目录下，并改名为 shadow1，为 shadow1 文件的所有用户添加读权限。

```
[root@LinuxServer tmp]# rm -rf /tmp/ceshi/*
[root@LinuxServer tmp]# cp /etc/shadow /tmp/ceshi/shadow1
[root@LinuxServer tmp]# ls -l /tmp/ceshi/shadow1
----------. 1 root root 1278 6 月  18 17:56 /tmp/ceshi/shadow1
[root@LinuxServer tmp]# chmod a+r /tmp/ceshi/shadow1
[root@LinuxServer tmp]# ls -l /tmp/ceshi/shadow1
-r--r--r--. 1 root root 1278 6 月  18 17:56 /tmp/ceshi/shadow1
```

说明：chmod 命令表示给 shadow1 文件的所有者、同组与其他用户都加上 r 权限。同时使用 ls 命令进行了验证。

【实例】 为 shadow1 文件的所有者添加 wx 权限，为所属组与其他用户添加 w 权限。

```
[root@LinuxServer ceshi]# ls -l
总用量 4
-r--r--r--. 1 root root 1278 6 月  18 17:56 shadow1
[root@LinuxServer ceshi]# chmod u+wx,go+w /tmp/ceshi/shadow1
[root@LinuxServer ceshi]# ls -l
总用量 4
-rwxrw-rw-. 1 root root 1278 6 月  18 17:56 shadow1
```

说明：u+wx,go+w 之间只有一个逗号，不能加空格。

【实例】 取消 **shadow1** 文件所有者的执行权限。

```
[root@LinuxServer ceshi]# ls -l
总用量 4
-rwxrw-rw-. 1 root root 1278 6 月   18 17:56 shadow1
[root@LinuxServer ceshi]# chmod u-x /tmp/ceshi/shadow1
[root@LinuxServer ceshi]# ls -l
总用量 4
-rw-rw-rw-. 1 root root 1278 6 月   18 17:56 shadow1
```

2. 数字设定法

数字设定法的命令格式如下：

chmod　　[-R]　　xyz　　filename

数字设定法与文字设定法均可达到设置文件权限的目的，但数字设定法的设置更加方便简洁。在学习数字设定法之前，必须首先了解用数字表示的属性含义：0 表示没有权限，1 表示可执行权限，2 表示可写权限，4 表示可读权限，然后将其相加。所以数字属性格式应为 3 个从 0 到 7 的八进制数，其顺序是 u、g、o，即所有者的权限、所属组成员的权限、其他用户的权限。

换个思路来理解，其实可以将 ls-l 命令查到的文件详细信息中的第一列，除第一个字符外的所有字符中，每 3 个一组分成 3 组，每组有 3 个字符，每个字符位只能用 0 或 1 表示，那么每组其实就是一个"＿＿＿"格式的数字，那么左数第一位表示的权重为 2 的 2 次方也就是 4，左数第二位表示的权重为 2 的 1 次方也就是 2，右数第一位表示的权重为 2 的 0 次方也就是 1；另外 0 表示没有权限。因此，每组的最大数值转换为八进制就是 7，如果自己、同组与其他都具有读写执行的权限则为 777。

【实例】 分析 **shadow1** 文件的 3 个身份的分别权重。

```
[root@LinuxServer ceshi]# ls -l
总用量 4
-rw-rw-rw-. 1 root root 1278 6 月   18 17:56 shadow1
```

说明：owner=rw-=4+2+0=6，group= rw-=4+2+0=6，others= rw-=4+2+0=6。

【实例】 修改 **shadow1** 文件的 3 个身份的权限为"----------"。

```
[root@LinuxServer ceshi]# ls -l
总用量 4
-rw-rw-rw-. 1 root root 1278 6 月   18 17:56 shadow1
[root@LinuxServer ceshi]# chmod 000 /tmp/ceshi/shadow1
[root@LinuxServer ceshi]# ls -l
总用量 4
----------. 1 root root 1278 6 月   18 17:56 shadow1
```

说明：chmod 命令中 000 代表 3 个身份都没有任何权限。

【实例】 查看**/usr/bin/ls** 的属性与权限，取消同组与其他用户的执行权限，然后在 **linuxstudy** 用户中使用 **ls** 命令。

```
[root@LinuxServer ceshi]# ls -l /usr/bin/ls
-rwxr-xr-x. 1 root root 117680 10 月  31 2018 /usr/bin/ls
[root@LinuxServer ceshi]# chmod go-x /usr/bin/ls
```

```
[root@LinuxServer ceshi]# ls -l /usr/bin/ls
-rwxr--r--. 1 root root 117680 10 月  31 2018 /usr/bin/ls
[root@LinuxServer ceshi]# su linuxstudy
[linuxstudy@LinuxServer ceshi]$ ls
bash: /usr/bin/ls: 权限不够
```

说明：经常使用的 ls 命令在去掉执行权限后便不能用了，因为对于 ls 文件，linuxstudy 用户属于其他用户，其他用户不具有执行权限，当然就不能执行 ls 命令了。

【实例】 将 **shadow1** 文件的权限改为 **744**。

```
[root@LinuxServer ceshi]# chmod 744 /tmp/ceshi/shadow1
[root@LinuxServer ceshi]# ls -l
总用量 4
-rwxr--r--. 1 root root 1278 6 月   18 17:56 shadow1
```

6.6　文件的默认权限 umask

umask

前面的章节详细讲解了如何修改文件与目录的权限与属性。但为什么每次新建一个文件或目录后，再用 ls-l 去查看时，新建的文件或目录本身就存在某些权限呢？存在的这些权限又有什么规律呢？下面通过实例总结一下规律。

【实例】 将/tmp/ceshi 目录的所有者和所属组更改为 **linuxstudy**，然后在 **ceshi** 目录下创建 **wei**、**shu**、**wu** 3 个目录，进入 **shu** 目录并创建 **guanyu**、**zhangfei**、**machao**、**huangzhong** 4 个空文件。

```
[root@LinuxServer ceshi]# chown linuxstudy:linuxstudy /tmp/ceshi
[root@LinuxServer ceshi]# ls -ld /tmp/ceshi
drwxr-xr-x. 2 linuxstudy linuxstudy 21 6 月   18 17:56 /tmp/ceshi
[root@LinuxServer ceshi]# su linuxstudy
[linuxstudy@LinuxServer ceshi]$ mkdir wei shu wu
[linuxstudy@LinuxServer ceshi]$ ls -l
总用量 4
-rwxr--r--. 1 root       root       1278 6 月    18 17:56 shadow1
drwxrwxr-x. 2 linuxstudy linuxstudy    6 6 月    19 10:01 shu
drwxrwxr-x. 2 linuxstudy linuxstudy    6 6 月    19 10:01 wei
drwxrwxr-x. 2 linuxstudy linuxstudy    6 6 月    19 10:01 wu
[linuxstudy@LinuxServer ceshi]$ cd shu
[linuxstudy@LinuxServer shu]$ touch guanyu zhangfei machao huangzhong
[linuxstudy@LinuxServer shu]$ ls -l
总用量 0
-rw-rw-r--. 1 linuxstudy linuxstudy 0 6 月   19 10:02 guanyu
-rw-rw-r--. 1 linuxstudy linuxstudy 0 6 月   19 10:02 huangzhong
-rw-rw-r--. 1 linuxstudy linuxstudy 0 6 月   19 10:02 machao
-rw-rw-r--. 1 linuxstudy linuxstudy 0 6 月   19 10:02 zhangfei
```

说明：通过本实例发现，在 linuxstudy 用户下，创建的所有目录的权限都一样，将目录权限值转换为八进制数字为 775；所有文件的权限也都一样，将文件权限值转换为八进制数字为 664。

通过上述实例发现，所创建的文件与目录是有一定规律的，也就是登录系统后创建文件与目录时，都会有个默认权限值。那么由谁控制着整个规律呢？这个权限是怎么来的呢？这就是 umask。

umask 设置了用户创建文件的默认权限，它与 chmod 的效果刚好相反，umask 设置的是权限"掩码"，而 chmod 设置的是文件权限码。一般在/etc/bashrc、/etc/profile、$ [HOME]/.bash_profile 或$[HOME]/.profile 中设置 umask 值。但是强烈建议不要通过文件修改 umask 的值，而是通过 umask 命令来完成。

命令名称：umask

使用方式：umask　[-S]　[权限掩码]

参　　数：-S　以文字的方式来表示权限掩码。

说　　明：umask 可用来设定权限掩码。权限掩码由 4 位八进制数组成，将现有的存取权限减掉权限掩码后，即可产生创建文件时预设的权限。

【实例】　查看本系统下 root 用户与 linuxstudy 用户下的 umask 值。

```
[root@LinuxServer ceshi]# umask
0022
[root@LinuxServer ceshi]# su linuxstudy
[linuxstudy@LinuxServer ceshi]$ umask
0002
```

说明：本实例说明，不同账号的默认 umask 可能是不同的，linuxstudy 用户的 umask 为 0002，root 用户的 umask 为 0022。

umask 的值为 4 位八进制数，其中第 1 位为特殊权限的设置，这里不做介绍，有能力的读者可以结合 6.8.4 节总结一下，这里只关心后 3 位，后面说的 umask 都使用 3 位数字，指的就是后 3 位。创建文件默认的最大权限为 666（-rw-rw-rw-），没有可执行权限 x 位。对于文件来说，umask 的设置是在假定文件拥有 666 权限的基础上进行的，所以文件的权限就是 666 减去 umask 的掩码数值。如果 umask 的部分位或全部位为奇数，那么，在对应为奇数的文件权限位上计算结果分别再加 1 就是最终文件权限值。创建目录默认的最大权限 777（-rwxrwxrwx），都有 x 权限，即允许用户进入。对于目录来说，umask 的设置是在假定文件拥有 777 权限的基础上进行的，所以目录的权限就是 777 减去 umask 的掩码数值。

【实例】　在 wei 目录下使用 linuxstudy 用户与 root 用户分别创建一个文件与目录，然后用 ls 命令查看其详细信息。

```
[root@LinuxServer wei]# touch caocao
[root@LinuxServer wei]# mkdir dawei
[root@LinuxServer wei]# su linuxstudy
[linuxstudy@LinuxServer wei]$ touch caopi
[linuxstudy@LinuxServer wei]$ mkdir caowei
[linuxstudy@LinuxServer wei]$ ls -l
总用量 0
-rw-r--r--.    1  root         root        0 6 月   19 10:36 caocao
-rw-rw-r--.    1  linuxstudy   linuxstudy 0 6 月   19 10:36 caopi
drwxrwxr-x.    2  linuxstudy   linuxstudy 6 6 月   19 10:36 caowei
drwxr-xr-x.    2  root         root        6 6 月   19 10:36 dawei
```

说明 1：linuxstudy 用户的 umask 为 0002，按照上面说的减法，其创建的文件的权限为 666-002=664，即 rw-rw-r--；创建的目录的权限为 777-002=775，即 rwxrwxr-x。而

root 用户创建的文件的权限为 666-022=644，即 rw-r--r--；创建的目录的权限为 777-022=755，即 rwxr-xr-x。

说明 2：说明 1 中发现，使用 root 用户创建的文件与目录的权限反而少，主要体现在对于同组用户上，这是因为 root 账号的权限实在太大了，为了防止使用 root 账号时出现问题，所以才通过 umask 对 root 用户创建的文件加了限制而已。

【实例】 将 linuxstudy 用户的 umask 更改为 022。

```
[linuxstudy@LinuxServer wei]$ umask
0002
[linuxstudy@LinuxServer wei]$ umask 022
[linuxstudy@LinuxServer wei]$ umask
0022
```

说明：umask 后面跟数字用于修改 umask 值。

文件权限的一般计算方法如下。

（1）默认文件权限计算方法。

① 假设 umask 值为：022（所有位为偶数）。

```
  6 6 6      ==>文件的起始权限值
 -0 2 2      ==>umask 的值
 ---------
  6 4 4
```

② 假设 umask 值为：045（其他用户组位为奇数）。

```
  6 6 6      ==>文件的起始权限值
 -0 4 5      ==>umask 的值
 ---------
  6 2 1      ==>计算出来的权限。由于 umask 的最后一位数字是 5，所以在其他用户组位再加 1
 +0 0 1
 ---------
  6 2 2      ==>真实文件权限
```

（2）默认目录权限计算方法。

```
  7 7 7      ==>目录的起始权限值
 - 0 2 2     ==>umask 的值
 ----------
  7 5 5
```

【实例】 将当前账号的 umask 改为 044，创建目录与文件进行测试。

```
[linuxstudy@LinuxServer wei]$ umask 044
[linuxstudy@LinuxServer wei]$ umask
0044
[linuxstudy@LinuxServer wu]$ touch 11
[linuxstudy@LinuxServer wu]$ mkdir 22
[linuxstudy@LinuxServer wu]$ ls -l
总用量 0
-rw--w--w-. 1 linuxstudy linuxstudy 0 6 月   19 10:46 11
drwx-wx-wx. 2 linuxstudy linuxstudy 6 6 月   19 10:46 22
```

说明：新创建的目录权限为 777-044=733，即 rwx-wx-wx；新创建的文件权限为 666-044=622，即 rw--w--w-。

【实例】 将当前账号的 umask 改为 023，创建目录与文件进行测试。

```
[linuxstudy@LinuxServer wu]$ umask 023
[linuxstudy@LinuxServer wu]$ umask
0023
[linuxstudy@LinuxServer wu]$ touch 33
[linuxstudy@LinuxServer wu]$ mkdir 44
[linuxstudy@LinuxServer wu]$ ls -l
总用量 0
-rw-r--r--. 1  linuxstudy   linuxstudy 0 6 月   19 10:50 33
drwxr-xr--. 2 linuxstudy   linuxstudy 6 6 月   19 10:50 44
```

说明 1：新创建的目录权限为 777-023=754，即 rwxr-xr--；新创建的文件权限为 666-023=643，再 643+001=644，即 rw-r--r--。

说明 2：本实例中对于文件来说最后一位 umask 为 3，因此，减完后要加 1。根据前面的计算方法，当 umask 为 023 时，目录的权限应该是 754，而文件的权限应该为 643，但是由于 umask 的其他用户组位为奇数，因此最终权限为其他用户组位再加 1，即 643+001=644。注意 umask 为偶数位的不要加 1。

【实例】 将当前用户的 umask 改为 551，创建目录与文件进行测试。

```
[linuxstudy@LinuxServer wu]$ umask 551
[linuxstudy@LinuxServer wu]$ umask
0551
[linuxstudy@LinuxServer wu]$ touch 55
[linuxstudy@LinuxServer wu]$ mkdir 66
[linuxstudy@LinuxServer wu]$ ls -l
总用量 0
--w--w-rw-. 1 linuxstudy linuxstudy 0 6 月    19 10:56 55
d-w--w-rw-. 2 linuxstudy linuxstudy 6 6 月    19 10:56 66
```

说明：新创建的目录权限为 777-551=226，即 -w--w-rw-；新创建的文件权限为 666-551=115，再 115+111=226，即 -w--w-rw-。

6.7 主机 ACL

主机 ACL

ACL（Access Control List）是文件或目录的访问控制列表，可以针对任意指定的用户或组分配 r、w、x 权限。ACL 实现原理是，在某个用户不具有访问某个文件或目录的权限时，通过设置 ACL 使该用户具有对某个文件或目录的访问权限，即为某个用户创建能够访问某个文件或目录的 ACL 权限列表。只有 root 用户才能创建 ACL。

6.7.1 启用 ACL

ACL 必须配合文件系统的挂载启用才能生效，一般都将 ACL 参数写入/etc/fstab 的第 4 个字段中。CentOS 7 支持 XFS 文件系统类型，而 XFS 默认已开启 ACL，因此只需查询内核是否启用 ACL 即可，无须将 ACL 参数写入挂载设置中。

【实例】 查询内核是否启用了 ACL。

```
[root@LinuxServer wei]# dmesg | grep -i acl
[      1.326122] systemd[1]: systemd 219 running in system mode. (+PAM +AUDIT +SELINUX +IMA
-APPARMOR +SMACK +SYSVINIT +UTMP +LIBCRYPTSETUP +GCRYPT +GNUTLS +ACL +XZ +LZ4
-SECCOMP +BLKID +ELFUTILS +KMOD +IDN)
[      3.421266] SGI XFS with ACLs, security attributes, no debug enabled
```

说明：dmesg 用于设备故障的诊断，可以列出所有设备信息，由本实例结果可以看出，内核已启用了 ACL。

6.7.2　ACL 设置

ACL 是提供传统的 owner、group、others 的 read、write、execute 权限之外的具体权限设置，ACL 可以针对单个用户、单个文件或目录来设置 r、w、x 的权限，对于需要特殊权限的使用情况非常有用。ACL 使用两个命令来对其进行控制，分别是 setfacl 命令用于设置某个文件或目录的 ACL 权限列表，getfacl 命令用于获取某个文件或目录的 ACL 权限列表。

1．setfacl

命令名称：setfacl

使用方式：setfacl　[参数]　[文件名]

参　　数：-m：设置后续 ACL 参数；

　　　　　-x：删除后续 ACL 参数；

　　　　　-b：删除全部的 ACL 参数；

　　　　　-d：设置默认的 ACL 参数；

　　　　　-k：删除默认的 ACL 参数；

　　　　　-R：递归设置 ACL，包括子目录。

说　　明：设置 ACL 权限列表。

2．getfacl

命令名称：getfacl

使用方式：getfacl　[文件名]

说　　明：获取 ACL 权限列表。

【实例】 创建文件 test，将其权限修改为 777，并查看其默认 ACL 权限配置。

```
[root@LinuxServer /]# touch test
[root@LinuxServer /]# chmod 777 /test
[root@LinuxServer /]# getfacl /test
getfacl: Removing leading '/' from absolute path names
# file: test
# owner: root
# group: root
user::rwx
group::rwx
other::rwx
```

说明：u、g、o 用户对 test 文件都拥有全部权限。

【实例】 修改其 ACL 策略，使 linuxstudy 用户对 test 文件只有读取的权限。

```
[root@LinuxServer /]# setfacl -m u:linuxstudy:r /test
[root@LinuxServer /]# getfacl /test
getfacl: Removing leading '/' from absolute path names
# file: test
# owner: root
# group: root
user::rwx
user:linuxstudy:r--
group::rwx
mask::rwx
other::rwx
```

说明 1："u:用户名:权限"用来设置用户针对某个文件的权限；-m 参数用来给某个文件设置 ACL。如果给组设置 ACL 则使用 "g:用户组名:权限"。

说明 2：普通的 u、g、o 用户对 test 文件拥有全部权限，linuxstudy 用户虽然属于其他用户，但只有 r 权限。

说明 3：linuxstudy 用户的权限并不是只根据 ACL 配置来决定的，它是由 linuxstudy 用户基本权限与配置的 ACL 权限"与"运算决定的，即 mask:rwx 与 r—等于 r--。

【实例】 修改其 ACL 策略，使用户组 grp 对/test 文件拥有 r-x 权限。

```
[root@LinuxServer /]# setfacl -m g:grp:rx /test
[root@LinuxServer /]# getfacl /test
getfacl: Removing leading '/' from absolute path names
# file: test
# owner: root
# group: root
user::rwx
user:linuxstudy:r--
group::rwx
group:grp:r-x
mask::rwx
other::rwx
```

说明：让用户组 grp 拥有与其他组不一样的权限，前提是组必须是已经存在的组。

【实例】 修改其 mask 为 r--。

```
[root@LinuxServer /]# setfacl -m m:r /test
[root@LinuxServer /]# getfacl /test
getfacl: Removing leading '/' from absolute path names
# file: test
# owner: root
# group: root
user::rwx
user:linuxstudy:r--
group::rwx          #effective:r--
group:grp:r-x       #effective:r--
mask::r--
other::rwx
```

说明：给用户或用户组赋予的 ACL 权限需要和 mask 的权限进行"与"运算，才能得到用户或用户组的真正权限。本实例中给 mask 赋予 r--权限，导致用户组 grp 的有效权限为 r--。

【实例】 删除用户组 **grp** 对**/test** 文件拥有的 **r-x** 权限。

```
[root@LinuxServer /]# setfacl -x g:grp /test
[root@LinuxServer /]# getfacl /test
getfacl: Removing leading '/' from absolute path names
# file: test
# owner: root
# group: root
user::rwx
user:linuxstudy:r--
group::rwx
mask::rwx
other::rwx
```

说明："g:用户组名"代表取消用户组的权限，"u:用户名"代表取消用户的权限。

【实例】 删除所有的 **ACL** 设置。

```
[root@LinuxServer /]# setfacl -b /test
[root@LinuxServer /]# getfacl /test
getfacl: Removing leading '/' from absolute path names
# file: test
# owner: root
# group: root
user::rwx
group::rwx
other::rwx
```

6.8 Linux 特殊权限

为了更好地解决 Linux 中用户与权限之间的关系，除基本的 r、w、x 权限外，还存在一些特殊权限。比如查看/tmp 目录的权限时，发现其他用户的执行位上出现了 t；利用 ls 命令查看 /usr/bin/passwd 时，发现该文件所有者的执行位上出现了 s。t 或 s 就是本节要介绍的特殊权限。

```
[root@LinuxServer /]# ls -ld /tmp
drwxrwxrwt. 34 root root 4096 6 月   20 10:33 /tmp
[root@LinuxServer /]# ls -l /usr/bin/passwd
-rwsr-xr-x. 1 root root 27832 6 月   10 2014 /usr/bin/passwd
```

特殊权限是通过传统的 DAC（自由访问控制）进行权限设置的，可以解决基本的文件权限问题。只通过设置 u、g、o 用户的 r、w、x 权限并不足以保证 Linux 系统的安全，并且这种权限控制方式的粒度不够细，在实际使用中，需要通过一些特殊权限的设置来保证系统的运行更加稳定合理。

Linux 里的 XFS 文件系统支持的强制位和冒险位能保证 Linux 更细粒度的权限控制。针对文件所有者可以添加强制位（setuid），简称 SUID；针对文件所属组可以添加强制位

（setgid），简称 SGID；针对其他用户可以添加冒险位（sticky），简称 SBIT。

6.8.1 SUID

特殊权限1

当特殊权限 s 出现在拥有者的执行位上时，如-r-s--x--x，称其为 SUID。SUID 是为了让普通用户在执行某些程序时，能够暂时具有该程序所有者的权限。例如，用户账号和密码的存放文件是 /etc/passwd 与 /etc/shadow，而 /etc/shadow 文件的权限是"----------"，所有者是 root。对于该文件仅 root 用户可以"强制"存储，其他用户均无读权限。而 root 用户不可能无时无刻为每个用户管理密码，否则便失去了用户的意义。每个用户都要修改自己的密码，比如 linuxstudy 普通用户去更新自己的密码时，使用的是 /usr/bin/passwd 程序，并成功执行，即 linuxstudy 用户可以存取 /etc/shadow 密码文件，这就是 s 权限的功能。

SUID 中的 UID 表示 owner 的 ID，而 owner 表示这个程序（如/usr/bin/passwd）的所有者（root）。当 linuxstudy 用户执行/usr/bin/passwd 命令时，它就会"暂时"得到文件所有者 root 的权限。增加或删除文件的 SUID 权限的命令为"chmod u+/-s 文件名"。

SUID 是程序在执行过程中使用了文件所有者的权限，因此它仅可用于二进制文件，不能用在批处理文件（Shell 脚本）上。这是因为 Shell 脚本只是将很多二进制执行文件调进来执行而已，所以 SUID 权限部分还要看 Shell 脚本调用进来的程序的设置，而不是 Shell 脚本本身。当然，SUID 对目录无效，这点要特别注意。

【实例】 使用 linuxstudy 用户，在/tmp 目录下，用 touch 命令创建 test01 文件，并查看其文件拥有者。

```
[linuxstudy@LinuxServer /]$ cd /tmp
[linuxstudy@LinuxServer tmp]$ touch test01
[linuxstudy@LinuxServer tmp]$ ls -l test01
-rw-rw-r--. 1 linuxstudy linuxstudy 0 6 月   20 10:55 test01
```

说明：普通用户调用 touch 命令创建了属于自己的文件 test01。

【实例】 使用 root 用户查看/usr/bin/touch 的详细信息，并将其添加 SUID 特殊权限。

```
[root@LinuxServer /]# ls -l /usr/bin/touch
-rwxr-xr-x. 1 root root 62568 10 月 31 2018 /usr/bin/touch
[root@LinuxServer /]# chmod u+s /usr/bin/touch
[root@LinuxServer /]# ls -l /usr/bin/touch
-rwsr-xr-x. 1 root root 62568 10 月 31 2018 /usr/bin/touch
```

说明：使用 chmod u+s /usr/bin/touch 命令可添加特殊权限。

【实例】 切换到 linuxstudy 用户，在/tmp 目录下，使用 touch 命令创建 test02 文件，并查看其文件拥有者。

```
[linuxstudy@LinuxServer tmp]$ touch test02
[linuxstudy@LinuxServer tmp]$ ls -l test01 test02
-rw-rw-r--. 1 linuxstudy   linuxstudy 0 6 月   20 10:55 test01
-rw-rw-r--. 1 root         linuxstudy 0 6 月   20 11:01 test02
```

说明 1：给 touch 命令添加特殊权限 SUID 后，普通用户再次使用 touch 命令创建文件时，其文件的所有者就是 touch 命令的所有者。普通用户调用 touch 命令时便暂时具有了 touch 所有者的身份。

说明 2：SUID 拥有下面的限制与功能：①SUID 仅限于二进制程序；②执行者对于该程序需要有 x 权限；③本权限仅在执行程序过程中有效；④执行者在执行程序过程中具有程序拥有者的权限。

6.8.2 SGID

如果特殊权限 s 在组用户的执行位上，则称其为 SGID。SGID 可以用在两个方面：文件，如果设置在二进制文件上，则不论用户是谁，在执行该程序时，它的有效用户组将会变成该程序的所属组；目录，如果设置在目录上，则在该目录内所建立的文件或子目录，其所属组都是该目录的所属组。一般来说，SGID 多用在特定的多人团队项目开发上，在系统中用得较少。

【实例】 假如有甲、乙、丙 3 个用户合力开发一个项目，3 人都加入了名为"project"的所属组，管理员建立了一个项目文件夹 A，该文件夹的所属用户为项目组长甲，所属群组为 project。乙完成某项工作后，将文档放入项目文件夹 A 中，当甲去审核项目文件夹中的文档时发现文件存在问题想要修改，但此时系统提示该文档是只读文件，无法修改。这时最好的办法就是联系管理员，将乙的文件所属群组改为 project，这样甲就可以修改该文件了。但是作为一个项目来讲，也许每个人每天都要存入大量文件，总不能每个文件都需要由管理员手动修改文件的所属群组，于是 SGID 权限的作用就凸显出来了。

```
[root@LinuxServer ~]# cd /tmp
[root@LinuxServer tmp]# groupadd project
[root@LinuxServer tmp]# mkdir A
[root@LinuxServer tmp]# ls -ld A
drwxr-xr-x. 2 root root 6 6 月   20 15:04 A
[root@LinuxServer tmp]# chgrp project A
[root@LinuxServer tmp]# ls -ld A
drwxr-xr-x. 2 root project 18 6 月   20 15:05 A
[root@LinuxServer tmp]$ cd A
[root@LinuxServer A]$ touch test
[root@LinuxServer A]$ ls -l
总用量 0
-rw-rw-r--. 1 root root 0 6 月   20 15:05 test
```

这里项目组希望无论谁创建的文件，其所属组都为 project。解决办法为：

```
[root@LinuxServer tmp]# chmod g+s A
[root@LinuxServer tmp]# ls -ld A
drwxr-sr-x. 2 root project 18 6 月   20 15:05 A
[root@LinuxServer tmp]# cd A
[root@LinuxServer A]# touch test02
[root@LinuxServer A]# mkdir ceshi
[root@LinuxServer A]# ls -l
总用量 0
drwxr-sr-x. 2 root project       6 6 月   20 15:09 ceshi
-rw-rw-r--. 1 root root        0 6 月   20 15:05 test
-rw-r--r--.   1 root project     0 6 月   20 15:09 test02
```

说明 1：使用 chmod 命令为该目录加上特殊权限后，进入该目录，创建文件或文件夹时会发现其所属组全部是 project，正好满足了实例中所提出的要求。

说明 2：SGID 拥有下面的限制与功能：①若用户对于此目录具有 r 和 x 权限，则该用户能够进入此目录；②用户在此目录下的有效用户组将更改成该目录的所属组；③若用户在此目录下具有 w 权限，则用户所创建的所有文件、目录与父目录的所属组相同。

6.8.3 SBIT

特殊权限 2

当特殊权限 t 出现在其他用户的执行位时，称其为 SBIT。Sticky Bit 只针对目录有效，对文件无效。SBIT 对目录的作用：在具有 SBIT 权限的目录中，若用户在该目录中具有 w 和 x 权限，则当用户在该目录中创建文件或目录时，只有文件所有者与 root 用户才有权限删除。换句话说，若甲用户在 A 目录下拥有 r、w、x 权限时，则表示甲用户对该目录内任何人创建的目录或文件均可进行删除、重命名、移动等操作。不过，如果将 A 目录加上了 SBIT 权限，则甲用户只能删除、重命名、移动自己创建的文件或目录。

【实例】 赋予/tmp/A 目录中同组和其他用户 w 权限，使任何人都可以在其中新增、删除、修改文件。再赋予该目录 SBIT 特殊权限，然后使用 linuxstudy 用户创建文件，再切换到 linuxstudy02 用户，测试是否可以删除属于 linuxstudy 用户的文件。

```
[root@LinuxServer tmp]# chmod go+w A
[root@LinuxServer tmp]# ls -ld A
drwxrwsrwx. 2 root project 32 6 月    20 15:10 A
[root@LinuxServer tmp]# chmod o+t A
[linuxstudy02@LinuxServer tmp]$ ls -ld A
drwxrws rwt. 2 root project 46 6 月    20 15:23 A
[root@LinuxServer tmp]# cd A
[root@LinuxServer A]# su linuxstudy
[linuxstudy@LinuxServer A]$ touch test03
[linuxstudy@LinuxServer A]$ ls -l
总用量 0
-rw-rw-r--. 1 root        linuxstudy 0 6 月    20 15:05 test
-rw-rw-r--. 1 root        project    0 6 月    20 15:10 test02
-rw-rw-r--. 1 linuxstudy  project    0 6 月    20 15:23 test03
[linuxstudy@LinuxServer A]$ exit
exit
[root@LinuxServer A]# useradd linuxstudy02
[root@LinuxServer A]# su linuxstudy02
[linuxstudy02@LinuxServer A]$ rm test03
rm：是否删除有写保护的普通空文件 "test03"？y
rm：无法删除"test03"：不允许的操作
```

说明 1：linuxstudy02 用户无法删除 linuxstudy 用户的文件，只有 linuxstudy 用户和 root 用户才可以删除。

说明 2：其实 SBIT 的作用类似于 FTP 功能，可以有效地避免数据的丢失与误删除。

6.8.4 SUID、SGID 与 SBIT 权限设置

前面介绍过 SUID、SGID 与 SBIT 权限的功能，通过 chmod 命令可以为文件或目录修改权限，同时也可以使用数字修改权限。使用数字修改权限的方式为"3 个数字"的组

合，那么，如果在这 3 个数字之前再加上 1 个数字，最前面的数字就表示这 3 个特殊权限，其中：4 为 SUID，2 为 SGID，1 为 SBIT。

假设要将一个文件属性改为"-rwsr-xr-x"，由于 s 在所有者的执行位上，所以是 SUID，因此，在原先的 755 之前还要加上 4，即使用"chmod 4755 文件或目录名"进行设置。此外，还有大写 S 与大写 T 的产生。参考下面的范例（注意：下面的范例只是练习而已，所以笔者使用同一个文件来设置，必须要注意，SUID 不用在目录上，SBIT 不用在文件上）。

```
[root@LinuxServer tmp]# touch test
[root@LinuxServer tmp]# chmod 4755 test
[root@LinuxServer tmp]# ls -l test
-rwsr-xr-x. 1 root root 0 6 月   20 15:38 test
[root@LinuxServer tmp]# chmod 1755 test
[root@LinuxServer tmp]# ls -l test
-rwxr-xr-t. 1 root root 0 6 月   20 15:38 test
[root@LinuxServer tmp]# chmod 6755 test
[root@LinuxServer tmp]# ls -l test
-rwsr-sr-x. 1 root root 0 6 月   20 15:38 test
[root@LinuxServer tmp]# chmod 7666 test
[root@LinuxServer tmp]# ls -l test
-rwSrwSrwT. 1 root root 0 6 月   20 15:38 test
```

说明： 这一部分的设置与 6.5.3 节关于普通权限的设置方法相似，不再过多介绍，如有疑问请向前查看。

注意： 这个范例的设置方法要特别小心。为什么会出现大写的 S 与 T 呢？不都是小写的吗？这是因为 s 与 t 都是取代 x 参数的，但使用 7666 时，owner、group 及 others 都没有 x 权限，所以，S、T 表示空的。SUID 表示的是该文件在执行时具有文件拥有者的权限，但文件拥有者都无法执行时，哪来权限给其他用户使用呢？当然就是空的。

6.9　小结

通过本章的学习，了解了 Linux 权限设置、ACL 及特殊权限等内容，主要包括 Linux 用户权限、文件权限与属性的具体含义；了解了 r、w、x 分别针对于文件和目录时的意义；介绍了更改 Linux 文件属性与权限的命令，chown 命令更改文件所有者，chgrp 命令更改文件所属组，chmod 命令更改文件权限；讲解了文件默认权限 umask 的查询、修改与计算方法；了解了访问控制列表 ACL 的设置与查看方法；介绍了 3 种特殊权限 SUID、SGID、SBIT 的含义、功能与设置方法。

实训 6　权限管理

一、实训目的

掌握 Linux 中权限与属性的管理。

二、实训内容

（1）权限管理命令：chown、chgrp、chmod。

（2）默认权限：umask。

（3）访问控制列表 ACL：setfacl、getfacl。

（4）特殊权限：SUID、SGID、SBIT。

三、项目背景

小 A 学习 Linux 系统已有一段时间，对文件与目录的基本操作已经比较熟悉，但在日常使用时经常看到 r、w、x 的描述，并对文件及目录的权限，尤其一些特殊权限的操作还不是太熟悉，请帮小 A 完成以下实训操作。

四、实训步骤

任务 1：权限管理实践题。

（1）使用 ls-l 命令查看/tmp 目录下的详细信息，并解读每个部分的含义；

（2）使用 root 用户新建空文件 mylinux，将其拥有者修改为 linuxstudy，所属组修改为 grp；

（3）使用两种方式将文件 mylinux 的权限修改为 rwxr--r--；

（4）详细解读 r、w、x 对于文件和目录的意义。

任务 2：umask 实践题。

（1）将当前环境中 umask 值修改为 003，创建文件 test1 和文件夹 file1，并查询文件权限的变化；

（2）将当前环境中 umask 值修改为 053，创建文件 test2 和文件夹 file2，并查询文件权限的变化。

任务 3：ACL 实践题。

（1）设置 linuxstudy 用户对 mylinux 文件只有 r 权限；

（2）设置 grp2 用户组对 mylinux 文件只有 rw 权限；

（3）设置 mylinux 文件的默认 ACL 权限为 rx 权限；

（4）删除对用户 linuxstudy 设置的 ACL 权限；

（5）删除所有 ACL 权限。

任务 4：特殊权限实践题。

（1）为 touch 命令加上 SUID 权限，体会特殊权限 SUID 的用处与作用；

（2）为目录 file1 加上 SGID 权限，进入该目录创建文件，体会 SGID 的用处与作用；

（3）为目录 file1 加上 SBIT 权限，进入该目录创建文件，体会 SBIT 的用处与作用；

（4）通过数字形式分别为文件与文件夹创建 SUID、SGID 和 SBIT。

任务 5：RHCSA 模拟题。

（1）新建目录/tmp/zs（姓名首字母），将/etc/fstab 复制到/tmp/zs 目录下，按以下要求配置/tmp/zs/fstab 文件：

① 该文件的所属人为 root；

② 该文件的所属组为 root；

③ 该文件对任何人都没有执行权限；

④ 用户 zs01 对该文件有读写权限；

⑤ 用户 zs02 对该文件既不能读也不能写；

⑥ 所有其他用户（包括当前已有用户及未来创建的用户）对该文件都有读权限。

（2）在/home 目录下创建名为 admins 的子目录，并按以下要求设置权限：

① /home/admins 的所属组为 adminuser；

② 该目录对 adminuser 组的成员可读可写可执行，但对其他用户没有任何权限，root 用户不受限制；

③ 在/home/admins 目录下所创建的文件的所属组自动被设置为 adminuser。

任务 6：综合实践题。

未来广告公司有三个部门，分别为培训部（人员：zhangsan、lisi）、市场部（人员：wangwu、maliu）和管理部（人员：fengqi、chenba），boss 名字叫作 xiaoming。

现在要求为各部门、各员工建立相应的工作目录，要求如下：

（1）所有目录与文件统一保存在一个目录下；

（2）每个部门拥有一个独立的文件夹；

（3）不同部门之间不可访问各自文件夹；

（4）每名员工在所属部门文件夹下拥有一个自己所属的文件夹；

（5）同一部门的不同员工之间可以查看各自文件夹内容但不能修改，用户仅能够修改自己的内容；

（6）boss 组的用户对所有组的文件均具有访问权限，但无修改权限。

第7章
Linux 磁盘管理

对于系统管理员来说，管理好服务器的磁盘和文件系统是非常重要的工作。Linux 系统对磁盘的管理可基于命令完成，非常方便。本章将通过认知文件系统、磁盘分区、磁盘格式化、磁盘挂载等实例来详细讲解 Linux 磁盘的基本管理。

7.1 磁盘基础

磁盘分区前的准备

目前的磁盘可以分为固态硬盘 SSD（新式硬盘）、机械硬盘 HDD（传统硬盘）和混合硬盘 HHD（Hybrid Hard Disk，基于传统机械硬盘诞生出来的新硬盘）。SSD 采用闪存颗粒来存储，HDD 采用磁性碟片来存储，混合硬盘是把磁性硬盘和闪存集成到一起的一种硬盘。绝大多数硬盘都是固定硬盘，被永久性地密封固定在硬盘驱动器中。

本节主要介绍机械磁盘。机械磁盘是一种采用磁介质的数据存储设备，数据存储在密封、洁净的硬盘驱动器内腔的若干个磁盘片上。这些磁盘片一般是在以铝为主要成分的片基表面涂上磁性介质所制成的，在磁盘片的每面，以转动轴为轴心、以一定的磁密度为间隔的若干个同心圆就被划分成磁道（Track），每个磁道又被划分为若干个扇区（Sector），数据就按扇区存放在硬盘上，扇区是硬盘的基本存储单位，每个扇区的大小为 512Byte。磁盘结构示意图如图 7.1 所示。

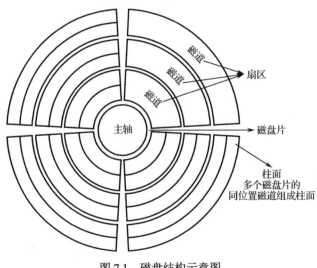

图 7.1　磁盘结构示意图

在每磁面上都相应地有一个读写磁头（Head），不同磁头的所有相同位置的磁道就构成了所谓的柱面（Cylinder）。传统的硬盘读写都是以柱面、磁头、扇区为寻址方式的（CHS寻址）。硬盘在上电后保持高速旋转（7200 转/min 以上，现在最高达到 10000 转/min），位于磁头臂上的磁头悬浮在磁盘表面，可以通过步进电机在不同柱面之间移动，对不同的柱面进行读写。如果运行期间硬盘受到剧烈振荡，磁盘表面容易被划伤，磁头也容易损坏。

磁盘的物理组成是由多个圆形磁片、机械手臂、磁片读写头及主轴马达组成的，通过马达让磁盘转动，机械手臂控制磁头在盘片上移动来读取存储在磁盘上的资料。磁盘根据接口的不同，主要分为三种类型：IDE 接口、SCSI 接口和 SATA 接口磁盘。

1. IDE 接口

IDE 接口的硬盘在一些旧的计算机里还可以看到，它的传输速度理论上可以达到 133MB/s。IDE 接口如图 7.2 所示。

2. SCSI 接口

SCSI（Small Computer System Interface，小型计算机系统接口）。是同 IDE（ATA）完全不同的接口。IDE 接口是普通 PC 的准接口，而 SCSI 并不是专门为硬盘设计的接口，是一种广泛应用于小型机上的高速数据传输技术。SCSI 接口具有应用范围广、多任务、带宽大、CPU 占用率低，以及支持热插拔等优点，SCSI 硬盘主要应用于中、高端服务器和高档工作站中。SCSI 控制器上有一个相当于 CPU 的芯片，能够处理大部分工作，降低 CPU 占用率。同一时间推出的硬盘中，SCSI 系产品的转速、缓存容量和数据传输率均比 IDE 系高。目前常用的硬盘都是 SCSI 接口的硬盘，理论传输速率可以达到 320MB/s。SCSI 接口如图 7.3 所示。

图 7.2　IDE 接口

图 7.3　SCSI 接口

系统中所有的文件存储都在磁盘上，扇区是磁盘中最小的存储单位，而每个磁盘的第一个扇区非常重要，这个扇区面的 512Byte 记录了以下两个重要的信息：

☑ MBR（Main Boot Record，主引导记录），存放开机管理程序，大小为 446Byte；

☑ 分区表，记录这个磁盘分区的情况，大小为 64Byte。

在 Linux 系统下，IDE 设备是以 hd 命名的，一般主板上有 2 个 IDE 接口，一共可以安装 4 个 IDE 设备。主 IDE 上的主、从 2 个设备分别为 hda 和 hdb，第 2 个 IDE 上的 2 个设备分别为 hdc 和 hdd。这 4 个 IDE 设备的文件名如表 7.1 所示。一般硬盘安装在主 IDE 的主接口上，所以其名称通常是 hda。

表 7.1　IDE 设备

IDE	MASTER	SLAVE
IDE1（Primary）	/dev/hda	/dev/hdb
IDE2（Secondary）	/dev/hdc	/dev/hdd

【实例】 某计算机上只有一块 IDE 接口硬盘，将其插到 IDE2 的 Secondary 上，请分析在 Linux 系统下该设备的名称。

答：按照表 7.1，该设备的名称为/dev/hdd。

说明：IDE 设备的名称是固定的，和内核检测的顺序无关。

SCSI 接口、USB 接口、SATA 接口设备是以 sd 命名的，第 1 个设备是 sda，第 2 个是 sdb，依次类推。但是和 IDE 接口不同的是，这几类接口的磁盘在系统内没有固定的顺序，而是按照内核的检测顺序决定其命名的。

【实例】 某计算机上有 2 块 SATA 硬盘和 1 块 USB 磁盘，并且主板上只有 6 个相应接口插槽。这 2 块 SATA 硬盘分别插在 SATA2、SATA4 接口上，请描述上述 3 个设备在 Linux 系统下的名称。

答：由于 SATA 接口和 USB 接口设备的命名规则是按照内核的检测顺序决定的，与设备插在哪个接口上没有直接关系，因此设备名称分别为：

☑ SATA2 上面的设备名称为/dev/sda；

☑ SATA4 上面的设备名称为/dev/sdb；

☑ USB 磁盘的名称为/dev/sdc。

说明：如果使用 Linux 系统中的 KVM 安装了虚拟机，则在虚拟机中查看主硬盘的硬盘名称为/dev/vda。

通过前面的内容我们知道，在 Linux 系统中，磁盘设备也被看作一种类型的文件，如表 7.2 所示列出了不同的设备在 Linux 系统内的命名规则。

表 7.2　设备总结

设 备 类 型	设 备 名 称
IDE 接口硬盘	/dev/hd[a-d]
SCSI/SATA/USB/Flash 接口的硬盘	/dev/sd[a-p]
打印机	/dev/lp
CD-ROM	/dev/cdrom
KVM 虚拟系统硬盘	/dev/vd[a-p]

3. SATA 接口

图 7.4　SATA 接口

SATA（Serial Advanced Technology Attachment，串行接口）。SATA 采用串行连接方式，串行 ATA 总线使用嵌入式时钟信号，具备了更强的纠错能力。与以往的接口相比，其最大的区别在于能对传输指令（不仅仅是数据）进行检查，如果发现错误会自动矫正。这在很大程度上提高了数据传输的可靠性。串行接口还具有结构简单、支持热插拔的优点，如图 7.4 所示。

7.2　Linux 的文件系统

磁盘只有通过分区和格式化的操作之后才可以挂载并使用。不同的操作系统使用的文件系统类型也是不一样的，在 Windows 系统里，默认支持使用的文件系统格式为 FAT32 和 NTFS；而目前在 CentOS 7（内核版本 3.10）的系统中，默认使用 XFS 文件系统，同时兼容之前的 Ext2、Ext3 和 Ext4 等文件系统。

XFS（Extend File System，扩展文件系统）是一种高性能的日志文件系统，在 2009 年时，Red Hat 公司在其 rhel5.4 版本中添加了对 XFS 的支持，但是默认使用的还是 Ext4 文件系统。XFS 的文件系统最大可以达到 8EB（约 800 万 TB），远远高于 Ext4 系统所支持的 16TB。但是 XFS 文件系统也有一些缺点，例如不支持压缩，在删除大量文件时性能不高等。

7.3　磁盘管理

7.3.1　磁盘分区表

对于 Linux 系统管理员来说，对磁盘的管理都是从磁盘分区开始的。系统管理员要根据主机的用处对磁盘的分区数量及分区大小等进行规划。前面我们介绍了磁盘的每个扇区大小为 512Byte，其中第一个扇区的 446Byte 用来保存 MBR 的信息，64Byte 保存分区信息。保存每组分区信息需要 16Byte，因此，一个硬盘的分区表中最多能保存 4 组分区信息。

分区表中能够保存的 4 个分区可以分为两个类型：主分区（Primary）与扩展分区（Extended）。每个硬盘最多可以划分 4 个主分区，如果需要划分更多的分区，则需要将 4 个分区中的一个划分为扩展分区。在扩展分区之上可以继续划分逻辑分区，逻辑分区可以格式化并挂载使用，也就是说扩展分区只不过是逻辑分区的"容器"。通过对扩展分区进行再分区，可以解决一块硬盘上只能有 4 个分区的问题。

下面详细说明硬盘的 3 种分区：主磁盘分区、扩展磁盘分区和逻辑分区。

- ☑ 分区就是对第一扇区的分区表进行划分；
- ☑ MBR 下可以将磁盘划分为 4 个主分区；
- ☑ 这 4 组分区信息分为主分区与扩展分区；
- ☑ 扩展分区只能有 1 个，扩展分区不能被格式化使用，只能继续划分为逻辑分区；
- ☑ 能够被格式化使用的是主分区和逻辑分区；
- ☑ 一个硬盘可以有 1～4 个主分区，1 个扩展分区（扩展分区也是主分区的一种），也可以没有扩展分区，可以有若干个逻辑分区。
- ☑ 规划完主分区后，其余空间可以分成扩展分区，扩展分区不能直接使用，需要在其上划分逻辑分区，逻辑分区是可以格式化和挂载使用的，所以说扩展分区可分成若干逻辑分区，它们的关系是包含的关系，所有的逻辑分区都是扩展分区的一部分；
- ☑ 硬盘的容量=主分区的容量+扩展分区的容量；
- ☑ 扩展分区的容量=各个逻辑分区的容量之和；
- ☑ 除去主分区所占用的容量以外，剩下的容量被认定为扩展分区。通俗地讲就是主分区是硬盘的主，而扩展分区是这个硬盘上的从，主分区和扩展分区为主从关系。扩展分区如果不再进行分区了，那么扩展分区就是逻辑分区了。如果还需要进行分区操作的话，则所谓的逻辑分区只能从扩展分区上操作。

分区的命名规则是设备名称加相应编号，比如设备/dev/sda 被分为 5 个分区，分别是 3 个主分区和 1 个扩展分区，其名称分别为 sda1、sda2、sda3 和 sda4，其中 sda4 为扩展分区，又被划分为 2 个逻辑分区。逻辑分区的名称一定是从 sda5 开始的，每增加一个分区，分区名称的数字就加 1，sda6 代表第 2 个逻辑分区。因此，/dev/sda 能够被使用的分区为/dev/sda1、/dev/sda2、/dev/sda3、/dev/sda5、/dev/sda6。

【实例】 有一块大容量硬盘，将其暂时分为 4 个分区，同时还有其他剩余容量可以作为未来规划使用，能不能将其分为 4 个主分区？你建议如何划分呢？

答：

（1）分区表中最多只能存储 4 组分区数据，因此如果都划分为主分区，就不满足题干所说的留剩余空间以备未来使用，因此不能分为 4 个主分区。

（2）为了满足题干中说的要有 4 个分区，还要有剩余空间留作他用，所以可以使用 3 个主分区加上 1 个扩展分区的分区方法。

（3）当然还可以使用 1 个主分区加 1 个扩展分区，其中 1 扩展分区暂时分为 3 个逻辑分区，且有剩余空间。

（4）还可以使用 2 个主分区加 1 个扩展分区，其中 1 扩展分区暂时分为 2 个逻辑分区，且有剩余空间。

7.3.2 inode 与 block

不管是在 Windows 系统还是 Linux 系统中，磁盘分区完毕后都要对其进行格式化，操作系统才能够使用这个分区。格式化的原因是将磁盘初始化成该操作系统能够识别的文件权限与属性。

Linux 系统对硬盘格式化后，将 Linux 的文件权限与属性相关的信息保存到 inode 中，将实际的数据保存到 block 中，将文件系统的整体信息和 inode 与 block 的数量存放到 super block 中。其实 Linux 系统对磁盘的格式化就是将磁盘划分为 n 个 inode，m 个 block 和 1 个 super block。

（1）inode：记录文件的属性、权限，一个文件占用一个 inode，同时将记录文件的数据保存到对应的 block 中。inode 就相当于人的身份证号，一个人有一个身份证号，一个文件拥有一个 inode，inode 与文件的关系是一一对应的。

inode 包含文件信息如下：

☑ 文件的字节数；

☑ 文件拥有者的 User ID；

☑ 文件的 Group ID；

☑ 文件的读、写、执行权限；

☑ 文件的时间戳，也就是前面讲的 3 个时间：ctime、mtime、atime；

☑ 链接数，即有多少文件名指向这个 inode；

☑ 文件数据 block 的位置。

（2）block：存放文件的实际内容，如果文件太大，一个文件要占用多个 block，也就是文件与 block 的关系是一对多的。

（3）super block：记录文件的整体信息，inode 的数量、block 的数量，二者的使用情况，剩余量，以及文件格式的相关信息。

inode 的多少控制着你能够创建多少文件，一旦 inode 被分配完了，即使有剩余空间也不能再创建新的文件。

【实例】 查看 Ext4 文件系统和 XFS 文件系统的信息。

（1）查看 Ext4 格式的文件系统信息。

```
[root@linuxserver ~]# dumpe2fs /dev/sdb1
dumpe2fs 1.42.9 (28-Dec-2013)
Filesystem volume name:    <none>
Last mounted on:           <not available>
Filesystem UUID:           0ae0a848-b6d1-4d12-aa78-fd915ffd95b6
Filesystem magic number:   0xEF53
Filesystem revision #:     1 (dynamic)
Filesystem features:       has_journal ext_attr resize_inode dir_index filetype extent 64bit
flex_bg sparse_super large_file huge_file uninit_bg dir_nlink extra_isize
Filesystem flags:          signed_directory_hash
Default mount options:     user_xattr acl
Filesystem state:          clean
Errors behavior:           Continue
Filesystem OS type:        Linux
Inode count:               327680
Block count:               1310720
Reserved block count:      65536
Free blocks:               1252258
Free inodes:               327669
First block:               0
Block size:                4096
Fragment size:             4096
Group descriptor size:     64
Reserved GDT blocks:       639
Blocks per group:          32768
Fragments per group:       32768
Inodes per group:          8192
Inode blocks per group:    512
Flex block group size:     16
Filesystem created:        Wed May   8 18:27:12 2019
Last mount time:           n/a
Last write time:           Wed May   8 18:27:13 2019
Mount count:               0
Maximum mount count:       -1
Last checked:              Wed May   8 18:27:12 2019
Check interval:            0 (<none>)
Lifetime writes:           131 MB
Reserved blocks uid:       0 (user root)
Reserved blocks gid:       0 (group root)
First inode:               11
Inode size:                256
```

```
Required extra isize:          28
Desired extra isize:           28
Journal inode:                  8
Default directory hash:        half_md4
Directory Hash Seed:           4e8531d6-bc63-415c-80ce-9363e8f60fb2
Journal backup:                inode blocks
Journal features:              (none)
Journal size:                  128M
Journal length:                32768
Journal sequence:              0x00000001
Journal start:                 0
```

（2）查看 XFS 格式的文件系统信息。

```
[root@linuxserver ~]# xfs_info /dev/sda1
meta-data=/dev/sda1                isize=512    agcount=4, agsize=65536 blks
         =                         sectsz=512   attr=2, projid32bit=1
         =                         crc=1        finobt=0 spinodes=0
data     =                         bsize=4096   blocks=262144, imaxpct=25
         =                         sunit=0      swidth=0 blks
naming   =version 2               bsize=4096   ascii-ci=0 ftype=1
log      =internal                bsize=4096   blocks=2560, version=2
         =                         sectsz=512   sunit=0 blks, lazy-count=1
realtime =none                    extsz=4096   blocks=0, rtextents=0
```

说明：Ext4 文件系统和 XFS 文件系统查看磁盘信息的命令不同，本例中，/dev/sda1 是 XFS 系统，因此使用 xfs_info 命令查看；/dev/sdb1 是 Ext4 系统，因此使用 dumpe2fs 命令。查看的磁盘分区的详细信息包括：inode 的数量、空闲的数量，block 的数量、空闲的数量，block 的大小，创建的时间，每个 inode 的大小，日志信息及组的信息等。

7.3.3 磁盘分区

磁盘分区和格式化

在 Linux 系统中，一块新磁盘需要经过分区、格式化、挂载三个步骤的操作后才可以用来存储文件。下面我们首先介绍分区如何实施。

目前磁盘分区主要有 MBR 及 GPT 两种格式，不同的格式所使用的分区工具不尽相同，一般我们使用 fdisk 来划分 MBR 分区，使用 parted 来划分 GPT 分区。事实上，parted 工具可以同时支持单个分区大于 2TB 的 GPT 格式分区，也可以用来划分 MBR 分区。而 fdisk 不支持单个大小大于 2TB 的分区，因此无法支持使用 parted 划分的 GPT 格式的分区。下面我们分别演示两个命令的使用方法。

1．fdisk 命令的使用方法

【实例】 使用 fdisk -l 命令查看磁盘及分区。

```
[root@linuxserver ~]# fdisk -l
Disk /dev/sda: 42.9 GB, 42949672960 bytes, 83886080 sectors
Units = sectors of 1 * 512 = 512 bytes
Sector size (logical/physical): 512 bytes / 512 bytes
I/O size (minimum/optimal): 512 bytes / 512 bytes
Disk label type: dos
```

```
Disk identifier: 0x000a9709
Device Boot        Start         End        Blocks     Id   System
/dev/sda1    *      2048      2099199     1048576     83   Linux
/dev/sda2         2099200    83886079    40893440     8e   Linux LVM
Disk /dev/sdb: 21.5 GB, 21474836480 bytes, 41943040 sectors
Units = sectors of 1 * 512 = 512 bytes
Sector size (logical/physical): 512 bytes / 512 bytes
I/O size (minimum/optimal): 512 bytes / 512 bytes
Disk label type: dos
Disk identifier: 0x1e552e15
Device Boot        Start         End        Blocks     Id   System
Disk /dev/mapper/cl-root: 37.7 GB, 37706792960 bytes, 73646080 sectors
Units = sectors of 1 * 512 = 512 bytes
Sector size (logical/physical): 512 bytes / 512 bytes
I/O size (minimum/optimal): 512 bytes / 512 bytes
Disk /dev/mapper/cl-swap: 4160 MB, 4160749568 bytes, 8126464 sectors
Units = sectors of 1 * 512 = 512 bytes
Sector size (logical/physical): 512 bytes / 512 bytes
I/O size (minimum/optimal): 512 bytes / 512 bytes
```

说明： fdisk-l 命令查看的信息中包含以下内容：

☑ 磁盘在系统中的名字和大小。本例中的信息可以看出，系统有两块磁盘，主磁盘 /dev/sda 大小约为 40GB，有两个分区；第一块从属磁盘/dev/sdb 大小约为 20GB，尚未分区。

☑ 磁盘 sdb 有 41943040 个扇区，每个扇区的大小为 512Byte。

【实例】 使用 fdisk 命令对/dev/sdb 进行分区。

```
[root@linuxserver ~]# fdisk /dev/sdb
Welcome to fdisk (util-linux 2.23.2).
Changes will remain in memory only, until you decide to write them.
Be careful before using the write command.
Command (m for help): m
Command action
   a    toggle a bootable flag
   b    edit bsd disklabel
   c    toggle the dos compatibility flag
   d    delete a partition
   g    create a new empty GPT partition table
   G    create an IRIX (SGI) partition table
   l    list known partition types
   m    print this menu
   n    add a new partition
   o    create a new empty DOS partition table
   p    print the partition table
   q    quit without saving changes
   s    create a new empty Sun disklabel
   t    change a partition's system id
   u    change display/entry units
   v    verify the partition table
   w    write table to disk and exit
   x    extra functionality (experts only)
```

说明：分区工具 fdisk 的参数有很多，但需要掌握的只有几个。

执行命令后，进入一个可以和系统交互的界面，按【m】键取得可以和系统交互的命令列表，其中比较常用的命令如下。

☑ n：新建分区；

☑ d：删除分区；

☑ p：列出当前磁盘的分区表；

☑ t：修改分区的类型；

☑ l：列出已知分区表类型；

☑ q：不保存修改直接退出；

☑ w：保存分区表并退出。

【实例】 划分主分区。

```
Command (m for help): n                                                          //新建分区
Partition type:
    p    primary (0 primary, 0 extended, 4 free)                                 //创建主分区
    e    extended
Select (default p): p
Partition number (1-4, default 1): 1                                             //分区编号
First sector (2048-41943039, default 2048): 2048                                 //起始扇区编号
Using default value 2048
Last sector, +sectors or +size{K,M,G} (2048-41943039, default 41943039): +2G     //分区大小
Partition 1 of type Linux and of size 2 GiB is set
Command (m for help): p                                                          //查看分区
Disk /dev/sdb: 21.5 GB, 21474836480 bytes, 41943040 sectors
Units = sectors of 1 * 512 = 512 bytes
Sector size (logical/physical): 512 bytes / 512 bytes
I/O size (minimum/optimal): 512 bytes / 512 bytes
Disk label type: dos
Disk identifier: 0x1e552e15
Device Boot        Start          End        Blocks    Id   System
/dev/sdb1          2048         4196351      2097152    83   Linux
```

【实例】 划分扩展分区。

```
Command (m for help): n
Partition type:
    p    primary (1 primary, 0 extended, 3 free)
    e    extended
Select (default p): e                                                            //扩展分区
Partition number (2-4, default 2): 2
First sector (4196352-41943039, default 4196352):
Using default value 4196352
Last sector, +sectors or +size{K,M,G} (4196352-41943039, default 41943039): +10G
Partition 2 of type Extended and of size 10 GiB is set
Command (m for help): p
Disk /dev/sdb: 21.5 GB, 21474836480 bytes, 41943040 sectors
Units = sectors of 1 * 512 = 512 bytes
Sector size (logical/physical): 512 bytes / 512 bytes
I/O size (minimum/optimal): 512 bytes / 512 bytes
```

```
Disk label type: dos
Disk identifier: 0x1e552e15
Device Boot        Start         End        Blocks     Id  System
/dev/sdb1          2048        4196351      2097152    83  Linux
/dev/sdb2         4196352     25167871     10485760    5   Extended        //类型为扩展分区
```

【实例】 划分逻辑分区。

```
Command (m for help): n
Partition type:
      p     primary (1 primary, 1 extended, 2 free)
      l     logical (numbered from 5)
Select (default p): l                 //l 表示逻辑分区

Adding logical partition 5            //逻辑分区的编号由系统自动指定，从 5 开始
First sector (4198400-25167871, default 4198400):
Using default value 4198400
Last sector, +sectors or +size{K,M,G} (4198400-25167871, default 25167871): +3G
Partition 5 of type Linux and of size 3 GiB is set
Command (m for help): p
Disk /dev/sdb: 21.5 GB, 21474836480 bytes, 41943040 sectors
Units = sectors of 1 * 512 = 512 bytes
Sector size (logical/physical): 512 bytes / 512 bytes
I/O size (minimum/optimal): 512 bytes / 512 bytes
Disk label type: dos
Disk identifier: 0x1e552e15
Device Boot        Start         End        Blocks     Id  System
/dev/sdb1          2048        4196351      2097152    83  Linux
/dev/sdb2         4196352     25167871     10485760    5   Extended
/dev/sdb5         4198400     10489855     3145728     83  Linux        //逻辑分区
```

2．parted 命令的使用方法

parted 是一个非常强大的分区工具，我们可以使用 parted 在一条命令中完成磁盘分区的工作，也可以通过 parted 的交互模式来分区。同时，parted 还支持对分区的调整，例如将分区表在 GPT 和 MBR 之间转换。

【实例】 查看磁盘分区。

```
[root@linuxserver ~]# parted/dev/sdb print
Model: VMware, VMware Virtual S (scsi)
Disk /dev/sdb: 21.5GB
Sector size (logical/physical): 512B/512B
Partition Table: msdos
Disk Flags:
Number   Start      End       Size     Type       File system   Flags
  1      1049kB   2149MB     2147MB    primary    ext4
  2      2149MB   12.9GB     10.7GB    extended
  5      2150MB   5371MB     3221MB    logical
```

说明：可以看到 parted 命令列出了/dev/sdb 磁盘的分区编号、起始/结束、大小、类型及文件系统等信息（由于/dev/sdb 尚未格式化，因此没有显示文件系统类型）。

【实例】 在命令行模式下分区。

```
[root@linuxserver ~]#parted /dev/sdb mkpart primary xfs 13.0GB 15.0GB
Information: You may need to update /etc/fstab.
[root@linuxserver ~]# parted/dev/sdb print
Model: VMware, VMware Virtual S (scsi)
Disk /dev/sdb: 21.5GB
Sector size (logical/physical): 512B/512B
Partition Table: msdos
Disk Flags:
Number  Start     End       Size     Type      File system  Flags
 1      1049kB    2149MB    2147MB   primary   ext4
 2      2149MB    12.9GB    10.7GB   extended
 5      2150MB    5371MB    3221MB   logical
 3      12.9GB    15.0GB    2114MB   primary
```

说明：

☑ mkpart：创建分区；

☑ primary：主分区；

☑ xfs：分区类型；

☑ 13GB：上一个分区的结束的位置；

☑ 15GB：新分区结束的位置，表明本分区大小为 2（15-13）GB。

【实例】 使用交互模式分区。

```
[root@linuxserver ~]# parted /dev/sdb
GNU Parted 3.1
Using /dev/sdb
Welcome to GNU Parted! Type 'help' to view a list of commands.
(parted) unit GB                                            //单位使用 GB
(parted) print                                              //查看已有分区用于确定新分区起始点
Model: VMware, VMware Virtual S (scsi)
Disk /dev/sdb: 21.5GB
Sector size (logical/physical): 512B/512B
Partition Table: msdos
Disk Flags:
Number  Start     End       Size     Type      File system  Flags
 1      0.00GB    2.15GB    2.15GB   primary   ext4
 2      2.15GB    12.9GB    10.7GB   extended
 5      2.15GB    5.37GB    3.22GB   logical
 3      12.9GB    15.0GB    2.11GB   primary
(parted) mkpart                                             //创建新分区
Partition type?   primary/logical? primary
File system type?   [ext2]? xfs                            //文件系统格式
Start? 15.1GB                                              //分区起始位置
End? 18.0GB                                                //分区结束位置
(parted) print                                             //查看新分区
Model: VMware, VMware Virtual S (scsi)
Disk /dev/sdb: 21.5GB
Sector size (logical/physical): 512B/512B
Partition Table: msdos
Disk Flags:
```

Number	Start	End	Size	Type	File system	Flags
1	0.00GB	2.15GB	2.15GB	primary	ext4	
2	2.15GB	12.9GB	10.7GB	extended		
5	2.15GB	5.37GB	3.22GB	logical		
3	12.9GB	15.0GB	2.11GB	primary		
4	15.0GB	18.0GB	3.00GB	primary		//新创建的分区

7.3.4 磁盘格式化

分区完成之后，就需要进行格式化的操作了。格式化的命令为 mkfs，也可以使用"mkfs.文件系统类型"来格式化磁盘，如下所示：

```
[root@linuxserver ~]# mkfs
mkfs         mkfs.cramfs   mkfs.ext3    mkfs.fat     mkfs.msdos    mkfs.xfs
mkfs.btrfs   mkfs.ext2     mkfs.ext4    mkfs.minix   mkfs.vfat
```

mkfs 命令的语法如下：

mkfs [-v] [-t fstype] [fs-options] filesys [blocks]

-v：显示格式化进程；

-t： 指定格式化的文件系统类型。

fs-options 后面可以跟一些附加参数，如-c、-l 等。

【实例】 将分区格式化为 XFS 格式。

```
[root@linuxserver ~]# mkfs.xfs /dev/sdb3
meta-data=/dev/sdb3           isize=512      agcount=4, agsize=129024 blks
         =                    sectsz=512     attr=2, projid32bit=1
         =                    crc=1          finobt=0, sparse=0
data     =                    bsize=4096     blocks=516096, imaxpct=25
         =                    sunit=0        swidth=0 blks
naming   =version 2           bsize=4096     ascii-ci=0 ftype=1
log      =internal log        bsize=4096     blocks=2560, version=2
         =                    sectsz=512     sunit=0 blks, lazy-count=1
realtime =none                extsz=4096     blocks=0, rtextents=0
```

说明：本例中使用的/dev/sdb3 磁盘，其名称只在本机有效，如果将该磁盘移至其他计算机，名称将可能产生变化。事实上，Linux 系统识别各类设备的依据是其 UUID，可以使用 blkid 命令，查看磁盘的 UUID。

【实例】 查看/dev/sdd1 的 UUID。

```
[root@linuxserver ~]# blkid
/dev/sda1: UUID="0d8f12e4-e4da-4a9f-a704-a1243596f78b" TYPE="xfs"
/dev/sda2: UUID="YWlwZS-98KR-eW5v-s6Ya-Df5b-rmeH-w1rXnY" TYPE="LVM2_ member"
/dev/sdb1: UUID="0ae0a848-b6d1-4d12-aa78-fd915ffd95b6" TYPE="ext4"
/dev/sdb3: UUID="f624d858-bb83-4760-aa5d-aae411dc07fc" TYPE="xfs"
/dev/sr0:   UUID="2016-12-05-13-52-39-00"   LABEL="CentOS  7  x86_64"  TYPE="iso9660"
PTTYPE="dos"
/dev/mapper/cl-root: UUID="094908a9-d9e9-4f3e-acec-f5e4fd7c710f" TYPE="xfs"
/dev/mapper/cl-swap: UUID="987722ea-2cb4-4720-ac63-0f6096cdfe69" TYPE="swap"
```

说明：每次对磁盘分区进行格式化操作都会改变其 UUID。

【实例】 使用 **lsblk** 命令查看磁盘及分区。

```
[root@linuxserver ~]# lsblk
NAME            MAJ:MIN RM    SIZE RO TYPE MOUNTPOINT
sda               8:0     0     40G  0 disk
├─sda1            8:1     0      1G  0 part /boot
└─sda2            8:2     0     39G  0 part
  ├─cl-root 253:0       0 35.1G  0 lvm  /
  └─cl-swap 253:1       0    3.9G  0 lvm  [SWAP]
sdb               8:16    0     20G  0 disk
├─sdb1            8:17    0      2G  0 part
├─sdb2            8:18    0      1K  0 part
├─sdb3            8:19    0      2G  0 part
├─sdb4            8:20    0    2.8G  0 part
└─sdb5            8:21    0      3G  0 part
sr0              11:0     1    7.7G  0 rom  /run/media/root/CentOS 7 x86_64
```

lsblk 命令可以以树状结构列出系统所有块设备及其依赖关系，显示结果说明如下：
☑ NAME：块设备名称；
☑ MAJ:MIN：主要/次要设备号；
☑ RM：是否为可移动设备（0 表示不是，1 表示是）；
☑ SIZE：容量大小；
☑ RO：是否为只读设备（0 表示不是，1 表示是）；
☑ TYPE：磁盘类型（disk 表示磁盘，part 表示分区，rom 表示光驱）；
☑ MOUNTPOINT：挂载点。

磁盘挂载

7.3.5　磁盘挂载

在 Linux 系统中，一切皆是文件，那么磁盘分区也不例外。如果想使用某个磁盘分区，能够在该分区上存储和读取数据，就需要挂载该磁盘分区。由于磁盘分区被视为一个文件，我们无法在一个文件内存储其他文件或文件夹，但是文件夹内是可以存放其他文件或文件夹的。使用挂载的方式，将磁盘分区文件和一个文件夹关联，通过该文件夹在磁盘上存储文件，这个文件夹被称为挂载点。打个比方：磁盘分区是一间屋子，而与之关联的文件夹是这个屋子的门，如果需要存取屋内的物品，则通过这个门来实现。

命令名称： mount。
使用权限： 所有使用者。
使用方式： mount　[参数]　[设备名称]　[挂载点]。
说　　　明： mount 后面的设备可以是磁盘、光盘、U 盘等设备。
参　　　数： 如表 7.3 所示。

表 7.3　mount 命令参数说明

参　　数	值		作　　用
-o	defaults（包含 7 部分内容）	rw	支持读写功能
		suid	使文件系统具有 suid 和 gid

续表

参　数	值		作　用
-o	defaults（包含 7 部分内容）	dev	在文件系统上解释字符或设备文件
		exec	允许执行二进制文件
		auto	允许开机自动挂载
		nouser	禁止普通用户挂载
		async	使用异步文件系统
-o	ro		以只读方式挂载
	user		普通用户可以挂载
	noexec		不可以给文件添加执行权限
	sync		直接同步至设备
	remount		重新挂载文件系统
	usrquota		支持用户磁盘限额功能
	grpquota		支持组的磁盘限额功能
	loop		挂载伪文件系统
-t	ext4、xfs、iso9660 等		指定挂载的文件系统类型
-a	不需要跟参数		根据/etc/fstab 文件重新挂载

　　需要注意的是，挂载点必须是一个已经存在的目录，这个目录可以不为空，但挂载后这个目录下以前的内容将不可用，使用 umount 卸载以后会恢复正常。若有多个参数，使用半角逗号隔开。

　　【实例】 在**/mnt** 目录下新建目录 **test**，将**/dec/sdb3** 挂载到该目录下，并查看挂载情况。

```
[root@linuxserver ~]# mkdir /mnt/test
[root@linuxserver ~]# mount /dev/sdb3 /mnt/test
[root@linuxserver ~]# df -h  | grep sdb3
/dev/sdb3           2.0G   33M  2.0G   2% /mnt/test
```

　　说明：可以看到，/dev/sdb3 已经挂载到/mnt/test 目录下了。如果想查看系统所有磁盘分区的挂载情况，可以使用 df-h 命令。

　　【实例】 挂载镜像文件。

```
[root@linuxserver ~]# mount -o loop CentOS-7-x86_64-DVD-1511.iso /mnt/iso/
mount: /dev/loop0 is write-protected, mounting read-only
[root@linuxserver ~]# df -h | grep loop
/dev/loop0          1.8G   1.8G      0 100% /mnt/iso
```

　　说明：-o loop 参数用于挂载 ISO 光盘镜像文件。

　　磁盘挂载后，会一直占用着挂载点的文件夹。如果不使用该磁盘分区了，可以使用umount 命令卸载，用法为"umount 磁盘分区"。

　　需要注意的是，使用 mount 命令实现的磁盘挂载是一次性的，也就是说每当我们重新启动系统时，/dev/sdb3 又处于未挂载的状态，需要重新执行 mount 挂载命令。如果想要/dev/sdb3 磁盘能够在每次开机时自动挂载，需要编辑/etc/fstab 文件，/etc/fstab 文件下保存着开机自动挂载的设备。

步骤 1：编辑/etc/fstab 文件，在文件末尾追加一行挂载信息。

```
[root@linuxserver ~]# cat /etc/fstab
#
# /etc/fstab
# Created by anaconda on Mon Apr 29 06:03:46 2019
#
# Accessible filesystems, by reference, are maintained under '/dev/disk'
# See man pages fstab(5), findfs(8), mount(8) and/or blkid(8) for more info
#
/dev/mapper/cl-root      /                        xfs        defaults        0 0
UUID=0d8f12e4-e4da-4a9f-a704-a1243596f78b /boot      xfs      defaults      0 0
/dev/mapper/cl-swap      swap                     swap       defaults        0 0
/dev/sdb3    /mnt/test xfs    defaults    0 0
/root/ CentOS-7-x86_64-DVD-1511.iso /mnt/iso    iso9660 defaults,loop   0 0
```

步骤 2：使用 mount -a 命令按照/etc/fstab 文件重新挂载。

```
[root@linuxserver ~]# mount -a
mount: /dev/loop0 is write-protected, mounting read-only
```

步骤 3：使用 df 命令查看挂载结果。

```
[root@linuxserver ~]# df
Filesystem            1K-blocks      Used Available Use% Mounted on
/dev/mapper/cl-root 36805060 5694744   31110316  16% /
devtmpfs     1916924   0       1916924    0%  /dev
tmpfs        1932760   88      1932672    1%  /dev/shm
tmpfs        1932760   9208    1923552    1%  /run
tmpfs        1932760   0       1932760    0%  /sys/fs/cgroup
/dev/sda1    1038336   176544  861792    18%  /boot
tmpfs        386556    20      386536     1%  /run/user/0
/dev/sr0     8086368   8086368 0         100% /run/media/root/CentOS 7 x86_64
/dev/sdb3    2054144   32944   2021200    2%  /mnt/test
/dev/loop0   1876800   1876800 0         100% /mnt/iso
```

说明：编辑/etc/fstab 文件前，应先卸载手动挂载的磁盘及镜像。由于/etc/fstab 文件非常重要，因此在编辑之前，将其备份为/etc/fstab.bak 文件。编辑完成后，下一次重启计算机后磁盘/dev/sdb3 和镜像就会自动挂载。如果不想等到下次重启，可以使用 mount -a 命令，使新增加的内容立即挂载。在上面的步骤中，使用 df 命令可以看到磁盘/dev/sdb3 和镜像已经重新挂载上了。

/etc/fstab 文件每行代表一个文件系统，共分为 6 列，其意义如下：

第 1 列：磁盘的分区名称或 UUID，也可以用卷标（label）表示。

第 2 列：挂载点，也就是磁盘关联的目录。

第 3 列：文件系统类型，取决于该磁盘在格式化时使用的文件系统。

第 4 列：文件系统参数，在挂载时，可以选择性地加入一些参数，如 rw/ro、async/sync 等，一般情况下使用 defaults 即可，它包含了 rw、async 等参数。

第 5 列：能否被 dump 备份命令作用，0 代表不做备份，1 代表每天进行 dump 备份操作，2 代表不定期进行 dump 备份操作；

第 6 列：是否以 fsck 检验扇区。开机时，系统会使用 fsck 命令检验文件系统是否完整，有些特殊的文件系统，如 swap 和/proc 是不需要检验的。0 代表不检验，1 代表检验，2 也代表检验，不过要在 1 检验之后。

/etc/fstab 文件是 Linux 系统非常重要的文件，建议在编辑之前先对该文件进行备份，同时编辑的过程也要十分谨慎，因为开机后系统要执行这个文件。第 1 行为需要挂载的根分区（/），第 2 行为 boot 分区（/boot），如果这两行错误，系统将无法正常启动。

7.3.6 交换分区的制作与使用

制作交换分区

在安装 Linux 系统时，磁盘至少需要有 3 个分区：根分区（/）、boot 分区（/boot）及交换分区（swap）。交换分区类似于 Windows 系统中的虚拟内存，在物理内存不够用的情况下，可以使用一部分的磁盘空间来模拟内存，将内存中暂时不用的数据挪到 swap 分区中。建议 swap 分区大小设置为物理内存的两倍。制作 swap 分区有两种方式：使用磁盘分区和使用文件。下面我们分别来看这两种方式是如何实现的。

1．使用磁盘分区制作交换分区

构建 swap 分区可以分为以下 3 个步骤。

（1）分区，先建立一个磁盘分区，然后修改分区类型为交换分区。

（2）格式化，将相应的分区格式化成 swap 类型。

（3）激活，启用设置的交换分区。

```
[root@linuxserver ~]# fdisk /dev/sdb
Welcome to fdisk (util-linux 2.23.2).
```

步骤 1：将/dev/sdb5 修改为交换分区类型。

```
Changes will remain in memory only, until you decide to write them.
Be careful before using the write command.
Command (m for help): t
Partition number (1-5, default 5): 5
Hex code (type L to list all codes): 82
Changed type of partition 'Linux' to 'Linux swap / Solaris'
Command (m for help): p
Disk /dev/sdb: 21.5 GB, 21474836480 bytes, 41943040 sectors
Units = sectors of 1 * 512 = 512 bytes
Sector size (logical/physical): 512 bytes / 512 bytes
I/O size (minimum/optimal): 512 bytes / 512 bytes
Disk label type: dos
Disk identifier: 0x000428b6
```

Device Boot	Start	End	Blocks	Id	System
/dev/sdb1	2048	4196351	2097152	83	Linux
/dev/sdb2	4196352	25167871	10485760	5	Extended
/dev/sdb3	25167872	29296639	2064384	83	Linux
/dev/sdb4	29296640	35155967	2929664	83	Linux
/dev/sdb5	4198400	10489855	3145728	82	Linux swap / Solaris

说明：上面步骤中粗体显示部分，就是需要设置的内容，其中 82 代表 Linux swap 类

型分区。通过输入命令 t，系统会询问需要改变的分区类型的十六进制代码，这时可以输入 l 来查看 Linux 下目前支持的所有分区类型所对应的代码。

```
Command (m for help): l
0   Empty            24  NEC DOS          81  Minix / old Lin bf  Solaris
1   FAT12            27  Hidden NTFS Win  82  Linux swap / So c1  DRDOS/sec (FAT-
2   XENIX root       39  Plan 9           83  Linux            c4  DRDOS/sec (FAT-
3   XENIX usr        3c  PartitionMagic   84  OS/2 hidden C:   c6  DRDOS/sec (FAT-
4   FAT16 <32M       40  Venix 80286      85  Linux extended   c7  Syrinx
5   Extended         41  PPC PReP Boot    86  NTFS volume set  da  Non-FS data
6   FAT16            42  SFS              87  NTFS volume set  db  CP/M / CTOS / .
7   HPFS/NTFS/exFAT  4d  QNX4.x           88  Linux plaintext  de  Dell Utility
8   AIX              4e  QNX4.x 2nd part  8e  Linux LVM        df  BootIt
9   AIX bootable     4f  QNX4.x 3rd part  93  Amoeba           e1  DOS access
a   OS/2 Boot Manag  50  OnTrack DM       94  Amoeba BBT       e3  DOS R/O
b   W95 FAT32        51  OnTrack DM6 Aux  9f  BSD/OS           e4  SpeedStor
c   W95 FAT32 (LBA)  52  CP/M             a0  IBM Thinkpad hi  eb  BeOS fs
e   W95 FAT16 (LBA)  53  OnTrack DM6 Aux  a5  FreeBSD          ee  GPT
f   W95 Ext'd (LBA)  54  OnTrackDM6       a6  OpenBSD          ef  EFI (FAT-12/16/
10  OPUS             55  EZ-Drive         a7  NeXTSTEP         f0  Linux/PA-RISC b
11  Hidden FAT12     56  Golden Bow       a8  Darwin UFS       f1  SpeedStor
12  Compaq diagnost  5c  Priam Edisk      a9  NetBSD           f4  SpeedStor
14  Hidden FAT16 <3  61  SpeedStor        ab  Darwin boot      f2  DOS secondary
16  Hidden FAT16     63  GNU HURD or Sys  af  HFS / HFS+       fb  VMware VMFS
17  Hidden HPFS/NTF  64  Novell Netware   b7  BSDI fs          fc  VMware VMKCORE
18  AST SmartSleep   65  Novell Netware   b8  BSDI swap        fd  Linux raid auto
1b  Hidden W95 FAT3  70  DiskSecure Mult  bb  Boot Wizard hid  fe  LANstep
1c  Hidden W95 FAT3  75  PC/IX            be  Solaris boot     ff  BBT
1e  Hidden W95 FAT1  80  Old Minix
```

步骤 2：将分区格式化为 swap 类型。

```
[root@linuxserver ~]# mkswap /dev/sdb5
Setting up swapspace version 1, size = 3145724 KiB
no label, UUID=387621a0-161c-4c05-8415-700577003473
```

说明： 格式化之后，可以看到，系统已经为该分区分配了一个 UUID。但是此时该交换分区并没有起作用，只有执行了激活操作后，swap 分区才能够正常使用。

步骤 3：查看并激活交换分区。

```
[root@linuxserver ~]# free
          total       used       free     shared  buff/cache   available
Mem:    3865524     590140     778256      10668     2497128     2942808
Swap:   4063228          0    4063228
[root@linuxserver ~]# swapon /dev/sdb5
[root@linuxserver ~]# free
          total       used       free     shared  buff/cache   available
Mem:    3865524     592492     775880      10668     2497152     2940456
Swap:   7208952          0    7208952
```

说明： 使用 free 命令查看交换分区使用情况后，再使用 swapon 命令激活交换分区，再次使用 free 命令，发现前后 swap 分区的总量是不同的。

2．使用文件制作交换分区

除了可以使用磁盘分区制作交换分区，还可以使用文件来制作。考虑到 Linux 中磁盘以文件的方式体现，以文件制作交换分区当然是顺理成章的事情。

使用文件制作交换分区的步骤如下。

步骤 1：创建一个大小为 1GB 的文件用作交换分区。

```
[root@linuxserver ~]# dd if=/dev/zero   of=/root/swapfile   bs=1M count=1024
1024+0 records in
1024+0 records out
1073741824 bytes (1.1 GB) copied, 9.62389 s, 112 MB/s
```

步骤 2：格式化该文件为交换分区类型。

```
[root@linuxserver ~]# mkswap /root/swapfile
Setting up swapspace version 1, size = 1048572 KiB
no label, UUID=b1b849f9-d320-46a6-ba0a-cc3ffbf40cc7
[root@linuxserver ~]# free
total          used          free          shared   buff/cache   available
Mem:  3865524       592576        133564        10668      3139384     2927684
Swap: 7208952            0       7208952
```

步骤 3：修改文件权限，并激活为交换分区。

```
[root@linuxserver ~]# chmod 0600 /root/swapfile
[root@linuxserver ~]# swapon /root/swapfile
[root@linuxserver ~]# free
total          used          free          shared   buff/cache   available
Mem:  3865524       593472        132428        10668      3139624     2926788
Swap: 8257524            0       8257524
```

说明：实例中使用 dd 命令建立了一个 1GB 大小的文件/root/swapfile，并根据系统建议将该文件的权限改为 0600。将该文件视为磁盘文件，使用 mkswap 命令将其格式化，之后使用 swapon 命令激活该交换分区。从前后 free 命令的对比来看，以该文件制作的交换分区已经生效。

7.4 小结

本章主要讲述了磁盘的基本概念，以及如何在 Linux 系统中管理磁盘。介绍了磁盘的物理构成，磁道、扇区、柱面等概念。根据磁盘接口类型、在主板上连接的接口的不同，磁盘具有不同的命名规则。磁盘可以分为主分区、扩展分区、逻辑分区，磁盘分区后需要进行格式化，常用的文件系统类型有 Ext4 和 XFS 等，磁盘格式化后需要挂载才可以使用。手动挂载可以使用 mount 命令，如果需要实现自动挂载，则要编辑/etc/fstatb 文件。交换分区是 Linux 系统中必不可少的一个分区，交换分区可以是一个真实的磁盘分区，也可以是系统中的一个普通文件。可以使用 mkswap 命令将分区或者文件制作为交换分区，使用 swapon 命令激活分区，并使用 free 命令查看内存和交换分区。

实训 7　磁盘管理

一、实训目的

☑ 了解不同磁盘的命名方式；
☑ 掌握磁盘分区、格式化和挂载的操作方法；
☑ 掌握制作交换分区的方法。

二、项目背景

　　某公司采购了一台服务器并安装了 Linux 系统，服务器除了有一块主硬盘，还有两块外接硬盘，管理员需要将两块外接硬盘进行分区、格式化，并挂载使用，该公司管理员请正在学 Linux 的小 A 帮忙完成上述操作，请协助小 A 完成以下实训内容。

三、实训内容

　　（1）为虚拟机添加两块 20GB 的磁盘；
　　（2）使用 fdisk 命令将第一块从属盘进行分区；
　　（3）使用 parted 命令将第二块从属盘进行分区，采用 GPT 类型；
　　（4）分别使用磁盘分区和文件的方式制作交换分区。

四、实训步骤

任务 1：使用 fdisk 命令将第 1 块从属盘进行分区。
　　（1）查看第 1 块从属盘的名称；
　　（2）将该磁盘分为 3 个主分区、1 个扩展分区、2 个逻辑分区，分区大小自定义；
　　（3）查看分区表。
任务 2：使用 parted 命令将第 2 块从属盘进行分区。
　　（1）查看第 2 块从属盘的名称；
　　（2）设置为 GPT 分区类型；
　　（3）制作 4 个分区并查看分区表，分区大小自定义。
任务 3：格式化和挂载。
　　（1）使用 Ext4 文件系统格式化一块磁盘；
　　（2）使用 XFS 文件系统格式化一块磁盘；
　　（3）将这两个分区都设置为开机自动挂载。
任务 4：制作交换分区。
　　（1）选择一个未使用的磁盘分区制作为交换分区；
　　（2）创建一个大小为 2GB 的文件，并将其制作为交换分区。

第8章

高级磁盘管理

有时基本的磁盘管理无法满足生产环境的需求，比如，多个用户使用同一磁盘空间，资源无法妥善分配；磁盘的吞吐量不够；磁盘损坏后数据丢失；磁盘分区不合理导致有些分区空间不足；磁盘分区存在闲置，利用率不高，需要对磁盘分区进行动态调整；磁盘数据非常重要，需要对磁盘或者数据进行加密处理等。因此，本章将详细讲解磁盘配额（Quota）、磁盘冗余阵列（RAID）、逻辑卷管理（LVM）和磁盘加密的知识。

8.1 磁盘配额

磁盘配额

Linux 允许多个用户同时使用系统且彼此互不影响，由于每个用户默认的主目录都放在 /home 下面，这样就会出现多个用户使用同一个磁盘空间的情况。如果有些用户占用了大量磁盘空间，就有可能造成其他用户空间不足的情况，因此管理员可以通过磁盘配额技术来限制某个用户可使用的磁盘空间或者可拥有的文件数量，从而实现合理分配磁盘资源的目标。

磁盘配额技术被应用在许多服务器上，例如，在邮件服务器中，用来限制用户邮箱使用的空间大小；对于 Web 服务器，配额可以限制个人网站使用的空间大小；对于文件共享服务器，配额可以限制用户使用的网络硬盘的空间大小等。

在 Linux 系统中，Ext3 和 Ext4 格式的文件系统磁盘配额功能由 quota 软件包提供，而 XFS 文件系统由 xfsprogs 软件包提供，软件包的安装在 Linux 软件包管理章节中将会详细介绍。

下面分别以第 7 章创建的磁盘分区/dev/sdb1（Ext4）和/dev/sdb3（XFS）为例，演示磁盘配额的操作方法。

【实例】 挂载磁盘，开启磁盘配额。

```
[root@linuxserver ~]# mkdir /mnt/extquota
[root@linuxserver ~]# mount -o usrquota,grpquota,acl  /dev/sdb1  /mnt/extquota/
[root@linuxserver ~]# mkdir /mnt/xfsquota
[root@linuxserver ~]# mount -t xfs -o uquota,gquota    /dev/sdb3  /mnt/xfsquota/
[root@linuxserver ~]# df -h | tail -n 2
/dev/sdb3          2.0G    33M   2.0G    2%  /mnt/xfsquota
/dev/sdb1          2.0G    6.0M  1.8G    1%  /mnt/extquota
```

说明：usrquota 和 grpquota 是 Ext4 文件系统挂载时的参数，代表的意义为开启磁盘的用户配额和组配额功能；而 uquota 和 gquota 参数则用于开启 XFS 文件系统的用户配额和组配额功能。两组设置中的 acl 参数是开启磁盘的用户访问控制列表功能,用于设置特定用户对磁盘的访问权限。

通过上述命令挂载磁盘是临时的,系统重启后将失效,如果希望挂载一直有效,建议读者通过配置/etc/fstab 文件的方式来实现磁盘挂载和配额支持。

【实例】 通过修改/etc/fstab 文件,开启磁盘配额。

```
[root@linuxserver ~]# blkid | grep sdb
/dev/sdb1: UUID="d24bdafa-dbde-47fd-936d-4e1ab4acc477" TYPE="ext4"
/dev/sdb3: UUID="f624d858-bb83-4760-aa5d-aae411dc07fc" TYPE="xfs"
[root@linuxserver ~]# vi /etc/fstab
[root@linuxserver ~]# cat /etc/fstab | tail -n 2
UUID=d24bdafa-dbde-47fd-936d-4e1ab4acc477 /mnt/extquota ext4
defaults,usrquota,grpquota,acl    0 0
UUID=f624d858-bb83-4760-aa5d-aae411dc07fc    /mnt/xfsquota    xfs
defaults,uquota,gqouta,acl        0 0
```

推荐读者使用 UUID 来挂载磁盘,因为磁盘的名称并非一成不变,但是只要不格式化磁盘或使用与格式化相似作用的命令(如后面将会使用的 pvcreate 和 cryptsetup luksformat 等会损坏磁盘数据的命令,会改变磁盘的 UUID),其 UUID 是不会变化的。

编辑完成之后执行,对于 Ext4 文件系统的/dev/sdb1 来说,使用 quotacheck 命令生成配额数据库文件,具体做法如下:

```
[root@linuxserver ~]# quotacheck -cug /dev/sdb1
[root@linuxserver ~]# ls /mnt/extquota/
aquota.group  aquota.user  lost+found
```

说明:aquota.group 是组配额数据库文件,aquota.user 是用户配额数据库文件。

quotacheck 命令可以有多个参数:

-a:扫描/etc/fstab 中所有支持 quota 的文件系统,如果有这个参数,则 quotacheck 后面的参数/dev/sdb1 可以不用写;

-c:如果之前该文件系统中有配额数据库文件,则忽略它并且创建新的磁盘配额数据库文件覆盖之前的,一般第一次做磁盘配额的时候可以加这个参数;

-u:生成针对用户的磁盘配额数据库,会产生 aquota.user 文件;

-g:生成针对组的磁盘配额数据库,会产生 aquota.group 文件。

执行完后,当查看挂载点/mnt/quota 时,可以看到数据库文件已经生成了。

与 Ext4 文件系统不同的是,XFS 文件系统会在第一次挂载时开启配额功能,因此可以直接使用 xfs_quota 命令来查看/dev/sdb3 是否已经支持磁盘配额功能。

```
[root@linuxserver ~]# xfs_quota -x -c "print"
Filesystem          Pathname
/                        /dev/mapper/cl-root
/boot                    /dev/sda1
/mnt/xfsquota            /dev/sdb3 (uquota, gquota)
```

说明:从上面的命令结果来看,/dev/sdb3 的磁盘配额功能已经开启了。

接下来,就可以针对特定用户设置磁盘配额了,edquota username 命令的意思是针对 username 这个用户做磁盘配额,具体做法如下:

```
[root@linuxserver ~]# useradd userext
[root@linuxserver ~]# setfacl -m u:userext:rwx /mnt/extquota/
[root@linuxserver ~]# edquota userext
```
（1）Disk quotas for user userext (uid 1003):

(2) Filesystem	blocks	soft	hard	inodes	soft	hard
/dev/sdb3	0	0	0	0	0	0
(3) /dev/sdb1	0	102400	204800	0	5	10

说明：

（1）当前在为 userext（uid 1003）用户设置磁盘配额。

（2）Filesystem：表示设置配额的磁盘。

（3）blocks：表示 userext 用户在该磁盘上拥有的文件总大小，其后的 soft 和 hard 则是可以在磁盘上使用空间的配额限制，单位为 1kb。

（4）inodes：表示 userext 用户在该磁盘上拥有的文件个数，其后的 soft 和 hard 则是可以在磁盘上建立文件个数的配额限制。

（5）soft：表示软配额，软配额是一个非强制性限制，当用户在磁盘上的软配额用完了，但是还未达到硬配额的标准时，用户还可以在该磁盘上建立文件或使用磁盘空间，不过此时系统开始为用户倒计时 7 天，如果用户在这 7 天里没有将超出软配额的多余文件或者磁盘空间删除，那么软配额自动转为硬配额，这时用户将无法再在该磁盘上新建文件。

（6）hard：表示硬配额，硬配额是个硬性标准，设置完硬配额后，用户在该磁盘上能够使用的空间或者建立的文件数量将被严格限制在硬配额里。

上述示例中限制用户 userext 在/dev/sdb1 上可以使用的空间大小软配额为 100MB，硬配额为 200MB；而用户可以创建的文件个数软配额为 5 个，硬配额为 10 个。可以使用 Vim 编辑器编辑该文件，从而改变其中的各项参数。

对于 XFS 文件系统来说，还可以使用命令的方式直接设置配额，下面的命令示例中设置 userxfs 在磁盘/dev/sdb3 中可以使用的磁盘空间大小软配额为 200MB，硬配额为 300MB；可以创建的文件个数软配额为 5 个，硬配额为 10 个。

```
[root@linuxserver ~]# useradd userxfs
[root@linuxserver ~]# setfacl -m u:userxfs:rwx /mnt/xfsquota/
[root@linuxserver ~]# xfs_quota -x -c 'limit -u bsoft=200M bhard=300M isoft=5 ihard=10
userxfs' /mnt/xfsquota/
```

说明：对于 Ext4 文件系统，设置完配额之后需要使用命令 quotaon 将配额激活；对于 XFS 文件系统，设置完成后配额就已经生效。

```
[root@linuxserver ~]# quotaon -a
[root@linuxserver ~]# xfs_quota -c  'quota -v userxfs' /mnt/xfsquota/
Disk quotas for User userxfs (1004)
```

Filesystem	Blocks	Quota	Limit	Warn/Time	Mounted on
/dev/sdb3	0	204800	307200	00 [-------]	/mnt/xfsquota

【实例】 分别测试两个用户的磁盘配额。

```
[userext@linuxserver ~]$ dd if=/dev/zero of=/mnt/extquota/1    bs=1M count=150
sdb1: warning, user block quota exceeded.
150+0 records in
150+0 records out
```

```
157286400 bytes (157 MB) copied, 0.368528 s, 427 MB/s
[userext@linuxserver ~]$ dd if=/dev/zero of=/mnt/extquota/2    bs=1M count=150
sdb1: write failed, user block limit reached.
dd: error writing  '/mnt/extquota/2': Disk quota exceeded
51+0 records in
50+0 records out
52428800 bytes (52 MB) copied, 0.0248376 s, 2.1 GB/s
```

说明：通过本例可以看出，当创建文件大小超过软配额时，Ext4 文件系统会发出警告，当达到硬配额时，将会禁止超出部分存入磁盘。

```
[userxfs@linuxserver ~]$ dd if=/dev/zero of=/mnt/xfsquota/1    bs=1M count=250
250+0 records in
250+0 records out
262144000 bytes (262 MB) copied, 0.778849 s, 337 MB/s
[userxfs@linuxserver ~]$ dd if=/dev/zero of=/mnt/xfsquota/2    bs=1M count=250
dd: error writing  '/mnt/xfsquota/2': Disk quota exceeded
51+0 records in
50+0 records out
52428800 bytes (52 MB) copied, 0.0265625 s, 2.0 GB/s
```

说明：与 Ext4 不同的是，在超出软配额时，XFS 文件系统并未发出警告，但是当超过硬配额时，依然不允许存入超出部分。

查看用户磁盘配额信息的做法如下：

```
[root@linuxserver ~]# quota -v userext
Disk quotas for user userext (uid 1003):
Filesystem blocks    quota    limit    grace    files    quota    limit    grace
/dev/sdb3      0       0        0                  0        0        0
/dev/sdb1   204800* 102400   204800   6days         2        0        0
[root@linuxserver ~]# xfs_quota -x -c 'report -u' /mnt/xfsquota/
User quota on /mnt/xfsquota (/dev/sdb3)
                              Blocks
User ID          Used        Soft        Hard     Warn/Grace
--------   ------------------------------------------------
root                0           0           0      00 [--------]
userxfs        307200      204800      307200      00 [6 days]
```

说明：quota 命令用于查看 Ext4 文件系统配额信息，xfs_quota 命令用于查看 XFS 文件系统的配额信息。

8.2 磁盘加密

磁盘加密

在如今的生产和生活中，数据越来越庞大，大量信息的数字化及海量的数据使得数据安全性越来越重要。有非常多的涉及个人隐私及商业安全的数据存储在计算机的磁盘或移动存储上。一旦计算机或移动存储等存储介质失效，就有可能产生非常严重的后果。因此，对存储介质上的数据进行加密是非常有必要的。本节使用 LUKS 实现存储介质的加密，以保证数据的机密性。

LUKS（Linux Unified Key Setup）是 Linux 磁盘加密的一种标准。它使用 DMCrypt 的内核模块提供磁盘加密功能，支持 plain dm-crypt 卷和 LUKS 卷等格式。通过一种标准的磁盘格式，LUKS 不仅支持各个 Linux 发行版之间的兼容，同时提供多用户密码的安全管理。LUKS 将所有必要的信息存储在分区头中，从而实现数据的无缝传输和迁移。

【实例】 通过/dev/sdb4 演示如何进行磁盘加密。

步骤 1：将磁盘格式化为 LUKS 类型。

```
[root@linuxserver ~]# yum install cryptsetup -y
[root@linuxserver ~]# cryptsetup luksFormat    /dev/sdb4
WARNING!
========
This will overwrite data on /dev/sdb4 irrevocably.
Are you sure? (Type uppercase yes): YES
Enter passphrase:
Verify passphrase:
[root@linuxserver ~]# blkid | grep sdb4
/dev/sdb4: UUID="2381b862-4cb4-454f-99f9-5f2fbb3d24d9" TYPE="crypto_LUKS"
```

说明：

（1）cryptsetup 命令需要安装 cryptsetup 软件包；

（2）因为本步骤将磁盘设置为 LUKS 类型，将会毁坏磁盘原有数据，因此系统提示需要输入大写的 YES 来确认操作；

（3）密码长度不能少于 8 位且需满足复杂性要求，否则会出现如下错误：

```
Password quality check failed:
The password is shorter than 8 characters
The password fails the dictionary check - it is too simplistic/systematic
```

（4）使用 blkid 命令可以看到磁盘/dev/sdb4 的类型为"crypto_LUKS"。

步骤 2：加密分区映射。

```
[root@linuxserver ~]# cryptsetup luksOpen    /dev/sdb4    encdisk
Enter passphrase for /dev/sdb4:
[root@linuxserver ~]# ll /dev/mapper/
total 0
lrwxrwxrwx. 1 root root          7 May 20 06:16 cl-root -> ../dm-0
lrwxrwxrwx. 1 root root          7 May 20 06:16 cl-swap -> ../dm-1
crw-------. 1 root root 10, 236 May 20 06:16 control
lrwxrwxrwx. 1 root root          7 May 20 06:39 encdisk -> ../dm-2
```

说明：

（1）luksOpen 命令为/dev/sdb4 生成一个临时的磁盘，名称为 encdisk。由于磁盘是加密的，因此当系统重新启动，或者磁盘换至另一台 PC 时，都需要执行此命令，每次映射的磁盘名称可以不相同。

（2）映射成功后，在系统的/dev/mapper 下可以看到，encdisk 是一个指向 dm-2 设备的软链接。dm 是 Device Mapper 的缩写，是 Linux 2.6 内核中提供的一种从逻辑设备到物理设备的映射机制。在该机制下，用户可以很方便地根据自己的需要制定实现存储资源的管理策略。

步骤 3：加密分区的格式化和挂载。

```
[root@linuxserver ~]# mkfs.xfs /dev/mapper/encdisk
meta-data=/dev/mapper/encdisk      isize=512      agcount=4, agsize=182976 blks
         =                         sectsz=512     attr=2, projid32bit=1
         =                         crc=1          finobt=0, sparse=0
data     =                         bsize=4096     blocks=731904, imaxpct=25
         =                         sunit=0        swidth=0 blks
naming   =version 2                bsize=4096     ascii-ci=0 ftype=1
log      =internal log             bsize=4096     blocks=2560, version=2
         =                         sectsz=512     sunit=0 blks, lazy-count=1
realtime =none                     extsz=4096     blocks=0, rtextents=0
[root@linuxserver ~]# blkid | grep encdisk
/dev/mapper/encdisk: UUID="d5a3fcbc-e155-41f9-8940-2f5590db48b8" TYPE="xfs"
[root@linuxserver ~]# mkdir /mnt/secret
[root@linuxserver ~]# mount /dev/mapper/encdisk /mnt/secret/
```

说明：

（1）格式化加密磁盘时，需要使用磁盘的映射名称/dev/mapper/encdisk，不能直接引用磁盘/dev/sdb4，否则会破坏磁盘，使得加密文件系统 LUKS 损坏。对磁盘的格式化操作只需要在第一次使用时实施一次即可。

（2）格式化的磁盘映射会生成其 UUID，供挂载使用。可以将 UUID 写入/etc/fstab 文件实现自动挂载。当然，由于重启后磁盘映射的名称失效，因此系统会在启动时出现报错信息。

磁盘加密 开机自启

步骤 4：实现开机自动映射。

```
[root@linuxserver ~]# vi /etc/crypttab
[root@linuxserver ~]# cat /etc/crypttab
encdisk      /dev/sdb4
[root@linuxserver ~]# systemctl reboot
```

说明：

（1）按照上面的内容编辑完/etc/crypttab 文件后，重启系统，提示如图 8.1 所示。

Please enter passphrase for disk VMware_Virtual_S (encdisk)!:

图 8.1　提示输入加密密码

（2）在提示后面输入设置的磁盘加密密码，系统会正常启动，同时登录系统后，可以在/dev/mapper 下看到 encdisk 已经自动生成。相当于系统自动执行了步骤 2 里面的 luksOpen 操作。

步骤 5：如若希望开机自动输入磁盘加密的密码，可以按照下面的操作实施。

```
[root@linuxserver ~]# vi /etc/crypttab
[root@linuxserver ~]# cat /etc/crypttab
```

```
encdisk      /dev/sdb4   /root/diskpass
[root@linuxserver ~]# touch /root/diskpass
[root@linuxserver ~]# chmod 600 /root/diskpass
[root@linuxserver ~]# cryptsetup luksAddKey   /dev/sdb4   /root/diskpass
Enter any existing passphrase:
[root@linuxserver ~]# cat /etc/fstab | grep secret
UUID=d5a3fcbc-e155-41f9-8940-2f5590db48b8   /mnt/secret   xfs       defaults 0 0
[root@linuxserver ~]# systemctl reboot
[root@linuxserver ~]# df | grep encdisk
/dev/mapper/encdisk   2917376   32944   2884432   2% /mnt/secret
```

说明：

（1）在/etc/crypttab 的第 3 列添加一个 key 文件，使用 luksAddKey 命令将 key 文件与磁盘/dev/sdb4 关联，并正确输入磁盘加密密码后重启，系统启动将不会被输入密码的提示打断。

（2）编辑/etc/fstab 文件可以实现加密磁盘的自动挂载。

（3）加密磁盘是为了保证用户的磁盘数据隐私和数据安全，不推荐在公共计算机上做加密磁盘开机自动映射及自动挂载。

8.3   软件 RAID

磁盘阵列 RAID

8.3.1   RAID 基础

RAID（Redundant Array of Indenpent Disk，独立磁盘冗余阵列）把多个磁盘组成一个阵列，当作单一磁盘使用，它将数据以分段的方式储存在不同的磁盘中，存取数据时阵列中的相关磁盘一起工作，大幅度地减少数据的存取时间，提高了 I/O 速度，同时有更佳的空间利用率。磁盘阵列利用的不同技术，称为 RAID 级别，不同的级别针对不同的系统及应用，RAID 共分为 7 个级别。简单来说，RAID 把多个磁盘组合成为一个逻辑扇区，因此，操作系统只会把它当作一个磁盘。

RAID 是通过把多个磁盘以某种方式组合在一起，来提高吞吐率或可靠性的技术。多个磁盘的组合经常被称作 RAID 阵列。执行 RAID 有两种主要策略：硬件 RAID 和软件 RAID。

一般高性能的磁盘阵列都是以硬件的形式来达成的，进一步地把磁盘存取控制及磁盘阵列结合在一个控制器（RAID Controler）或控制卡上，解决人们对磁盘输入输出系统的四大要求：

☑ 提高存取速度；

☑ 容错（Fault Tolerance），即安全性；

☑ 有效的磁盘利用率；

☑ 尽量地平衡 CPU、内存及磁盘的性能差异，提高主机的整体工作性能。

使用硬件 RAID，机器上必须有一个专门的 RAID 控制器（正如机器上可能有一个专门的 IDE 控制器或专门的 SCSI 控制器一样）。只要 Linux 内核支持这个控制器，就可以通过一个自定义的设备节点访问 RAID 阵列，正如通过设备节点/dev/hda 和/dev/sda 访问 IDE 和

SCSI 控制器一样。

软件 RAID 是指，Linux 内核用软件把"它们"（即 IDE 和 SCSI 磁盘驱动器）组合在一起，并在软件上执行这些组合。一旦磁盘分区专用于软件 RAID 阵列，就不能通过传统的设备节点（如/dev/hda3 或/dev/sdc2）访问该分区了。相反，软件 RAID 阵列的组成分区被合并为一个单一的"元磁盘"，可以通过特殊的设备节点（如/dev/md0 或/dev/md7）来访问它。

软件 RAID 与硬件 RAID 相比，哪个更好？可以这样说：软件 RAID 的性能相比硬件 RAID 大概低 25%左右，但是由于省去了硬件阵列卡的投入，软件 RAID 的性价比非常高。当然具体使用哪种 RAID 需要根据不同的环境来选择。因为硬件 RAID 虽然性能高，但是配置很简单，本教材主要讲解软件 RAID。

8.3.2　RAID 级别

RAID 级别即 RAID 的组织形式，如 RAID 0、RAID 1 等，用 0～6 表示，共 7 个级别，当然也可以使用 0+1 或者 1+0 的形式。RAID 中最常用的是 RAID 0、RAID 1 和 RAID 5。下面详细介绍 RAID 级别。

1．RAID 0：条带（Striping）

在条带中，写入 RAID 阵列的数据被分成了"组块（Chunk）"，各种组块在构成阵列的驱动器中均匀分布，如图 8.2 所示。

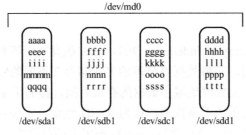

图 8.2　RAID 0

这样做的目的是以可靠性为代价来获取速度。通过在多个磁盘和控制器上向阵列分布读写任务来获取速度，这样可以平行地写入数据。然而，这个阵列较易出错，因为假如任何单个驱动器出错的话，其余驱动器上的数据可能无法修复。

RAID 0 至少需要两个磁盘，做 RAID 分区的大小最好是相同的，这样可以充分发挥并发优势；而数据分散存储于不同的磁盘上，在读写的时候可以实现并发，所以相对的其读写性能最好；但是没有容错功能，任何一个磁盘损坏将损坏全部数据。

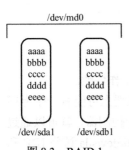

图 8.3　RAID 1

RAID 0 总结如下：

☑ 空间利用率：所有磁盘空间之和；

☑ 性能：所有磁盘速度值和；

☑ 冗余能力：无。

2．RAID 1：镜像（Mirroring）

如同"镜像"这一名称暗示的那样，在镜像中，写入一个磁盘的数据被复制到了第二个磁盘上（被称为"镜像磁盘"），如图 8.3 所示。

这个简单配置的目的是以速度为代价来获取可靠性。如果一个磁盘出错的话，该阵列可以在不丢失数据的情况下继续使用另一个磁盘。该阵列在写入时速度很慢，因为需要向两个磁盘而不是一个磁盘提交数据。但其实 RAID 1 阵列在读取时比单独的磁盘速度快，因为读取操作可以分布在多个磁盘上，每个磁盘执行一部分操作。

RAID 1 至少需要两个磁盘，RAID 大小等于两个 RAID 分区中最小的容量（最好将分区大小分为一样），可增加热备盘提供一定的备份能力；数据有冗余，在存储时同时写入两个磁盘，实现了数据备份；相对降低了写入性能，但是读取数据时可以并发，几乎类似于 RAID 0 的读取效率。

RAID 1 总结如下：

☑ 空间利用率：所有磁盘空间中最小的那个；

☑ 性能：读性能为所有磁盘速度值之和，写性能比单个磁盘弱；

☑ 冗余能力：只要有一个磁盘正常，数据就正常，也就是具有很高的冗余性。

3．RAID 4：带校验的条带

Linux 内核支持的这种配置试图集中前两个 RAID 级别的优势，通过平行写入数据获取速度，而又能有很强的可靠性。把一个额外的磁盘作为"校验盘"，可以获得这种可靠性。对于包含 5 个磁盘的 RAID 4 而言，数据在其中 4 个磁盘中被条带化了，这些磁盘和 RAID 0 条带阵列一样。然而，被称为"校验"信息的错误检测和纠正信息在第 5 个磁盘上得以计算和保存。如果任何一个数据磁盘出错的话，可以从校验信息上重新运算该磁盘的内容，如图 8.4 所示，"+"代表被运算的校验信息。

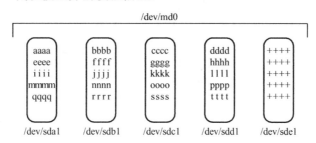

图 8.4　RAID 4

4．RAID 5：条带+分布校验（Striping with Distributed Parity）

RAID 5 在功能上与 RAID 4 完全一样，但是解决了校验盘上的瓶颈问题。RAID 5 不是专门把一个磁盘用于校验的，而是让校验信息均匀地分布在所有组成磁盘中，如图 8.5 所示。

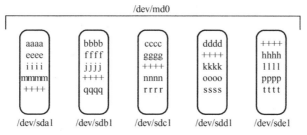

图 8.5　RAID 5

RAID 5 通过平行写入数据再次获取了速度，每个磁盘只执行一部分操作。然而，该阵列对于损坏有着较强的可靠性，因为如果任何一个磁盘出错的话，它的数据可以从分布在其他磁盘中的组合校验信息恢复。

RAID 5 需要三个或以上磁盘，可以提供热备盘实现故障的恢复；采用奇偶效验，可靠性强，且只有同时损坏两个磁盘时数据才会完全损坏，只损坏一个磁盘时，系统会根据存储的奇偶校验位重建数据，临时提供服务；此时如果有热备盘，系统还会自动在热备盘上重建故障磁盘上的数据。

简单来说，RAID 5 的存储方式就是，磁盘阵列的第一个磁盘分段是校验值，第二个磁盘至后一个磁盘再折回第一个磁盘的分段是数据，然后第二个磁盘的分段是校验值，从第三个磁盘再折回第二个磁盘的分段是数据，依次类推，直到放完数据为止。这样数据与校验值的循环分离存储就可以达到一定的故障重建功能。但是 RAID 5 的控制较为复杂，且计算大量的校验码，可能给系统造成额外计算的负担，相对软件 RAID 来说，硬件有自己的数据处理能力。

在 RAID 5 配置中，备用磁盘有助提高阵列的可用性，正常使用时，备用磁盘不被使用。然而，如果驱动器出错的话，RAID 阵列仍然可以在降级状态下操作，从校验信息中生成出错磁盘的信息，如图 8.6 所示。

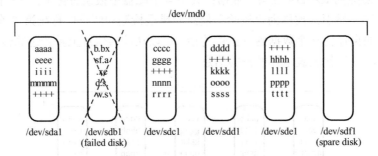

图 8.6　RAID 5 单个磁盘故障时

Linux 内核可以在备用磁盘上开始修复出错驱动器上的全部内容（再次使用校验运算）。一旦修复完成，RAID 阵列就可以恢复正常了。

需要注意的是，修复时用户仍然可以使用阵列，唯一明显的副作用就是性能变得缓慢。RAID 阵列在自我修复时仍能使用的这种能力被称为热修复，如图 8.7 所示。

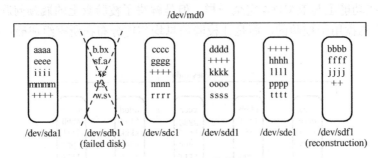

图 8.7　RAID 5 热修复

同时，在进行完热修复后，可以使用热插拔技术，将损坏的磁盘在不断电和停止服务的前提下移除，并且添加一个新的空白的磁盘作备份磁盘，如图 8.8 所示。

可以想象，当维护一个由多个廉价磁盘构成的大型、持续运行的阵列时，如果磁盘出错，阵列可以自我修复，出错的磁盘由新的备用磁盘替代，只要每次出错的磁盘只有一两个，阵列就可以无限地使用下去。

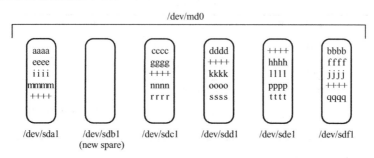

图 8.8　RAID 5 替换磁盘

RAID 5 总结如下：

☑ 空间利用率：1–1/n（n 表示所用磁盘总数）；

☑ 性能：读性能与 RAID 0 接近，写性能比 RAID 0 差；

☑ 冗余能力：允许一个磁盘损坏。

5. RAID 10

看到 RAID 10 大家千万不要问，不是前面讲过 RAID 一共有 7 种吗？怎么会有 RAID 10？其实 RAID 10 给人看到的是文字上的假象，其实是 RAID 1+0。

RAID 10 也是冗余安全阵列，是 RAID 1+0 的集成，它把至少 4 个磁盘或分区通过软件虚拟成为一个大的存储设备。容量计算方式是：n/2×单个磁盘（分区）容量，假如我们用 4 块 80GB 磁盘做成 RAID 10，容量就是 4/2×80=160GB，做 RAID 10 所需要的磁盘或分区个数是偶数。

RAID 10，有 RAID 1 的镜像特点，还有 RAID 0 的速度。可以这么理解 RAID 10，假如有 4 个磁盘做成的 RAID 10，过程是先把每 2 个磁盘做成 RAID 1，然后在 2 个 RAID 1 的基础上再做成 RAID 0。从理论上来说，RAID 10 应该继承 RAID 0 的速度和 RAID 1 的冗余安全。但在软件 RAID 0、RAID 1、RAID 5 和 RAID 10 的测试过程中发现，RAID 10 的写入速度是最慢的，测试方法是用超过 1GB 的大文件多盘复制。结果发现速度由高低的顺序是 RAID 0>不做 RAID>RAID 1>RAID 5>RAID 10。

8.3.3　RAID 软实现

CentOS 7 中的软件 RAID 通过 mdadm 工具来实现。CentOS 7 的安装程序提供了建立软件 RAID 的方式。系统安装之后可以不使用任何文件，直接使用 mdadm 工具建立软件 RAID，在命令行设置之后直接使用 RAID 设备。程序工作在内存用户程序区，为用户提供 RAID 接口来操作内核的模块，实现各种功能。mdadm 命令对于 RAID 操作就像一把瑞士军刀，因为它把许多命令的功能合为一体执行。

mdadm 命令使用格式如下：

mdadm　[mode]　[device]　[options]　[member-devices...]

除要创建的设备名称（如/dev/md0）和每个成员设备的名称（如/dev/sda1、/dev/sdb1 等）以外，用户还指定了 mdadm 进行操作的"模式"。每种模式就像一个单独的命令，有自己的一套参数。如表 8.1 所示描述了一些常用的 mdadm 模式。

表 8.1　mdadm 模式

模 式 名 称	调 用 选 项	用　　途
创建	-C 或--create	定义一个新的软件 RAID 设备
修改	无。这是默认模式	通过增加或删除驱动器改变设备
详述	-D 或--detail	输出设备信息
监控	-M 或-monitor 或--follow	定期检查设备的状态变化，例如发现成员驱动器出错，发送电子邮件通知管理员

创建软件 RAID 的具体语法：

mdadm -C /dev/md0 -a yes -l 0 -n 2 /dev/sdb1 /dev/sdb2

说明：

-C：代表创建一个新的 RAID，后面跟创建的 RAID 的名字，名字一般用 mdn 的形式，其中 n 是数字；

-a：添加列出的设备到一个工作的阵列中，当阵列处于降级状态（故障状态）时，添加一个设备，该设备将作为备用设备并且在该备用设备上开始数据重建，-a 后面的值必须为 yes，也就是自动创建设备；

-l：level 的意思，是创建的 RAID 的级别，可以是数字 0、1、4、5、6；

-n：number 的意思，后面的数字是跟的设备的数量，再后面跟的是设备的路径和名称。

【实例】　基于/dev/sdd、/dev/sde、/dev/sdf 创建 RAID 5，名称为 md0。

步骤 1：创建 RAID 5。

```
[root@linuxserver ~]# mdadm --create /dev/md0    --level=5    --raid-devices=3 -x1    /dev/sdc
/dev/sdd /dev/sde /dev/sdf
mdadm: Defaulting to version 1.2 metadata
mdadm: array /dev/md0 started.
```

说明：

（1）管理软件 RAID 的工具是 mdadm，如果没有该命令，请使用 yum 安装 mdadm 软件；

（2）--create 表示创建阵列，/dev/md0 是磁盘阵列的名称；

（3）--level=5 表示 RAID 级别为 5，即条带+分布校验的阵列；

（4）--raid-devices=3 表示组成阵列的磁盘是 3 个，-x1 表示有 1 个备用盘，备用盘可以在创建阵列之后添加或者移除；

（5）需要注意的是，命令最后的磁盘数量一定要与阵列磁盘和备用磁盘的数量之和相同。

步骤 2：查看创建的 RAID 信息。

```
[root@linuxserver ~]# mdadm -D /dev/md0
/dev/md0:
Version : 1.2
Creation Time : Mon May 27 11:36:01 2019
Raid Level : raid5
Array Size : 10477568 (9.99 GiB 10.73 GB)
```

```
Used Dev Size : 5238784 (5.00 GiB 5.36 GB)
Raid Devices : 3
Total Devices : 4
Persistence : Superblock is persistent
Update Time : Mon May 27 11:36:28 2019
State : clean
Active Devices : 3
Working Devices : 4
Failed Devices : 0
Spare Devices : 1

       Layout : left-symmetric
   Chunk Size : 512K
         Name : linuxserver:0   (local to host linuxserver)
         UUID : b74f7d7a:82a32668:cf92fb01:ba2836db
       Events : 18
   Number   Major   Minor   RaidDevice   State
      0        8       32        0        active sync   /dev/sdc
      1        8       48        1        active sync   /dev/sdd
      4        8       64        2        active sync   /dev/sde
      3        8       80        -        spare         /dev/sdf
```

说明：通过上面的命令可以看出，磁盘总个数为 4，其中 3 个为阵列磁盘，1 个为阵列的备用磁盘，可用的磁盘阵列大小为 10GB（符合 RAID 5 的 1-1/n 磁盘使用率）。同时可以看到阵列中的磁盘名称及其对应的状态。将阵列/dev/md0 格式化后，就可以挂载使用，其操作与一般磁盘做法相同，此处不再演示。

步骤 3：将磁盘阵列分区。

```
[root@linuxserver ~]# fdisk /dev/md0
Welcome to fdisk (util-linux 2.23.2).
Changes will remain in memory only, until you decide to write them.
Be careful before using the write command.
Device does not contain a recognized partition table
Building a new DOS disklabel with disk identifier 0x0c5e81d9.
Command (m for help): n
Partition type:
   p   primary (0 primary, 0 extended, 4 free)
   e   extended
Select (default p): p
Partition number (1-4, default 1): 1
First sector (2048-20955135, default 2048):
Using default value 2048
Last sector, +sectors or +size{K,M,G} (2048-20955135, default 20955135): +3G
Partition 1 of type Linux and of size 3 GiB is set
Command (m for help): w
The partition table has been altered!

Calling ioctl() to re-read partition table.
Syncing disks.
[root@linuxserver ~]# lsblk
NAME            MAJ:MIN RM   SIZE RO TYPE   MOUNTPOINT
```

```
sda              8:0     0     40G    0 disk
├─sda1           8:1     0      1G    0 part   /boot
└─sda2           8:2     0     39G    0 part
  ├─cl-root 253:0        0  35.1G    0 lvm    /
  └─cl-swap 253:1        0   3.9G    0 lvm    [SWAP]
sdb             8:16     0     20G    0 disk
├─sdb1          8:17     0      2G    0 part
├─sdb2          8:18     0      1K    0 part
├─sdb3          8:19     0      2G    0 part
├─sdb4          8:20     0    2.8G    0 part
│ └─encdisk 253:2        0    2.8G    0 crypt /mnt/secret
└─sdb5          8:21     0      3G    0 part
sdc             8:32     0      5G    0 disk
└─md0            9:0     0     10G    0 raid5
  └─md0p1      259:1     0      3G    0 md
sdd             8:48     0      5G    0 disk
└─md0            9:0     0     10G    0 raid5
  └─md0p1      259:1     0      3G    0 md
sde             8:64     0      5G    0 disk
└─md0            9:0     0     10G    0 raid5
  └─md0p1      259:1     0      3G    0 md
sdf             8:80     0      5G    0 disk
└─md0            9:0     0     10G    0 raid5
  └─md0p1      259:1     0      3G    0 md
sr0            11:0      1    7.7G    0 rom    /mnt/cdrom
```

　　说明：在上面的步骤中，使用 fdsik 磁盘分区工具，可以将/dev/md0 磁盘阵列分区，其做法与普通磁盘的分区操作一样，分出的磁盘分区名称为/dev/md0p1，该磁盘分区可以同普通磁盘一样进行格式化和挂载的操作。

　　目前，在 Linux 系统中是以 MD（Multiple Devices，虚拟块设备）的方式来实现软件 RAID 的，/proc/mdstat 文件包含了由 MD 设备驱动程序控制的 RAID 设备信息。

　　步骤 4：读取/proc/mdstat。

```
[root@linuxserver ~]# cat /proc/mdstat
Personalities : [raid6] [raid5] [raid4]
md0 : active raid5 sde[4] sdf[3](S) sdd[1] sdc[0]
10477568 blocks super 1.2 level 5, 512k chunk, algorithm 2 [3/3] [UUU]
unused devices: <none>
```

　　说明：上面步骤的输出中列出了 RAID 级别和成员设备。第 4 行末尾的每个字符都代表一个成员磁盘的状态，[UUU]说明 3 个磁盘都处于活跃状态。如果设备[1]（/dev/sdd）处于不活跃状态，则标志为[U_U]。

　　步骤 5：磁盘阵列的救援模式。

```
[root@linuxserver ~]# mdadm --manage /dev/md0 --fail /dev/sdd
mdadm: set /dev/sdd faulty in /dev/md0
unused devices: <none>
```

步骤 6：通过—fail 参数将/dev/sdd 磁盘标志为错误。

```
[root@linuxserver ~]# cat /proc/mdstat
Personalities : [raid6] [raid5] [raid4]
md0 : active raid5 sde[4] sdf[3] sdd[1](F) sdc[0]
10477568 blocks super 1.2 level 5, 512k chunk, algorithm 2 [3/2] [U_U]
[===============>........]    recovery = 58.2% (3053116/5238784)    finish=0.1min
speed=203541K/sec
unused devices: <none>
```

说明： 迅速执行上面步骤的命令可以发现，磁盘阵列正在进行恢复，并且恢复进度已经达到了 58.2%。同时可以看到，阵列的磁盘状态为[U_U]。

待磁盘阵列修复完毕后，查看/dev/md0 信息会发现，/dev/sdd 磁盘的状态（state）被标志为错误（faulty），而之前作为备用磁盘的/dev/sdf 已经接替了出错的/dev/sdd 磁盘，磁盘阵列正常运行。

8.4　逻辑卷管理 LVM

创建逻辑卷 LVM

当前计算机技术已经完全进入"大智移云"时代，新一代信息技术在不断改变着人们对存储设备的使用习惯。几年前，人们习惯用方便灵活的 U 盘和移动硬盘来解决工作与生活中的数据存储问题，但是时下这些设备已经被一种叫作网盘或云盘的技术所替代。因为在网络速度不断提升及移动互联网普及之后，永久免费的云存储当然受到人们的青睐。云存储的提供商提供了 1TB、2TB，甚至永久免费不限量的存储空间。作为计算机从业者我们应该心存疑问，全国大约有 9 亿网民，这些云存储提供商需要购买多大的硬盘才能满足用户的需要呢？像百度公司可能在自己的服务器架子上把每块硬盘标上每个用户的名字，让他独占唯一地去使用吗？答案当然是否定的。这就需要用到本节所讲解的 Linux 系统下的 LVM 技术。

随着存储技术的不断进步，计算机存储容量单位迅速飙升，但是不管磁盘多大，对于网络上提供服务的服务器来说，都会随着时间的推移及用户的不断增加而变得磁盘空间不足，如图 8.9 所示。我们传统的解决方法是，购买一块新的磁盘，创建新的文件系统，然后将旧的数据导到新的磁盘，然后才能继续为用户提供服务。事实证明这并不现实。那么，如何才能在不影响系统正常运行、不下线、不丢失数据的前提下扩充文件系统呢？Linux 系统下的 LVM 技术是一种值得深入研究，可满足上述需要的磁盘管理技术。

图 8.9　磁盘空间不足

8.4.1　LVM 基础

LVM（Logical Volume Manager，逻辑卷管理）由 Heinz Mauelshagen 在 Linux 2.4 内核上实现。LVM 将一个或多个磁盘的分区在逻辑上集合，相当于一块大磁盘来使用，当磁盘空间不够时，可以继续将其他磁盘的分区加入其中，这样可以实现磁盘空间的动态管理，相对于普通的磁盘分区有很大的灵活性。

与传统的磁盘分区相比，LVM 为计算机提供了更高层次的磁盘存储。它使系统管理员可以更方便地为应用与用户分配存储空间。在 LVM 管理下的存储卷可以按需要随时改变大小或进行移除（可能需对文件系统工具进行升级）。LVM 也允许按用户组对存储卷进行管理，允许管理员用更直观的名称（如 cipan、seashorewang）代替物理磁盘名（如 sda、sdb）来标志存储卷。

逻辑卷是易于调整大小的伪分区，由 Linux 内核中的逻辑卷管理 LVM 组件来维护。任何一个块设备都可以被指定为物理卷，添加到卷组中，并用来生成逻辑卷。逻辑卷管理使用物理卷、卷组和逻辑卷，如图 8.10 所示。它们分别用命令 pvcreate、vgcreate 和 lvcreate 创建。可以用 Ext4 或 Ext3 文件系统格式化逻辑卷，用 resize2fs 命令调整其大小。

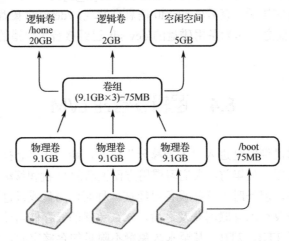

图 8.10　逻辑卷结构图

LVM 允许管理员以更灵活的分区方法来分配磁盘空间。LVM 在 3 个单独的层次上处理磁盘：物理卷、卷组和逻辑卷。底层是物理卷，它们是简单的磁盘分区。顶层是逻辑卷，文件系统在其上创建，而且逻辑卷被挂载到了文件系统中。在这两层之间有一个抽象的概念：卷组。物理卷卷组由物理卷组成，如图 8.11 所示，我们从 3 个物理卷开始，它们实质上只是供 LVM 使用的 3 个单独磁盘上的磁盘分区，分别是/dev/hda3、/dev/sdb2 和/dev/sdc1。物理卷被合并为一个抽象的概念，称作卷组，卷组由/dev/vg0 目录代表。卷组的名称，也就是代表它的目录名称，在卷组创建时被指定。当一个物理卷加入卷组时，它的空间被划分为大小均匀的小组块，称为 PE（Physical Extents，物理块）。物理块的大小在卷组创建时被指定，所有加入该卷组的物理卷使用相同的物理块大小。具有代表性的物理块大小是 4MB，如图 8.12 所示。

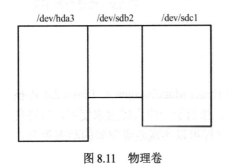

图 8.11　物理卷

在顶层，卷组的物理块可以专用于几个逻辑卷中，但一个物理块只能同时属于一个逻辑卷。逻辑卷的重要特征是，它们不受底层物理卷边界的限制，对于逻辑卷而言，物理块只是一个物理块而已，无论该物理块位于哪个物理卷中。

用来引用逻辑卷的设备节点以卷组的设备节点作为根路径，逻辑卷名称附在其后。例如，如图 8.13 所示的 3 个逻辑卷分别是 lv1、lv2 和 lv3，被引用为/dev/vg0/lv1、/dev/vg0/lv2 和/dev/vg0/lv3。

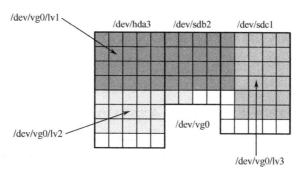

图 8.13 逻辑卷

动态调整大小，只要向逻辑卷中分配更多的物理块，或者向卷组返回物理块，即可增大或缩小逻辑卷，也可以通过增加或删除物理卷来增大或缩小卷组。

如图 8.14 所示，新的物理卷（/dev/hdc2）被添加到卷组 vg0 中，由这个物理卷提供的物理块继而被分布到了逻辑卷 lv1 和 lv2 中。

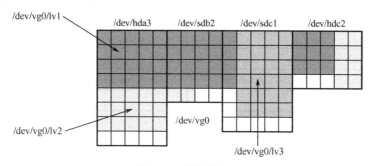

图 8.14 逻辑卷扩容

管理逻辑卷 LVM

8.4.2 LVM 基本术语

（1）物理存储介质（**Physical Media**）：系统的存储设备，如/dev/hda1、/dev/sda 等，是存储系统最底层的存储单元。

（2）物理卷（**Physical Volume**）：磁盘分区或从逻辑上与磁盘分区具有同样功能的设备（如 RAID），是 LVM 的基本存储逻辑块，但和基本的物理存储介质（如分区、磁盘等）比较，却包含有与 LVM 相关的管理参数。

（3）卷组（**Volume Group**）：类似于非 LVM 系统中的物理硬盘，由一个或多个物理卷组成。可以在卷组上创建一个或多个"LVM 分区"（逻辑卷）。

（4）逻辑卷（**Logical Volume**）：似于非 LVM 系统中的磁盘分区，在逻辑卷之上可以建立文件系统（比如/home 或者/usr 等）。

（5）物理块（Physical Extent）：每个物理卷被划分为称为 PE 的基本单元，具有唯一编号的 PE 是可以被 LVM 寻址的最小单元。PE 的大小可配置，默认为 4MB。

简单总结如下：

☑ 物理磁盘被格式化成 PV，空间被分成一个个 PE。

☑ 不同的 PV 加入同一个 VG，不同 PV 的 PE 全部加入 VG 的 PE 池。

☑ LV 基于 PE 创建，大小为 PE 的整数倍，组成 LV 的 PE 可能来自不同的物理磁盘。

☑ LV 可以被直接格式化使用。

☑ LV 的扩充缩减其实就是增加或者减少组成 LV 的 PE 数量，其过程会不丢失数据。

8.4.3 LVM 命令

在 Linux 系统下，使用如表 8.2 所示的命令完成 LVM 的管理，主要包括查看命令 display、创建命令 create、扩充命令 extend、缩减命令 reduce、删除命令 remove，PV、VG、LV 管理就是在上述命令前面加上了 pv、vg、lv 而已，但是 PV 不能扩充与缩减，LV 和 VG 可以改变容量大小。

表 8.2　LVM 命令

任　　务	PV	VG	LV
搜索（scan）	pvscan	vgscan	lvscan
创建（create）	pvcreate	vgcreate	lvcreate
查看（display）	pvdisplay	vgdisplay	lvdisplay
扩充（extend）		vgextend	lvextend
缩减（reduce）		vgreduce	lvreduce
删除（remove）	pvremove	vgremove	lvremove
改变容量（resize）			lvresize

查看 LVM 还可以使用简单的查询命令 pvs、vgs、lvs。

下面通过实例来演示逻辑卷的创建、扩充、缩减和删除等操作。通过使用 mdadm --stop /dev/md0 命令将上一小节中的磁盘阵列停止，并将组成阵列的/dev/sd[cdef] 4 个磁盘拿来制作逻辑卷。事实上，也可以对/dev/md0 进行分区，使用/dev/md0p[1-4]等分区来实现逻辑卷的操作。

步骤 1：将物理磁盘制作为物理卷。

```
[root@linuxserver ~]# fdisk /dev/sdc
输出略
[root@linuxserver ~]# pvcreate    /dev/sdc1
Physical volume "/dev/sdc1" successfully created.
[root@linuxserver ~]# pvs | grep sdc
/dev/sdc1         lvm2 ---    5.00g 5.00g
[root@linuxserver ~]# pvdisplay
部分输出略
--- NEW Physical volume ---
PV Name                    /dev/sdc1
VG Name
```

```
PV Size                    5.00 GiB
Allocatable                NO
PE Size                    0
Total PE                   0
Free PE                    0
Allocated PE               0
PV UUID                    EW55ZM-xFAb-crf2-tXls-fZsF-Y3VG-v8i188
[root@linuxserver ~]# blkid | grep sdc
/dev/sdc1: UUID="EW55ZM-xFAb-crf2-tXls-fZsF-Y3VG-v8i188" TYPE="LVM2_member"
```

说明：

（1）使用 fdisk 命令对/dev/sdc 进行分区，只需要一个主分区/dev/sdc1 即可，将所有空间都分配给该分区；

（2）使用 pvcreate 命令将/dev/sdc1 制作成物理卷，此命令会破坏磁盘原有的文件系统及存储的内容，使用时应先确保磁盘数据的安全；

（3）pvs 和 pvdisplay 命令都可以显示物理卷的信息，pvs 命令显示的信息相对简略，pvdisplay 命令则显示得更为详细；

（4）使用 blkid 命令可以看到/dev/sdc1 的磁盘类型为"LVM2_member"；

（5）依次对/dev/sdd、/dev/sde、/dev/sdf 进行分区，并制作成物理卷，具体操作过程这里不再赘述。

步骤 2：创建卷组，并查看信息。

```
[root@linuxserver ~]# vgcreate vg_test   -s 16M   /dev/sd[cdef]1
Volume group "vg_test" successfully created
[root@linuxserver ~]# vgs
VG        #PV #LV #SN Attr    VSize   VFree
cl          1   2   0 wz--n- 39.00g   4.00m
vg_test     4   0   0 wz--n- 19.94g 19.94g
[root@linuxserver ~]# vgdisplay
部分输出略
--- Volume group ---
VG Name                    vg_test
System ID
Format                     lvm2
Metadata Areas             4
Metadata Sequence No       1
VG Access                  read/write
VG Status                  resizable
MAX LV                     0
Cur LV                     0
Open LV                    0
Max PV                     0
Cur PV                     4
Act PV                     4
VG Size                    19.94 GiB
PE Size                    16.00 MiB
Total PE                   1276
Alloc PE / Size            0 / 0
```

| Free   PE / Size | 1276 / 19.94 GiB |
| VG UUID | Vwf0kt-zDLj-1UfU-YufH-2VvQ-FOeE-8W5dUF |

说明：

（1）使用 vgcreate 命令创建一个名为 vg_test 的卷组，该卷组的 PE 大小为 16MiB，卷组成员包含上面操作中的 4 个磁盘；

（2）卷组的总大小为 19.94GiB，与 4 个磁盘的空间总和相同；

（3）卷组可用的 PE 有 1276 个，在划分逻辑卷的时候，是以 PE 为最小单位进行分配的。

步骤 3：创建逻辑卷，并查看信息。

```
[root@linuxserver ~]# lvcreate -n lv_test -L 4G vg_test
Logical volume "lv_test" created.
[root@linuxserver ~]# lvs
  LV      VG     Attr     LSize   Pool Origin Data%  Meta%   Move Log Cpy%Sync Convert
  root    cl     -wi-ao----   35.12g
  swap    cl     -wi-ao----   3.88g
  lv_test vg_test -wi-a-----   4.00g
[root@linuxserver ~]# lvdisplay
  --- Logical volume ---
  LV Path                /dev/cl/root
  LV Name                root
  VG Name                cl
  LV UUID                H3cGXf-SJtB-Bawv-AoEF-73Nn-DBXS-QABbUi
  LV Write Access        read/write
  LV Creation host, time localhost.localdomain, 2019-05-20 06:12:39 -0400
  LV Status              available
  # open                 1
  LV Size                35.12 GiB
  Current LE             8990
  Segments               1
  Allocation             inherit
  Read ahead sectors     auto
  - currently set to     8192
  Block device           253:0
部分输出略
  --- Logical volume ---
  LV Path                /dev/vg_test/lv_test
  LV Name                lv_test
  VG Name                vg_test
  LV UUID                y1QZGa-Fk5O-tRR7-8a0Q-bGT9-wpk7-a4Hd8u
  LV Write Access        read/write
  LV Creation host, time linuxserver, 2019-05-27 13:45:25 -0400
  LV Status              available
  # open                 0
  LV Size                4.00 GiB
  Current LE             256
  Segments               1
  Allocation             inherit
  Read ahead sectors     auto
```

```
- currently set to        8192
Block device             253:3
```

说明:

(1) 使用 lvcreate 命令创建逻辑卷, -n 参数设置逻辑卷名称, -L 参数指定逻辑卷的大小, 命令最后的 vg_test 表示使用该卷组的空间创建逻辑卷;

(2) 使用 lvs 和 lvdisplay 命令可以查看逻辑卷的详细信息。

步骤 4: 扩展卷组和逻辑卷。

```
[root@linuxserver ~]# vgextend vg_test /dev/sdb1
Volume group "vg_test" successfully extended
[root@linuxserver ~]# vgs
VG          #PV #LV #SN Attr     VSize    VFree
cl          1    2    0 wz--n- 39.00g   4.00m
vg_test     5    1    0 wz--n- 21.92g  17.92g
[root@linuxserver ~]# mkfs.ext4   /dev/mapper/vg_test-lv_test
输出略
[root@linuxserver ~]# lvextend -L 5001M /dev/mapper/vg_test-lv_test
Rounding size to boundary between physical extents: 4.89 GiB.
Size of logical volume vg_test/lv_test changed from 4.00 GiB (256 extents) to 4.89 GiB (313 extents).
Logical volume vg_test/lv_test successfully resized.
[root@linuxserver ~]# resize2fs   /dev/mapper/vg_test-lv_test
resize2fs 1.42.9 (28-Dec-2013)
Resizing the filesystem on /dev/mapper/vg_test-lv_test to 1282048 (4k) blocks.
The filesystem on /dev/mapper/vg_test-lv_test is now 1282048 blocks long.
```

说明:

(1) 扩充卷组的方式是使用 vgextend 命令在卷组中添加新的磁盘分区;

(2) 实验中将逻辑卷 lv_test 扩容至 5001MiB, 但实际大小为 5008MiB (4.89GiB×1024), 这是因为逻辑卷的大小必须为 PE 大小 (本例中为 16MiB) 的整数倍;

(3) lvextend 命令只能扩充逻辑卷的物理空间, 扩充完毕后还需要通过 resize2fs 命令扩展其 Ext4 文件系统的大小。

(4) XFS 文件系统支持扩容功能, 但不支持缩减功能。XFS 文件系统的扩容操作如下所示:

```
[root@linuxserver ~]# xfs_growfs /dev/mapper/vg_test-lv_xfs_test
meta-data=/dev/mapper/vg_test-lv_xfs_test isize=512      agcount=4, agsize=196608 blks
         =                               sectsz=512      attr=2, projid32bit=1
         =                               crc=1           finobt=0 spinodes=0
data     =                               bsize=4096      blocks=786432, imaxpct=25
         =                               sunit=0         swidth=0 blks
naming   =version 2                      bsize=4096      ascii-ci=0 ftype=1
log      =internal                       bsize=4096      blocks=2560, version=2
         =                               sectsz=512      sunit=0 blks, lazy-count=1
realtime =none                           extsz=4096      blocks=0, rtextents=0
data blocks changed from 786432 to 1028096
```

说明: XFS 文件系统在增加文件系统容量时, 需要将逻辑卷挂载, 否则会出现错误。

步骤 5：缩减卷组和逻辑卷。

```
[root@linuxserver ~]# vgreduce vg_test   /dev/sdb1
Removed "/dev/sdb1" from volume group "vg_test"
[root@linuxserver ~]# resize2fs   /dev/mapper/vg_test-lv_test   2001M
resize2fs 1.42.9 (28-Dec-2013)
Resizing the filesystem on /dev/mapper/vg_test-lv_test to 512256 (4k) blocks.
The filesystem on /dev/mapper/vg_test-lv_test is now 512256 blocks long.

[root@linuxserver ~]# lvreduce -L 2001M /dev/mapper/vg_test-lv_test
Rounding size to boundary between physical extents: 1.97 GiB.
WARNING: Reducing active logical volume to 1.97 GiB.
THIS MAY DESTROY YOUR DATA (filesystem etc.)
Do you really want to reduce vg_test/lv_test? [y/n]: y
Size of logical volume vg_test/lv_test changed from 4.89 GiB (313 extents) to 1.97 GiB (126 extents).
Logical volume vg_test/lv_test successfully resized.
[root@linuxserver ~]# resize2fs   /dev/mapper/vg_test-lv_test
resize2fs 1.42.9 (28-Dec-2013)
Resizing the filesystem on /dev/mapper/vg_test-lv_test to 516096 (4k) blocks.
The filesystem on /dev/mapper/vg_test-lv_test is now 516096 blocks long.
```

说明：

（1）缩减卷组的方式是使用 vgreduce 命令从卷组中移除物理卷，本例中是将/dev/sdb1分区从卷组 vg_test 中移除，因此卷组缩减的空间大小为/dev/sdb1 分区的大小。不能将卷组按意愿缩减至任意大小；

（2）逻辑卷的缩小操作与扩容顺序相反，需要先缩减文件系统，然后才缩减物理大小；

（3）本例中将逻辑卷缩小至 2001MiB，由于逻辑卷的大小必须是 PE（16MiB）的整数倍，因此逻辑卷的实际大小为 2016MiB（126 个 PE）。

（4）由于调整文件系统时，设置的大小为 2001MiB，与逻辑卷实际大小（2016MiB）不符，因此需要再执行 resize2fs 命令，将文件系统重新调整至与逻辑卷物理空间符合。上面代码中，第 2 次执行 resize2fs 命令时可以看到，文件系统的 block 数量从 512256 个增加至 516096 个，每个 block 的大小为 4KiB，因此最终的逻辑卷文件系统大小为 516096×4/1024=2016MiB。

8.5 小结

在 Linux 系统中，管理员需要掌握更多的磁盘管理方法，以实现生产环境中更为复杂的系统要求。磁盘配额可以用于限制用户对磁盘空间的使用，限制方式包括用户使用的磁盘空间大小和拥有的文件个数两种，不同文件系统（XFS 和 Ext4）的配额设置方式不同。

为了保护磁盘中的数据不被泄漏，通过使用 LUKS 对磁盘进行加密，加密的磁盘不能够直接使用，需要设置磁盘的映射名称且输入正确的密码才可以使用。磁盘加密适用于移动存储或者存放机密信息的磁盘。可以通过设置开机自动映射加密磁盘，但是不推荐这种方式。

磁盘阵列是一种使用广泛的磁盘技术，它可以提高文件的存取效率，同时保证数据安全。磁盘阵列可以通过硬件和软件两种方式实现，本书中介绍的是软件 RAID 实现技术。

软件 RAID 技术虽然在性能上达不到硬件 RAID 的水准，但是实现方便，且不需要额外的成本，因此可以作为硬件磁盘阵列的廉价替代技术。

逻辑卷 LVM 是一种非常灵活的磁盘技术，不同于传统的磁盘分区，逻辑卷可以动态调整分区的大小，且不会影响其中存储的数据。逻辑卷技术已经被广泛应用于各类发行版 Linux 及云存储中。逻辑卷使用 Ext4 文件系统时，可以扩展或缩减容量；使用 XFS 文件系统时则只可以扩展不可以缩减。在调整逻辑卷大小时，要确保其物理空间及文件系统的大小匹配。

实训 8　磁盘高级管理

一、实训目的

- ☑ 掌握磁盘阵列技术；
- ☑ 掌握磁盘加密技术；
- ☑ 掌握逻辑卷等高级磁盘管理方式。

二、实训内容

（1）创建磁盘阵列，并在磁盘阵列上分区；
（2）使用阵列分区创建逻辑卷，并调整大小；
（3）创建一个逻辑卷实现磁盘配额；
（4）创建一个逻辑卷实现磁盘加密。

三、项目背景

某公司的 Linux 服务器采购了 4 块大容量硬盘，系统管理员邀请小 A 一起将 4 块硬盘做成磁盘阵列以保证数据存储安全。由于预算有限，只能采取软件 RAID 的方式。同时需要在磁盘阵列上划分逻辑卷保证磁盘使用的灵活性，且不同的逻辑卷有不同的需求（配额和加密）。请帮助小 A 完成下面的实验。

四、实训步骤

任务 1：磁盘阵列。
（1）在虚拟机中添加 4 个 10GB 的磁盘，每块磁盘划分为 1 个主分区；
（2）将这 4 个磁盘分区创建为磁盘阵列，并从磁盘阵列中划分 3 个任意大小的分区；
（3）查看磁盘阵列中的磁盘状态，将其中的一个磁盘标志为 fail，并观察阵列的自动修复。

任务 2：逻辑卷。
（1）将磁盘阵列中划分的 3 个分区制作为物理卷，并创建至少一个卷组，PE 大小为 32MB；

（2）在卷组中划分一个 2001MB 的逻辑卷，观察其大小，并格式化为 Ext4 格式；

（3）在卷组中划分一个 1001MB 的逻辑卷，观察其大小，并格式化为 XFS 格式；

（4）将该逻辑卷扩展至 4001MB，并调整文件系统大小；

（5）将该逻辑卷缩小至 3001MB，并调整文件系统大小。

任务 3：磁盘配额。

（1）建立一个普通用户，限制其在 Ext4 逻辑卷上的配额，配额大小可以自行指定，并测试配额效果；

（2）建立一个普通用户，限制其在 XFS 逻辑卷上的配额，配额大小可以自行指定，并测试配额效果。

任务 4：磁盘加密。

（1）选择一个创建的逻辑卷，将该逻辑卷加密；

（2）设置开机自动映射及输入加密磁盘密码。

第9章

Linux 网络管理

Linux 主要作为服务器的操作系统使用，服务器的主要功能是对外提供服务，要对外提供服务当然离不开计算机网络，没有网络连接的操作系统在企业生产及日常生活中基本没有意义。本章将详细讲解计算机网络的基础知识，如何在 Linux 系统下管理计算机网络，以及基于虚拟机的 Linux 系统如何连接到局域网和互联网。

9.1 计算机网络基础

计算机网络就是把分布在相同或者不同地理区域的计算机与专门的外部设备用通信线路互联成一个规模大、功能强的网络系统，从而使众多计算机可以方便地互相传递信息、共享硬件、软件、数据信息等资源。通俗来说，计算机网络就是通过连接介质（光纤、网线、无线等）互联的计算机的集合。

网络上的计算机之间通过网络协议实现信息的交换，不同的计算机之间需要遵循相同的网络协议标准才能够通信。网络协议有很多种，目前在 Internet 上的计算机广泛使用的是 TCP/IP 协议族。

TCP/IP（Transmission Control Protocol/Internet Protocol）并不是单独的两个协议，而是很多协议共同的名称，只不过 TCP/IP 是各种类型协议中最著名的两个，因此使用 TCP/IP 代指其所包含的所有协议。TCP/IP 是 Internet 最基本的协议，是 Internet 国际互联网络的基础，由网络层的 IP 协议和传输层的 TCP 协议组成。TCP/IP 协议定义了电子设备如何连入 Internet，以及数据如何在它们之间传输的标准。协议采用了四层的层级结构，每层都使用它的下一层所提供的协议来完成自己的需求。通俗地说，TCP 负责发现传输的问题，一有问题就发出信号，要求重新传输，直到所有数据安全正确地传输到目的地；而 IP 给 Internet 中的每台联网设备规定一个地址。

IP（Internet Protocol）是通过 Internet 在主机之间实现通信的协议，目前最常用的是 IPv4 协议，地址长度为 32 位，并用点分十进制的形式进行管理。最新版本是 128 位地址长度的 IPv6 地址，随着网络的发展，IPv6 将会不断地普及，最终会取代 IPv4。IPv4 中进行网络连接，除了 32 位地址，还需要子网掩码、网关、DNS。这 3 个部分也都采用 32 位的地址长度和点分十进制进行管理。

计算机或其他设备要想联网，需要有专门的网络连接设备，称为网络接口卡或者网卡。网卡按照与计算机主机的连接方式可以分为 PCI 网卡、ISA 网卡及无线网卡（USB 网卡）等。Linux 系统下可以使用 lspci 命令查看计算机上所有能被内核检测到的 PCI 设备。

【实例】 使用 **lspci** 命令查看网络设备信息。

```
[root@linuxserver ~]# lspci
00:00.0 Host bridge: Intel Corporation 440BX/ZX/DX - 82443BX/ZX/DX Host bridge (rev 01)
00:01.0 PCI bridge: Intel Corporation 440BX/ZX/DX - 82443BX/ZX/DX AGP bridge (rev 01)
00:07.0 ISA bridge: Intel Corporation 82371AB/EB/MB PIIX4 ISA (rev 08)
00:07.1 IDE interface: Intel Corporation 82371AB/EB/MB PIIX4 IDE (rev 01)
00:07.3 Bridge: Intel Corporation 82371AB/EB/MB PIIX4 ACPI (rev 08)
00:07.7 System peripheral: VMware Virtual Machine Communication Interface (rev 10)
00:0f.0 VGA compatible controller: VMware SVGA II Adapter
00:10.0 SCSI storage controller: LSI Logic / Symbios Logic 53c1030 PCI-X Fusion-MPT Dual Ultra320
SCSI (rev 01)
00:11.0 PCI bridge: VMware PCI bridge (rev 02)
00:15.0 PCI bridge: VMware PCI Express Root Port (rev 01)
中间输出略
02:01.0 Ethernet controller: Intel Corporation 82545EM Gigabit Ethernet Controller (Copper) (rev 01)
02:02.0 Multimedia audio controller: Ensoniq ES1371/ES1373 / Creative Labs CT2518 (rev 02)
02:03.0 USB controller: VMware USB2 EHCI Controller
```

说明：在本例中，网卡是 PCI 设备，因此使用 lspci 命令可以看到网卡类型，即 Ethernet controller 设备。如果使用的是 USB 接口的网卡，则需要通过命令 lsusb 来查看该网卡，这里不再演示该命令。

和其他设备不同，Linux 内核不允许用户将 NIC（Network Interface Card，网络接口卡）作为文件进行访问。换句话说，在/dev 目录下没有直接关联 NIC 的设备节点，但有相应的硬盘和声卡的设备节点。相反，Linux（和 UNIX）通过网络接口访问 NIC。对每个识别出的 NIC，内核都生成一个网络接口。在 CentOS 6 版本的 Linux 系统中，网卡通常以 eth 命名，并在其后附加数字代表网络接口的编号，如 eth0、eth1 等，而自 CentOS 7 版本后，网卡名称变更为以 ens、eno、enp 或者 enx 等开始，这些字符代表了不同的网卡类型，如 ens 代表主板内置或者 BIOS 提供的 PCI 类型网卡，而 eno 则代表合并固件或者 BIOS 板载设备。跟在网卡名称后面的编号，取决于 BIOS 提供的板载插槽索引号等信息。由于在 CentOS 7 中，网卡名称取决于 Systemd 从内核中获取的 BIOS 参数，因此，如果需要将网卡名称修改为 CentOS 6 中的 eth 开始的名称，可以修改 grub.conf 配置文件，并且将 biosdevname=0 添加至内核字段，表示禁止内核传递 BIOS 参数。当 Systemd 无法从内核获取 BIOS 参数时，就会以 eth 来命名网卡。

9.2 配置网络的基本参数

在 Linux 系统中，可以有多种方式配置网络的基本参数，常用的有：

☑ 通过相关命令设置；

☑ 通过字符界面工具设置；

☑ 通过修改配置文件实现；

☑ 通过图形界面设置。

鉴于工作环境中，并不是所有的 Linux 系统都会配备图形界面，因此，关于图形界面的网络配置本书不多做说明。读者可以在"应用程序"→"系统工具"→"设置"→"网络"里面找到网络配置的入口，其配置方法一目了然。下面着重介绍其他三种网络配置的方法。

9.2.1 使用命令配置网络参数

在 CentOS 7 版本的 Linux 系统中，可以通过 ip、ifconfig、nmcli 等 使用命令配置网络命令来配置网络参数，下面分别介绍各个命令的使用方法。

1. IP 命令

```
[root@linuxserver ~]# ip addr show
1: lo: <LOOPBACK,UP,LOWER_UP> mtu 65536 qdisc noqueue state UNKNOWN qlen 1
link/loopback 00:00:00:00:00:00 brd 00:00:00:00:00:00
inet 127.0.0.1/8 scope host lo
valid_lft forever preferred_lft forever
inet6 ::1/128 scope host
valid_lft forever preferred_lft forever
2: ens33: <BROADCAST,MULTICAST,UP,LOWER_UP> mtu 1500 qdisc pfifo_fast state UP qlen 1000
link/ether 00:0c:29:f9:7e:8f brd ff:ff:ff:ff:ff:ff
inet 192.168.1.1/24 brd 192.168.1.255 scope global ens33
valid_lft forever preferred_lft forever
inet6 fe80::a1a8:e4ec:e03a:246c/64 scope link
valid_lft forever preferred_lft forever
3: virbr0: <NO-CARRIER,BROADCAST,MULTICAST,UP> mtu 1500 qdisc noqueue state DOWN qlen 1000
link/ether 52:54:00:f0:34:be brd ff:ff:ff:ff:ff:ff
inet 192.168.122.1/24 brd 192.168.122.255 scope global virbr0
valid_lft forever preferred_lft forever
4: virbr0-nic: <BROADCAST,MULTICAST> mtu 1500 qdisc pfifo_fast master virbr0 state DOWN qlen 1000
link/ether 52:54:00:f0:34:be brd ff:ff:ff:ff:ff:ff
5: ens37: <BROADCAST,MULTICAST,UP,LOWER_UP> mtu 1500 qdisc pfifo_fast state UP qlen 1000
link/ether 00:0c:29:f9:7e:99 brd ff:ff:ff:ff:ff:ff
inet6 fe80::d667:336b:53d4:62bf/64 scope link
valid_lft forever preferred_lft forever
```

使用 ip addr show 命令可以查看系统中的网卡。由上面的输出结果可以看到，系统有一个回环接口（lo），有两块板载 PCI 网卡（ens33 和 ens37），有一个虚拟网桥（virbr0）和虚拟网桥的网卡（birbr0-nic）。由于系统中安装了虚拟化服务 libvirtd，因此会生成虚拟网桥和网卡，同时占据了 192.168.122.1/24 这个 IP 地址。如果不需要该虚拟网桥或者需要使用其占据的 IP 地址，可以将它们删除，等需要时再添加即可。

删除方法如下：

```
[root@linuxserver ~]# virsh net-destroy default
[root@linuxserver ~]# virsh net-undefine default
网络 default 已经被取消定义
```

【实例】 使用 ip 命令在 ens37 网卡上添加 IP 地址。

```
[root@linuxserver ~]# ip addr add 192.168.100.1/24 dev ens37
[root@linuxserver ~]# ip addr show ens37
5: ens37: <BROADCAST,MULTICAST,UP,LOWER_UP> mtu 1500 qdisc pfifo_fast state UP qlen 1000
```

```
link/ether 00:0c:29:f9:7e:99 brd ff:ff:ff:ff:ff:ff
inet 192.168.100.1/24 scope global ens37
   valid_lft forever preferred_lft forever
inet6 fe80::d667:336b:53d4:62bf/64 scope link
   valid_lft forever preferred_lft forever
```

说明：网卡 ens37 的 IP 地址已经配置完成。若要删除网卡的 IP 地址，则只要将上述命令中的 add 替换为 del 即可。

```
[root@linuxserver ~]# ip addr del 192.168.100.1/24 dev ens37
[root@linuxserver ~]# ip addr show ens37
5: ens37: <BROADCAST,MULTICAST,UP,LOWER_UP> mtu 1500 qdisc pfifo_fast state UP qlen 1000
link/ether 00:0c:29:f9:7e:99 brd ff:ff:ff:ff:ff:ff
inet6 fe80::20c:29ff:fef9:7e99/64 scope link
   valid_lft forever preferred_lft forever
```

2. ifconfig 命令

单独使用 ifconfig 命令，其作用类似于 Windows 的 ipconfig 命令，可以查看系统的网络配置，具体方法如下：

```
[root@linuxserver ~]# ifconfig
ens33: flags=4163<UP,BROADCAST,RUNNING,MULTICAST>    mtu 1500
    inet 192.168.1.1    netmask 255.255.255.0    broadcast 192.168.1.255
    inet6 fe80::a1a8:e4ec:e03a:246c    prefixlen 64    scopeid 0x20<link>
    ether 00:0c:29:f9:7e:8f    txqueuelen 1000    (Ethernet)
    RX packets 1044    bytes 101349 (98.9 KiB)
    RX errors 0    dropped 0    overruns 0    frame 0
    TX packets 1048    bytes 113511 (110.8 KiB)
    TX errors 0    dropped 0 overruns 0    carrier 0    collisions 0
ens37: flags=4163<UP,BROADCAST,RUNNING,MULTICAST>    mtu 1500
    inet6 fe80::20c:29ff:fef9:7e99    prefixlen 64    scopeid 0x20<link>
    ether 00:0c:29:f9:7e:99    txqueuelen 1000    (Ethernet)
    RX packets 0    bytes 0 (0.0 B)
    RX errors 0    dropped 0    overruns 0    frame 0
    TX packets 163    bytes 16416 (16.0 KiB)
    TX errors 0    dropped 0 overruns 0    carrier 0    collisions 0
lo: flags=73<UP,LOOPBACK,RUNNING>    mtu 65536
    inet 127.0.0.1    netmask 255.0.0.0
    inet6 ::1    prefixlen 128    scopeid 0x10<host>
    loop    txqueuelen 1    (Local Loopback)
    RX packets 286    bytes 26750 (26.1 KiB)
    RX errors 0    dropped 0    overruns 0    frame 0
    TX packets 286    bytes 26750 (26.1 KiB)
    TX errors 0    dropped 0 overruns 0    carrier 0    collisions 0
```

说明：由于删除了虚拟网桥，因此在本例中将看不到 virbr0 及其网卡。通过在 ifconfig 命令后面附加参数，可以为网卡设置 IP 地址。

```
[root@linuxserver ~]# ifconfig ens37 192.168.100.1 netmask 255.255.255.0 up
[root@linuxserver ~]# ifconfig
部分输出略
ens37: flags=4163<UP,BROADCAST,RUNNING,MULTICAST>    mtu 1500
```

```
inet 192.168.100.1    netmask 255.255.255.0    broadcast 192.168.100.255
inet6 fe80::20c:29ff:fef9:7e99    prefixlen 64    scopeid 0x20<link>
ether 00:0c:29:f9:7e:99    txqueuelen 1000    (Ethernet)
RX packets 0    bytes 0 (0.0 B)
RX errors 0    dropped 0    overruns 0    frame 0
TX packets 174    bytes 19119 (18.6 KiB)
TX errors 0    dropped 0 overruns 0    carrier 0    collisions 0
```

说明：通过 netmask 设置子网掩码，up 表示设置完后启动该网卡。使用 ifconfig 命令配置的 IP 地址并不是永久的，如果将该网卡关闭再开启，就会发现之前配置的 IP 地址消失了。

```
[root@linuxserver ~]# ifconfig ens37 down
[root@linuxserver ~]# ifconfig ens37 up
[root@linuxserver ~]# ifconfig
部分输出略
ens37: flags=4163<UP,BROADCAST,RUNNING,MULTICAST>    mtu 1500
inet6 fe80::d667:336b:53d4:62bf    prefixlen 64    scopeid 0x20<link>
ether 00:0c:29:f9:7e:99    txqueuelen 1000    (Ethernet)
RX packets 0    bytes 0 (0.0 B)
RX errors 0    dropped 0    overruns 0    frame 0
TX packets 199    bytes 22946 (22.4 KiB)
TX errors 0    dropped 0 overruns 0    carrier 0    collisions 0
```

3. nmcli 命令

nmcli 命令是控制 NetworkManager 服务的命令行工具，使用 nmcli 命令可以很方便地永久地在网卡上添加 IP 地址。

```
[root@linuxserver ~]# nmcli connection modify ens37 ipv4.addresses "192.168.100.1/24" ipv4.method
manual connection.autoconnect yes
错误: unknown connection 'ens37'.
[root@linuxserver ~]# nmcli connection show
名称      UUID                                          类型              设备
ens33    2ad4f838-c630-4cc4-ac13-634975a8a139    802-3-ethernet    ens33
配置 1    143918ba-f657-4824-ae7b-84b3f8be9000    802-3-ethernet    --
```

说明：在上面的示例中，会发现出现了一个错误，命令无法识别 ens37 接口，原因在于添加网卡时，虚拟系统处于开启状态，添加后的网卡无法被 NetworkManager 服务识别管理，因此，使用 nmcli 命令会报错。

解决方法如下：

```
[root@linuxserver ~]# nmcli connection add type ethernet con-name ens37 ifname ens37
成功添加的连接 'ens37'（c6a30fe0-aba2-4e78-8937-f5a516bc8ca4）。
[root@linuxserver ~]# nmcli connection modify ens37 ipv4.addresses "192.168.100.1/24" ipv4.method
manual connection.autoconnect yes
[root@linuxserver ~]# nmcli connection up ens37
成功激活的连接（D-Bus 激活路径：/org/freedesktop/NetworkManager/ActiveConnection/7）
[root@linuxserver ~]# ip addr show
部分输出略
3: ens37: <BROADCAST,MULTICAST,UP,LOWER_UP> mtu 1500 qdisc pfifo_fast state UP qlen 1000
link/ether 00:0c:29:f9:7e:99 brd ff:ff:ff:ff:ff:ff
inet 192.168.100.1/24 brd 192.168.100.255 scope global ens37
```

valid_lft forever preferred_lft forever
inet6 fe80::1775:71b4:7c37:9071/64 scope link
valid_lft forever preferred_lft forever

这里需要注意，使用 nmcli 命令配置 IP 地址并不会马上生效，还需要使用 nmcli 命令手动启动网卡。使用 nmcli connection show ens37 命令也可以查看网卡的信息，但是由于输出内容过于详细，因此本例中使用前面介绍过的 ip 命令显示网卡地址。读者可以使用 nmcli 命令自行查看详细的输出结果。本书建议读者采用 nmcli 命令作为配置网卡的首选命令，因为在 RHEL 8 和 CentOS 8 等系统中，将会停止对 network 服务的支持，因此，使用 NetworkManager 服务及其相关命令 nmcli 将是新版本的 Linux 系统中的最佳选择。

9.2.2 使用字符界面配置网络参数

使用字符界面配置网络

在 Linux 系统中，图形界面并不是系统必需的组件，而是一种应用程序。因此在工作环境中，为了减少系统资源的占用，保持系统的稳定性，服务器中通常不会安装图形界面。如果不擅长使用命令方式配置网络，或习惯使用图形化的引导方式来配置，可以使用 Linux 下提供的字符界面来设置网络，命令为 nmtui，执行后会进入如图 9.1 所示的字符界面，接着选择"编辑连接"选项，如图 9.2 所示。

图 9.1　nmtui 命令界面

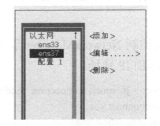

图 9.2　编辑连接

选择要配置的网卡后按回车键，即可进入相应配置的字符界面，如图 9.3 所示。

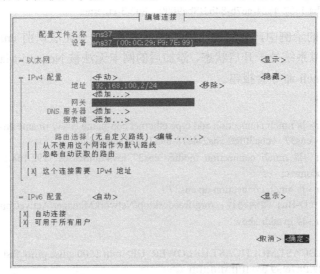

图 9.3　字符界面配置网卡 ens37

通过操作键盘的方向键，将光标定位至需要配置修改的地方，即可以完成网络参数的设置。配置完成后，将光标定位至"确定"按钮，按回车键即完成设置。配置完后，将 ens37 网卡关闭并重新开启后，可以看到 IP 地址已经成功修改为 192.168.100.2 了。

```
[root@linuxserver ~]# ifdown ens37
成功断开设备 'ens37'。
[root@linuxserver ~]# ifup ens37
成功激活的连接（D-Bus 激活路径：/org/freedesktop/NetworkManager/ActiveConnection/8）
[root@linuxserver ~]# ip addr show ens37
3: ens37: <BROADCAST,MULTICAST,UP,LOWER_UP> mtu 1500 qdisc pfifo_fast state UP qlen 1000
link/ether 00:0c:29:f9:7e:99 brd ff:ff:ff:ff:ff:ff
inet 192.168.100.2/24 brd 192.168.100.255 scope global ens37
valid_lft forever preferred_lft forever
inet6 fe80::1775:71b4:7c37:9071/64 scope link
valid_lft forever preferred_lft forever
```

9.2.3　使用配置文件修改网络参数

前面介绍过，Linux 系统中一切都是文件。对 Linux 系统的设置，很多都是通过修改配置文件来完成的。网卡的配置也一样，在/etc/sysconfig/network-scripts 目录下，以"ifcfg-"为开始的文件均为网络设备的配置文件，可以使用编辑器修改这些文件，从而实现网络的设置。下面显示的是该配置文件的内容。

```
[root@linuxserver ~]# ifup[root@linuxserver ~]# cat
/etc/sysconfig/network-scripts/ifcfg-ens37
TYPE=Ethernet
BOOTPROTO=none
DEFROUTE=yes
IPV4_FAILURE_FATAL=yes
IPV6INIT=yes
IPV6_AUTOCONF=yes
IPV6_DEFROUTE=yes
IPV6_FAILURE_FATAL=no
IPV6_ADDR_GEN_MODE=stable-privacy
NAME=ens37
UUID=c6a30fe0-aba2-4e78-8937-f5a516bc8ca4
DEVICE=ens37
ONBOOT=yes
IPADDR=192.168.100.2
PREFIX=24
IPV6_PEERDNS=yes
IPV6_PEERROUTES=yes
```

说明：

（1）TYPE=Ethernet 代表网络的类型为以太网；

（2）BOOTPROTO=none：BOOTPROTO 有 4 种选择，分别为 none、static、bootp、dhcp，即引导时不使用协议、静态分配、BOOTP 协议、DHCP 协议；

（3）IPV6INIT=yes 表示启用 IPv6；

（4）Name=ens37 表示网络设备的名字为 ens37；

（5）UUID 指网络设备的识别码；

（6）ONBOOT=yes 表示引导时激活设备；

（7）DEVICE=ens37 表示使用的物理网卡的名称；

（8）IPADDR 表示 IP 地址；

（9）PREFIX 表示子网掩码的位数；

（10）除此之外，还可以使用 GATEWAY 代表网关，DNS1 代表 DNS 服务器的地址，HWADDR 代表网卡的物理地址，即 MAC 地址。

【实例】 通过 Vim 编辑器修改文件相应的部分，可以完成网络配置，按照如下显示内容修改网络参数，并重新启动网卡，查看 ens37 网卡地址。

```
[root@linuxserver ~]# cat /etc/sysconfig/network-scripts/ifcfg-ens33
部分输出略
BOOTPROTO=static
IPADDR=192.168.100.10
PREFIX=24
GATEWAY=192.168.100.100
DNS1=192.168.100.10
[root@linuxserver ~]# ifdown ens37
成功断开设备 'ens37'。
[root@linuxserver ~]# ifup ens37
成功激活的连接（D-Bus 激活路径:
/org/freedesktop/NetworkManager/ActiveConnection/11）
[root@linuxserver ~]# ip addr show ens37
3: ens37: <BROADCAST,MULTICAST,UP,LOWER_UP> mtu 1500 qdisc pfifo_fast state UP qlen 1000
link/ether 00:0c:29:f9:7e:99 brd ff:ff:ff:ff:ff:ff
inet 192.168.100.10/24 brd 192.168.100.255 scope global ens37
valid_lft forever preferred_lft forever
inet6 fe80::1775:71b4:7c37:9071/64 scope link
valid_lft forever preferred_lft forever
```

9.3 IP 路由和网关

IP 协议以使用路由器连接在一起的机器构成的独立网络为基础，所有连接到单一 IP 网络上的机器都有相似的 IP 地址，并通常使用相同的网络交换机或者网络集线器。

每个 IP 地址包括两个部分：网络部分和主机部分。对每个设定的地址，定义网络地址的部分和定义主机地址的部分是不同的，因此必须用子网掩码（Network Mask，通常简称为 Netmask）来区分这两个部分。IP 网络中的每台主机都共享相同的网络地址（因此子网掩码也相同）。使用子网掩码来确定 IP 地址的网络部分会比较复杂。为了方便，可以将网络分为 A 类、B 类和 C 类网络，如表 9.1 所示总结了这三类网络的特征。

表 9.1　IP 地址划分

类　　别	掩　　码	IP 地址示例	网 络 地 址
A	255.0.0.0	10.1.1.1	10.0.0.0
B	255.255.0.0	172.16.1.1	172.16.0.0

续表

类　　别	掩　　码	IP 地址示例	网 络 地 址
C	255.255.255.0	192.168.1.1	192.168.1.0
子网划分	255.255.255.128	192.168.1.129	192.168.1.128

当计算 A 类、B 类或 C 类网络的网络地址时，子网掩码将 IP 地址的后面部分全部设为 0，但保留了前面的网络地址部分。对于一个子网掩码为 255.0.0.0 的 A 类网络来说，网络地址只包含第一个 IP 字段（后面接了三个 0）；对于子网掩码为 255.255.0.0 的 B 类网络来说，使用的是前两个为字段（后面接两个 0）的格式；对于 C 类网络来说，使用的是前面三个都是字段（最后一个是 0）的格式。如果我们要将所有数字都写成二进制格式，就要使用相同的应用原则，即子网掩码将 IP 地址中与网络地址无关的部分设为 0。我们将使用这种类型子网掩码的 IP 网络称为子网络（Subnet）。

每个网卡除了具有管理员分配的 IP 地址，还具有一个硬件地址，即 MAC 地址。MAC 地址仍旧是 NIC 自身标记的一部分，它被烧录在其板载固件中。下面我们将会发现，IP 地址是用来路由两台主机（可以是同一个网络，也可以是不同网络中的两台主机）之间的通信的，而 MAC 地址是同一 IP 网络中的不同主机之间用来通信的。

【实例】 同一个网络的主机之间通信方式解读。

同一网络的主机之间的通信如图 9.4 所示。

IP：192.168.1.10
MAC：00:60:2F:30:06:B3

IP：192.168.1.20
MAC：00:01:C9:38:E0:42

图 9.4 同一内网络的主机通信

说明：

（1）源机器（192.168.1.10）必须确定它和目的地机器在同一个网络上。验证方法可以是将它自己的子网掩码（在这里是 255.255.255.0）用于目的地机器（192.168.1.20），得到的结果为 192.168.1.0。

（2）确定源机器和目的地机器属于同一个网络后，源机器必须确定目的地机器的硬件地址，这时使用本地网络的底层 ARP（Address Resolution Protocol，地址解析协议）来验证。源机器会有效地向本地网络发送广播数据包（Broadcast Packet），请求 IP 地址为 192.168.1.20 的主机的 MAC 地址，这就是我们说的 ARP 请求。本地网络上的每台主机都监听到了请求，但只有 IP 地址是 192.168.1.20 的主机会回复，并向提出请求的主机（192.168.1.10）提供它的 MAC 地址：00:01:C9:38:E0:42，这就是 ARP 回复。

（3）现在发送请求的主机得到了目的地机器的 IP 地址和 MAC 地址，它生成一个数据包，数据包的目的地机器的 IP 地址是 192.168.1.20，目的地机器的 MAC 地址是 00:01:C9:38:E0:42，并将其发送出去。

一般情况下，只有第一次向该主机发送信息时会执行 ARP 请求，这时主机会将 ARP 信息缓存在内存中。下一次向相同主机发送信息时，系统会先检查缓存中的信息，当没有找到时，才使用 ARP 协议。

```
[root@linuxserver ~]# arp -a
? (192.168.186.2) at 00:50:56:fe:98:0d [ether] on eth0
? (192.168.186.1) at 00:50:56:c0:00:08 [ether] on eth0
? (192.168.186.130) at <incomplete> on eth0
? (192.168.186.131) at <incomplete> on eth0
? (192.168.186.254) at 00:50:56:e7:b6:c6 [ether] on eth0
```

如果我们要与远程网络（IP 地址和源主机不在同一个 IP 网络）的主机通信时又该怎么做呢？如图 9.5 所示。

IP：192.168.1.10
MAC：00:60:2F:30:06:B3

IP：10.1.1.10
MAC：00:01:C9:38:E0:42

图 9.5　不同网络的主机通信

说明：

（1）源机器（192.168.1.10）必须确定目的地机器和它是否在同一个网络上。这可以通过用它自己的子网掩码（255.255.255.0）来对目的地址（10.1.1.10）进行验证，源机器确定得到的网络地址和本地网络地址不同。

（2）因为目的地机器和源机器不在同一个网络上，所以这两台机器就无法直接通信。源机器向它自己的默认网关发出帮助请求。作为其联网配置的一部分，发出请求的机器知道它自己的默认网关为 192.168.1.254（即与该机器相连的路由器接口的 IP 地址）。如果还没有进行默认网关配置，那么它会执行 ARP 请求来确定网关的 MAC 地址。否则，它只能在它自己的本地 ARP 缓存中查找 MAC 地址。

（3）源机器会生成一个目的 IP 地址为 10.1.1.10，目的 MAC 地址为网关 MAC 的数据包，这个数据包会被传递到网关路由器上。

（4）本地网关被数据包的目的地 MAC 地址指定为接收者后，本地网关会检验数据包，并在其中发现其他机器的 IP 地址被设为目的地址。如果目的地机器与网关直连，那么网关会将数据包直接传给该机器。如果目的地机器与网关不直连，那么网关会查找路由表，假如路由表里有目的地网络的路由条目，那么网关会将该数据包从相应的接口传到另一台路由器或者有 IP 转发功能的主机，该下游路由器执行同样的过程，最终将数据包送到目的地；假如网关的路由表里没有目的地网段的路由条目，那么数据包最终会被丢弃。

9.4　小结

本章学习了 Linux 系统网络基础知识和配置方法，主要包括计算机网络基础，如何查看网络设备信息；使用命令、字符界面和配置文件三种方法配置网络；以及 IP 路由和网关的相关知识。

实训 9　Linux 网络管理

一、实训目的

熟练掌握 Linux 系统中配置网络的三种方法。

二、实训内容

（1）使用命令配置网络；

（2）使用字符界面配置网络；

（3）使用配置文件配置网络。

三、项目背景

小 A 希望自己的 Linux 系统可以联通到互联网，以便在互联网中浏览网页并下载文件，那就需要给 Linux 系统配置网络。

四、实训步骤

任务 1：使用命令配置网络。

（1）使用 ip 命令配置 ipens37 网卡的 IP 地址为 192.168.100.10，子网掩码为 255.255.255.0，网关为 192.168.100.1。

（2）使用 ifconfig 命令配置 ens37 网卡的 IP 地址 192.168.100.11，子网掩码为 255.255.255.0，网关为 192.168.100.1。

（3）使用 nmcli 命令配置 ens37 网卡的 IP 地址为 192.168.100.12，子网掩码为 255.255.255.0，网关为 192.168.100.1。

任务 2：使用字符界面配置网络。

使用 nmtui 命令打开字符界面后，配置 ens37 网卡的 IP 地址为 192.168.100.13，子网掩码为 255.255.255.0，网关为 192.168.100.1，DNS 为 192.168.100.1。

任务 3：使用配置文件配置网络。

（1）使用 cat 命令查看配置文件，并说明每行的含义。

（2）修改配置文件，配置 ens37 网卡的 IP 地址为 192.168.100.14，子网掩码为 255.255.255.0，网关为 192.168.100.1，DNS 为 192.168.100.1。

第10章

Linux 软件包管理

Linux 的应用不只局限于刚安装好的原始操作系统,为了更好地使用、管理与维护 Linux 系统,用户必须学习如何在 Linux 系统中安装与管理软件。本章将介绍 Linux 系统中软件的安装、升级、查询及卸载,并详细介绍 RPM、YUM 与源码安装三种方式进行软件管理。

10.1　RPM 原理与应用

10.1.1　RPM 基础

RPM 的使用

RPM（Red Hat Package Manager,软件包管理器）是一个系统软件包,功能类似于 Windows 的"添加/删除程序",但比其功能更强大。RPM 虽然是 RedHat 公司开发的软件安装与管理程序,具有 Red Hat 标志,但其原始设计理念是开放式的,目前 OpenLinux、SUSE 及 Turbo Linux 等 Linux 版本都有采用,已是公认的行业标准。

RPM 可以对*.rpm 格式的软件包进行安装、升级、卸载、校验和查询操作,使用户直接以 binary 方式安装软件包,并且可以帮助用户查询是否已安装了相关库文件。RPM 删除软件时,系统会提示用户是否要删除相关程序。升级软件时,RPM 会保留原有配置文件,用户便不需要再配置升级后的软件。RPM 保留了一个数据库,其中包含了所有的软件包资料,通过该数据库,用户可以进行软件的查询,卸载时也可以将安装在多个目录中的文件删除干净。RPM 遵循 GPL 版权协议,用户可以在符合 GPL 协议的条件下使用和推广 RPM。

RPM 的优点如下:

- ☑ 使用简单,可使用单一软件包格式进行软件发布;
- ☑ 可升级;
- ☑ 可以追踪软件的依赖关系;
- ☑ 可以进行软件查询和验证;
- ☑ 支持多平台。

10.1.2　RPM 安装路径

Linux 的目录是有统一规范的,其作用是保证任何一个软件都能找到另一个软件或文件,一般可以运行的文件存放在/bin 或者/usr/bin 目录中,库文件存放在/lib 或/usr/lib 目录中,其他文件也都有其存放的地方。

一般来说 RPM 类型的文件在安装时，会先读取文件内记载的配置参数内容，然后将该数据用于比较 Linux 环境，从而找出是否有属性依赖的软件还没有安装的问题。

使用 RPM 安装完软件后，将该软件相关的信息写入/var/lib/rpm/目录的数据库文件中。这个数据库很重要，软件升级必须依赖于该数据库，比如版本比对就是从该数据库中读取数据的。安装过程中，还将一些配置文件所在目录存放到/etc 目录；将一些可执行文件存放到/usr/bin 目录；将一些动态函数库存放到/usr/lib 目录等。

10.1.3　RPM 组成部分

RPM 包含三个部分：RPM 数据库、RPM 软件包文件、RPM 命令。

1. RPM 数据库

Linux 系统中保留了当前安装软件的数据库，该数据库位于/var/lib/rpm/目录中。使用 file 命令查看目录内容，发现这个目录包含的几乎都是二进制形式的散列数据库文件。

```
[root@LinuxServer ~]# file /var/lib/rpm/*
/var/lib/rpm/Basenames:        Berkeley DB (Btree, version 9, native byte-order)
/var/lib/rpm/Conflictname:     Berkeley DB (Btree, version 9, native byte-order)
/var/lib/rpm/__db.001:         Applesoft BASIC program data
/var/lib/rpm/__db.002:         386 pure executable
/var/lib/rpm/__db.003:         386 pure executable not stripped
/var/lib/rpm/Dirnames:         Berkeley DB (Btree, version 9, native byte-order)
/var/lib/rpm/Group:            Berkeley DB (Btree, version 9, native byte-order)
/var/lib/rpm/Installtid:       Berkeley DB (Btree, version 9, native byte-order)
/var/lib/rpm/Name:             Berkeley DB (Btree, version 9, native byte-order)
/var/lib/rpm/Obsoletename:     Berkeley DB (Btree, version 9, native byte-order)
/var/lib/rpm/Packages:         Berkeley DB (Hash, version 9, native byte-order)
/var/lib/rpm/Providename:      Berkeley DB (Btree, version 9, native byte-order)
/var/lib/rpm/Requirename:      Berkeley DB (Btree, version 9, native byte-order)
/var/lib/rpm/Sha1header:       Berkeley DB (Btree, version 9, native byte-order)
/var/lib/rpm/Sigmd5:           Berkeley DB (Btree, version 9, native byte-order)
/var/lib/rpm/Triggername:      Berkeley DB (Btree, version 9, native byte-order)
```

说明：该目录不需要管理员权限就可以使用，占用空间大概为 100MB。

2. RPM 软件包文件

RPM 软件包文件与 tar 打包文件类似，tar 打包文件含有要安装到系统上的文件，但是 RPM 软件包文件包含的东西更多，还包括一个 RPM 包头。该包头提供了有关软件包的信息，比如名称、安装大小和内容的简短文本描述。更重要的是，软件包文件包头包括了依赖性信息，即为了使该软件包可用，必须安装哪些其他的软件包、可执行文件或库文件。在 Linux 安装光盘中，软件包文件通常位于 Packages 目录中。

软件包文件的名称由下列几条信息构成：名称-版本-发行号.体系结构.rpm。

以系统中安装的 vsftpd 软件包为例，来说明软件包信息。

```
[root@LinuxServer ~]# rpm -qa | grep vsftpd
vsftpd-3.0.2-25.el7.x86_64
```

- ☑ **名称**：vsftpd。
- ☑ **版本**：3.0.2，由于 Linux 是开源系统，系统中的很多软件包都是由开源社区共同开发的，因此版本号由开源社区设定。
- ☑ **发型号**：25，当 Linux 的发行厂商需要对该软件包做修改时，会将修改公开，并通过发布型号方便开源社区的任何人来自由使用和追踪该软件包。
- ☑ **架构**：el7.x86_64，el7 代表 Enterprise Linux 7.0，即企业版 7.0 系统，x86_64 指该软件是针对哪种 CPU 型号开发的。

一些软件包文件使用体系结构标签 noarch，这个标签意味着软件包不包含被编译的二进制文件，而包含独立于体系结构的文件，如脚本、图像或数据文件。体系结构指定了软件是为何种型号的 CPU 而开发的。Linux 支持的体系结构包括 i386、x86_64 等。

3. RPM 命令

RPM 命令是管理员用来管理 RPM 数据库的工具，其命令介绍如表 10.1 所示。

表 10.1　RPM 命令介绍

命 令 选 项	作　　用
rpm -i、rpm -U、rpm -F	从软件包文件中安装或升级软件
rpm -e	删除软件包
rpm -q	查询 RPM 数据库
rpm -V	校验已安装的软件包
rpm --checksig	校验 RPM 数据包文件的完整性

10.1.4　RPM 安装

RPM 包安装格式如下：

格式 1：rpm -i　RPM 包的全路径及文件名。

若想在安装 RPM 包过程中显示安装进度信息可使用格式 2：

格式 2：rpm -ivh　RPM 包的全路径及文件名。

其中：

　　　　-i 代表安装；

　　　　-v 代表 verbose，显示安装过程中的详细信息；

　　　　-h 代表 hash，安装过程中使用"#"显示安装进度。

对于较大的 RPM 包，在安装时尤其需要使用"-ivh"参数，这样既可以看到安装过程中的详细信息，也可以了解安装进度。

【实例】　安装 xinetd 软件。

```
[root@LinuxServer Packages]# rpm -i xinetd-2.3.15-13.el7.x86_64.rpm
警告：xinetd-2.3.15-13.el7.x86_64.rpm: 头 V3 RSA/SHA256 Signature, 密钥 ID f4a80eb5: NOKEY
```

说明 1：安装软件时，软件包 RPM 必须存在，一般情况下，需要先挂载光盘，再切换到 Packages 目录下去安装。

说明 2：这里没有显示任何安装过程中的信息，是因为选择了格式 1 进行安装。

【实例】 安装 **vsftpd** 并显示进度与详细信息。

```
[root@LinuxServer Packages]# rpm -ivh vsftpd-3.0.2-25.el7.x86_64.rpm
警告：vsftpd-3.0.2-25.el7.x86_64.rpm: 头 V3 RSA/SHA256 Signature, 密钥 ID f4a80eb5: NOKEY
准备中...                         ################################# [100%]
正在升级/安装...
1:vsftpd-3.0.2-25.el7            ################################# [100%]
```

说明：#代表了安装进度。

【实例】 安装 **mysql-connector-odbc** 软件包并显示进度与详细信息。

```
[root@LinuxServer Packages]# rpm -ivh mysql-connector-odbc-5.2.5-8.el7.x86_64.rpm
警告：mysql-connector-odbc-5.2.5-8.el7.x86_64.rpm: 头 V3 RSA/SHA256 Signature, 密钥
ID f4a80eb5: NOKEY
错误：依赖检测失败：
libodbcinst.so.2()(64bit) 被 mysql-connector-odbc-5.2.5-8.el7.x86_64 需要
```

说明 1：安装时出现一个警告，因为没有密钥，所以提示管理员无法校验软件包的完整性。警告信息并不影响软件包的安装。

说明 2：安装时出现的错误使安装进程无法继续，提示 mysql-connector-odbc 软件包依赖于 libodbcinst.so.2()(64bit)。以 ".so.数字" 结尾的依赖称为库文件依赖，即需要先安装被依赖的库文件之后，才能安装 mysql-connector-odbc 软件包。

说明 3：被依赖的可以是其他软件包，也可以是可执行文件或库文件。

库文件是众多 RPM 软件包中的一个文件，只需把库文件所在的 RPM 软件包安装上，自然就有了被依赖的库文件。通过 http://www.rpmfind.net 网站，输入库文件名称即可查询到对应的 RPM 包，然后安装即可。

```
[root@LinuxServer Packages]# rpm -ivh unixODBC-2.3.1-11.el7.x86_64.rpm
警告：unixODBC-2.3.1-11.el7.x86_64.rpm: 头 V3 RSA/SHA256 Signature, 密钥 ID f4a80eb5: NOKEY
准备中...                         ################################# [100%]
正在升级/安装...
  1:unixODBC-2.3.1-11.el7         ################################# [100%]
[root@LinuxServer Packages]# rpm -ivh mysql-connector-odbc-5.2.5-8.el7.x86_64.rpm
警告：mysql-connector-odbc-5.2.5-8.el7.x86_64.rpm: 头 V3 RSA/SHA256 Signature, 密钥
ID f4a80eb5: NOKEY
准备中...                         ################################# [100%]
正在升级/安装...
1:mysql-connector-odbc-5.2.5-8.el7 ################################# [100%]
```

说明：通过 http://www.rpmfind.net 网站查询到 libodbcinst.so.2()(64bit)文件所在的 RPM 软件包为 unixODBC-2.3.1-11.el7.x86_64.rpm。解决了依赖关系后，mysql-connector-odbc 便可以成功安装了。

假如 RPM 软件包不在本地怎么办？没关系，如果在网络中有一台服务器，通过 FTP 或 HTTP 将 RPM 软件包共享，管理员也可以在安装时使用 URL 引用软件包的地址来安装软件包。

【实例】 安装网络上的软件包。

```
[root@LinuxServer Packages]# rpm -ivh http://test.wanglaoshi.com/software/ vsftpd-3.0.2-25.el7.x86_64.rpm
Retrieving http://test. wanglaoshi /software/ vsftpd-3.0.2-25.el7.x86_64.rpm
```

```
warning: vsftpd-3.0.2-25.el7.x86_64.rpm: Header V3 RSA/SHA256 Signature, key ID f4a80eb5: NOKEY
Preparing...                        ################################# [100%]
1:vsftpd                            ################################# [100%]
```

说明：在本例中，需要架设一台 HTTP 服务器将软件包共享，同时需要架设 DNS 服务器解析 HTTP 域名。

如表 10.2 所示列出了可以与 rpm -i 一起执行的参数。

表 10.2　可以与 rpm -i 一起执行的参数

参　　数	作　　用
-h, --hash	安装时输出 "#" 符号
-v, --verbose	一个-v 参数打印软件包名称，多个-v 参数提供更详细的输出
--nodeps	即使不符合前提条件，也进行安装
--replace-files	安装时已有的文件会被新文件覆盖
--force	即使已经安装了软件包，也进行安装
--test	不执行任何动作，只打印输出
--noscripts	不执行与 RPM 安装有关的任何脚本

10.1.5　RPM 卸载

一旦安装了软件包，该软件包文件就无关紧要了，就只是本地的一个数据库条目。因此，不再使用软件包文件名称（如 vsftpd-3.0.2-25.el7.x86_64.rpm），而仅仅用软件包名称（如 vsftpd）来指称该软件包。使用 rpm -e 命令可以删除软件包，其中-e 代表 Erase（删除）。

RPM 包卸载格式如下：

格式：rpm　-e　　RPM 包名称。

说明：RPM 包名称可以包含版本号等信息，但不可以有后缀.rpm，例如：

rpm　-e　　vsftpd（正确）；

rpm　-e　　vsftpd-3.0.2-25.el7.x86_64（正确）；

rpm　-e　　vsftpd-3.0.2-25.el7.x86_64.rpm（错误）。

【实例】 卸载 **xinetd** 软件。

```
[root@LinuxServer ~]# rpm -e xinetd
```

说明：卸载完成后不会有任何提示。

【实例】 安装并卸载 **vsftpd** 软件。

```
[root@LinuxServer Packages]# rpm -ivh vsftpd-3.0.2-25.el7.x86_64.rpm
警告：vsftpd-3.0.2-25.el7.x86_64.rpm: 头 V3 RSA/SHA256 Signature, 密钥 ID f4a80eb5: NOKEY
准备中...                        ################################# [100%]
正在升级/安装...
   1:vsftpd-3.0.2-25.el7          ################################# [100%]
[root@LinuxServer Packages]# rpm -q vsftpd
vsftpd-3.0.2-25.el7.x86_64
[root@LinuxServer Packages]# rpm -e vsftpd-3.0.2-25.el7.x86_64
[root@LinuxServer Packages]# rpm -q vsftpd
未安装软件包 vsftpd
```

说明：可以通过 rpm -q 查询卸载结果。

由于 vsftpd 软件包没有依赖关系，因此删除过程非常顺利。如果碰到删除的软件包有依赖关系的话，那么只有提前将其所依赖的软件包都删除，才可以删除该软件包。

【实例】 卸载 createrepo 软件。

```
[root@LinuxServer Packages]# rpm -e createrepo
错误：依赖检测失败：
    createrepo  被 (已安装) anaconda-core-21.48.22.147-1.el7.centos.x86_64  需要
```

说明：存在依赖关系，需先卸载相关的软件包才可卸载 createrepo。

如表 10.3 所示列出了与 rpm -e 可以一起执行的参数。

表 10.3　可以和 rpm -e 一起使用的参数

参　　数	作　　用
--nodeps	删除软件包，忽略依赖关系
--test	不执行任何动作，只打印输出

10.1.6　RPM 升级更新

使用 RPM 升级软件非常简单，其参数是 "-U" 或者 "-V"，也可以直接写 "-Uvh" 或者 "-Fvh"。-U 与-F 的基本功能相似但又有所区别。若使用-Uvh，软件包未安装时则系统会直接安装，若软件包有新版本，则会自动更新为新版本。若使用-Fvh，软件包未安装时则系统不会直接安装，即只对已存在的软件包进行升级。因为 RPM 的升级比较简单，这里不再举例说明。

10.1.7　RPM 查询

10.1.5 节中已经使用了软件包的查询命令 rpm -q，本节将详细描述软件包的查询功能。

如表 10.4 所示列出了与 rpm -q 可以一起执行的参数。

表 10.4　软件包查询的参数

参　　数	作　　用
-a	查询所有已安装的软件包
-f 文件名	查询一个文件属于的软件包
-i 软件包名称	查询一个包的详细信息
-l 软件包名称	查询一个包安装的所有文件

RPM 软件包先决条件可以用命令行参数--requires 和--provides 直接查询。

安装软件包的先决条件有很多，如表 10.5 所示列出了几个必要条件的类别。

表 10.5　安装 RPM 包必要先决条件

类　　型	示　　例	注　　释
特定文件	/bin/sh /sbin/chkconfig	特定文件列表通常自动生成，可以从经常重复的文件名称中推导出来
动态链接库	libc.so.6 libc.so.6(GLIBC_2.0)	ldd 命令可用来查看系统中必须有何种动态链接库才能运行特定的命令（如 ldd /bin/ls）。当创建 RPM 软件包时，所有被要求的库的列表都包含在了先决条件中
其他软件包	本示例中没有其他依赖的软件包	给 RPM 打包时，程序员应明确地列出所有 RPM 软件包的依赖。软件包可以紧密依附于另一个软件包，要求特定的版本；也可以松散地依附于另一个软件包，只要求比所列版本号新的版本
抽象功能的必要条件	webclient	一些 RPM 软件包要求安装提供某些抽象功能的软件包，如网络客户端。其他软件包应该指定它们提供哪种功能，如 mozilla 或 elinks，这种类型的必要条件由 Linux 中极少数软件包列出

【实例】　查询安装 **vsftpd** 软件包的先决条件。

```
[root@LinuxServer Packages]# rpm -q --requires vsftpd
/bin/bash
/bin/sh
/bin/sh
/bin/sh
config(vsftpd) = 3.0.2-25.el7
libc.so.6()(64bit)
libc.so.6(GLIBC_2.14)(64bit)
libc.so.6(GLIBC_2.15)(64bit)
……
```

【实例】　显示软件包显性提供内容。

```
[root@LinuxServer Packages]# rpm -q --provides vsftpd
config(vsftpd) = 3.0.2-25.el7
vsftpd = 3.0.2-25.el7
vsftpd(x86-64) = 3.0.2-25.el7
```

说明：使用--provides 命令行参数可列出软件包显性提供的内容。

【实例】　显示 **vsftpd** 的安装脚本。

```
[root@LinuxServer Packages]# rpm -q --scripts vsftpd
postinstall scriptlet (using /bin/sh):

if [ $1 -eq 1 ] ; then
    # Initial installation
    systemctl preset vsftpd.service >/dev/null 2>&1 || :
fi
……
```

说明 1：开发人员开发软件包时需要设计脚本，只有通过脚本配置和 rpmbuild 工具才可以将源码编译成 RPM 包，因此可通过--scripts 查看软件包的脚本。脚本分为：安装前脚本、安装后脚本、卸载前脚本和卸载后脚本。

说明 2： 本示例中只有安装后脚本和卸载前脚本。其中，安装后脚本把 vsfptd 服务添加到系统中，卸载前脚本会先停止 vsftpd 服务，然后将该服务从系统中删除。

【实例】 显示系统上安装的 **RPM** 包并按时间排序。

```
[root@LinuxServer Packages]# rpm -qa --last
vsftpd-3.0.2-25.el7.x86_64                 2019 年 05 月 22 日 星期三 17 时 20 分 47 秒
unixODBC-2.3.1-11.el7.x86_64               2019 年 05 月 22 日 星期三 11 时 39 分 47 秒
words-3.0-22.el7.noarch                    2019 年 01 月 26 日 星期六 13 时 56 分 30 秒
iwl6050-firmware-41.28.5.1-69.el7.noarch   2019 年 01 月 26 日 星期六 13 时 56 分 30 秒
iwl3945-firmware-15.32.2.9-69.el7.noarch   2019 年 01 月 26 日 星期六 13 时 56 分 30 秒
……
```

说明： --last 是一种特殊类型的查询，它可以根据 RPM 软件包安装在系统上的时间进行排序。该命令适用于搜索系统近期的更改情况。

10.1.8 RPM 校验

系统的 RPM 数据库保存了与已安装软件包有关的每个文件。除了文件的名称，文件的许多属性也得以保存，例如，文件的用户和组拥有者、文件模式（权限）、文件长度及文件内容的 MD5 验证码。

在软件包安装之后的任何时间内，可以用-V 参数校验软件包。将软件包所拥有的每个文件与保存在 RPM 数据库中的属性进行比较，这些属性是在安装软件包时输入的，比较时任何偏差都会被报告出来。

【实例】 校验 **vsftpd** 服务。

```
[root@LinuxServer Packages]# rpm -V vsftpd
[root@LinuxServer Packages]# vim /etc/vsftpd/vsftpd.conf
[root@LinuxServer Packages]# systemctl start vsftpdd
Failed to start vsftpdd.service: Unit not found.
[root@LinuxServer Packages]# systemctl start vsftpd
[root@LinuxServer Packages]# rpm -V vsftpd
.......T.  c /etc/vsftpd/vsftpd.conf
```

说明： 修改了 vsftpd.conf 文件后，由于主配置文件发生了变化（文件大小、MD5 指纹和修改时间），所以 rpm -V 命令会列出 vsftpd.conf 文件的变化。

如表 10.6 所示总结了发生变化的标记。

表 10.6　-V 参数的标记

标　　记	相　关　属　性
S	大小
M	模式（权限）
5	MD5 校验和
L	符号连接状态
U	用户拥有者
G	组拥有者

续表

标　记	相 关 属 性
T	修改时间
C	SELinux 环境

RPM 验证通常用于两种情况：第一种情况是调试，安装软件包时运行良好，而现在却无法运行了；第二种情况是安全性，所有软件包都必须用 rpm -Va 命令定期校验，如果文件/usr/bin/passwd 或/usr/sbin/sshd 被修改了，则管理员必须严格注意系统的安全性。

10.1.9　RPM 签名

之前安装软件包时出现了关于软件包签名的警告，虽然忽略也可以安装，但是有必要了解软件包的签名机制。

CentOS 对用 GPG（GNU Privacy Guard，GNU 隐私卫士）私钥发布的每个 RPM 软件包文件进行加密校验签名。通过加密校验签名，可确保 RPM 软件包自下载后，未被修改过。RPM 命令在安装时自动校验签名，但是为了执行签名校验，必须获得配对的 GPG 公钥。由于必需的公钥（公钥 ID：f4a80eb5）不存在，软件包无法得到校验，因而出现了警告。

校验签名的安全性取决于公钥的完整性，GPG 公钥可以在 Linux 安装光盘的根目录下的文件 RPM-GPG-KEY-CentOS*中获取，或在安装好的系统中从文件/etc/pki/rpm-gpg/RPM-GPG-CentOS*中获取。

【实例】　查看签名信息。

```
[root@LinuxServer Packages]# cat /etc/pki/rpm-gpg/RPM-GPG-KEY-CentOS-7
-----BEGIN PGP PUBLIC KEY BLOCK-----
Version: GnuPG v1.4.5 (GNU/Linux)

mQINBFOn/0sBEADLDyZ+DQHkcTHDQSE0a0B2iYAEXwpPvs67cJ4tmhe/iMOyVMh9
Yw/vBIF8scm6T/vPN5fopsKiW9UsAhGKg0epC6y5ed+NAUHTEa6pSOdo7CyFDwtn
4HF61Esyb4gzPT6QiSr0zvdTtgYBRZjAEPFVu3Dio0oZ5UQZ7fzdZfeixMQ8VMTQ
4y4x5vik9B+cqmGiq9AW71ixlDYVVWasgR093fXiD9NLT4DTtK+KLGYNjJ8eMRqfZ
……
```

说明：获取公钥后，就可以用 rpm -import keyfile 命令向系统的 RPM 数据库注册这个公钥了。

【实例】　在安装好的系统中获取公钥然后注册。

```
[root@LinuxServer /]# rpm --import /etc/pki/rpm-gpg/RPM-GPG-KEY-CentOS-7
[root@LinuxServer /]# rpm -qa | grep gpg-pubkey
gpg-pubkey-f4a80eb5-53a7ff4b
```

说明：注册在系统中公钥的详细信息已经在上面列出来了。也可以在查询时使用 -i 参数查看公钥的详细信息。将公钥导入系统后，就可以校验软件包的信息了，也可以在安装软件包之前手动校验。

【实例】　安装软件包前进行校验。

```
[root@LinuxServer Packages]# rpm --checksig vsftpd-3.0.2-25.el7.x86_64.rpm
vsftpd-3.0.2-25.el7.x86_64.rpm: rsa sha1 (md5) pgp md5 确定
```

前面提到 RPM 软件包文件时，可以把 RPM 软件包看作是 tar 打包文件。虽然这个概念是正确的，但是协议却是错误的。实际上 RPM 软件包文件使用 cpio 归档命令进行格式化。当 tar 打包命令集中在文件名的参数列表上时，cpio 命令则集中在从标准输入或标准输出中流动的文件名称"流"上。

使用 rpm2cpio 命令可以把 RPM 软件包文件转换为 cpio 流，cpio 是用来建立、还原备份档的工具程序，它可以加入、解开 cpio 或 tar 备份档内的文件。rpm2cpio 允许从 RPM 软件包文件中提取个体文件，而不必安装该软件包。可使用 man 手册查看 cpio 的具体作用和语法格式。

【实例】 vsftpd 软件包文件被转换为 cpio 流，然后用管道把流输入给 cpio 命令。

```
[root@LinuxServer Packages]# rpm2cpio vsftpd-3.0.2-25.el7.x86_64.rpm | cpio --extract --list
./etc/logrotate.d/vsftpd
./etc/pam.d/vsftpd
./etc/vsftpd
./etc/vsftpd/ftpusers
./etc/vsftpd/user_list
……
```

说明：篇幅有限，只截取了部分归档过程。

可以通过下列命令将 RPM 包中的文件单独提取出来，而不需要安装该软件包，实现方式如下：

```
[root@LinuxServer Packages]# rpm2cpio vsftpd-3.0.2-25.el7.x86_64.rpm | cpio --extract
--make-directories /etc/vsftpd/ftpusers
726 块
[root@LinuxServer Packages]# cat /etc/vsftpd/ftpusers
# Users that are not allowed to login via ftp
root
bin
daemon
adm
lp
sync
shutdown
halt
mail
news
uucp
operator
games
nobody
```

10.1.10 RPM 注意问题

通常，数据库每次只允许有一个待处理的事务，若要访问该数据库则需要先获取数据库锁。数据库锁每次只能由一个进程拥有，RPM 数据库也不例外。在之前的 RPM 版本中，RPM 数据库锁定是粗糙纹理型的，每次只有一个 RPM 可执行文件的实例可以访问数据库。

如果有用户正在安装一个 RPM 软件包文件，在安装完成之前，任何人都不能进行查询。虽然这样保证了数据库的完整性，但是会产生延迟。

新的 RPM 采纳了优良纹理型数据库锁定，进程只需获得它们正在修改的数据库部分的锁，而不需要获得整个数据库锁。优良纹理型锁定策略意味着占有锁的时间不会太久，但缺点是优良纹理型锁定设计起来更加复杂。随着向优良纹理型锁定的转换，RPM 数据库锁定机制偶尔不能运作，这通常是由于之前安装 RPM 时中途取消引起的，表现在简单挂载（试图获得从来没有的锁）的一个 rpm 命令（如 rpm -qa），在这之后启动的任何其他 rpm 命令也会挂载。

解决的方法如下：

（1）使用 killall -9 rpm 命令中止当前所有挂载的 RPM 进程。

（2）将 RPM 数据库目录（/var/lib/rpm/）中所有以 __db.开头的文件删除。

10.2　YUM 的使用

10.2.1　YUM 基础

YUM 的使用

使用 RPM 安装、删除软件或服务时经常涉及 RPM 包的依赖问题。安装 A 软件时，提示会依赖于 B，安装 B 时会依赖于 C 等一系列的依赖关系，如何更加方便地安装与应用软件，是本节要解决的任务。

YUM（Yellow dog Updater Modified）是一个在 Fedora 中的 Shell 前端软件包管理器，可执行程序名为 YUM。YUM 可以从指定的服务器中自动下载 RPM 包，并在安装时自动处理依赖关系，一次性安装所有依赖的软件包，便于管理大量的系统更新问题。

YUM 的特点如下：

☑ 可同时配置多个资源库；

☑ 简洁的配置文件（/etc/yum.conf）；

☑ 自动解决增加或删除 RPM 包时遇到的依赖问题；

☑ 使用方便；

☑ 保持与 RPM 数据库的一致性。

安装完 Linux 后配置 YUM 源（仓库），是为了方便对软件包的管理，从而解决使用 RPM 时可能产生的依赖关系。在企业中，也会设置自己的 YUM 源，方便企业对软件包的管理，更重要的原因是保证 YUM 源的安全性。因为一个软件包若从源头便被篡改，那么安装该软件后可能会带来不可预知的后果，所以，要对 YUM 源进行必要的配置。

YUM 命令的一般形式是：yum　[参数]　[命令]　[软件包名称]。

说明：[参数]是可选的，参数包括-h（帮助）、-y（安装过程中的选择提示全部为 yes）、-q（不显示安装过程）等；[命令]为所要进行的操作；[软件包名称]是要操作的对象。

10.2.2　YUM 本地仓库配置

YUM 仓库的配置非常简单，下面详细介绍在 VMware Workstation 15Pro 环境下配置

YUM 仓库的过程。

步骤 1：设置虚拟光驱，装入 CentOS 7 光盘。选择"编辑虚拟机设置"选项，打开如图 10.1 所示"虚拟机设置"对话框。

步骤 2：选择"CD/DVD（IDE）"选项，找到映像文件所在位置后装入光盘，如图 10.2 所示。

图 10.1 "虚拟机设置"对话框

图 10.2 装入光盘

步骤 3：将光盘挂载到/mnt/iso 目录下。

```
[root@LinuxServer ~]# mkdir /mnt/iso
[root@LinuxServer ~]# mount /dev/sr0 /mnt/iso/
mount: /dev/sr0 写保护，将以只读方式挂载
[root@LinuxServer ~]# df -h
文件系统                  容量   已用  可用 已用% 挂载点
/dev/mapper/centos-root   10G   3.7G  6.4G   37%  /
devtmpfs                 894M     0   894M   0%  /dev
tmpfs                    910M     0   910M   0%  /dev/shm
tmpfs                    910M    11M  900M   2%  /run
tmpfs                    910M     0   910M   0%  /sys/fs/cgroup
/dev/sda1                497M   172M  326M   35%  /boot
tmpfs                    182M   4.0K  182M   1%  /run/user/42
tmpfs                    182M    24K  182M   1%  /run/user/0
/dev/sr0                 4.3G   4.3G     0  100%  /mnt/iso
```

步骤 4：删除/etc/yum.repos.d/目录下的所有文件。

```
[root@LinuxServer ~]# rm -rf /etc/yum.repos.d/*
```

步骤 5：在/etc/yum.repos.d/目录中创建后缀名为.repo 的配置文件，编辑配置文件的内容如图 10.3 所示。

```
[root@LinuxServer ~]# touch /etc/yum.repos.d/local.repo
[root@LinuxServer ~]# ls /etc/yum.repos.d/
local.repo
[root@LinuxServer ~]# vim /etc/yum.repos.d/local.repo
```

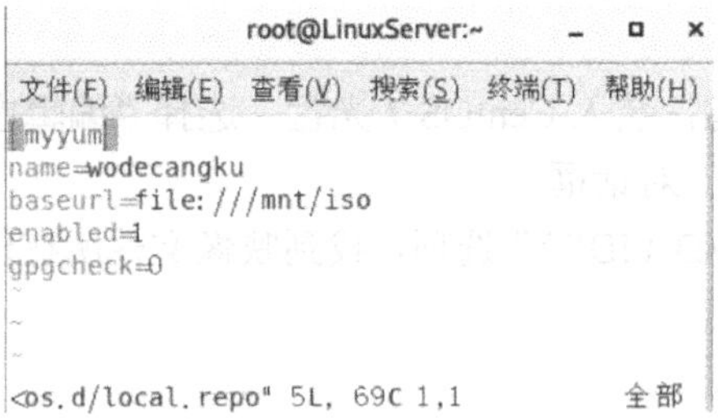

图 10.3 YUM 本地仓库配置文件内容

说明 1： 仓库的配置文件必须保存到/etc/yum.repos.d/目录中。

说明 2： 文件名可自定义，但后缀名必须为.repo，其中：

☑ [ ]内是仓库名字，可自行配置；

☑ name=wodecangku，是对仓库的描述，可以选择性使用，名称可自定义；

☑ baseurl= file:///mnt/iso，baseurl 可以指向本地、FTP 和互联网，所以有 3 种配置，分别是"file://""ftp://""http://"，Linux 系统中一切以根开始的路径必须加"/"，所以是"file:///mnt/iso"，即光盘所挂载到的目录；

☑ enabled=1，是否启用仓库，1 表示启用，0 表示不启用；

☑ gpgcheck=0，是否检查软件的 KEY，0 表示不检查。

步骤 6： 测试。

```
[root@LinuxServer ~]# yum -y install vsftpd
已加载插件：fastestmirror, langpacks
Loading mirror speeds from cached hostfile
正在解决依赖关系
--> 正在检查事务
---> 软件包 vsftpd.x86_64.0.3.0.2-25.el7 将被 安装
--> 解决依赖关系完成
依赖关系解决

================================================================================
 Package        架构          版本            源             大小
================================================================================
正在安装:
 vsftpd         x86_64        3.0.2-25.el7    myyum          171 k
事务概要
================================================================================
安装   1 软件包
总下载量：171 k
安装大小：353 k
Downloading packages:
Running transaction check
Running transaction test
Transaction test succeeded
Running transaction
  正在安装       : vsftpd-3.0.2-25.el7.x86_64                         1/1
  验证中         : vsftpd-3.0.2-25.el7.x86_64                         1/1
已安装：
  vsftpd.x86_64 0:3.0.2-25.el7
完毕！
```

说明：软件包从 myyum 仓库中获取。

10.2.3 YUM FTP 仓库配置

使用 FTP 仓库的前提是已在 FTP 服务器上配置了相应的文件，本书已在 IP 地址为 10.8.31.126 的 FTP 服务器上配置了 Linux 安装文件。YUM FTP 仓库的配置方法如下。

步骤 1：编写配置文件，其内容如图 10.4 所示。

```
[root@client ~]# touch /etc/yum.repos.d/client.repo
[root@ client ~]# ls /etc/yum.repos.d/
client.repo
[root@ client ~]# vim /etc/yum.repos.d/client.repo
```

图 10.4　YUM FTP 仓库配置文件内容

说明：通过 FTP 方式获取 10.8.31.126 中的 YUM 源，其中 pub 是 FTP 服务器的共享目录，iso 中是光盘所挂载的目录。

步骤 2：测试。

```
[root@client ~]# yum -y install vsftpd
已加载插件：fastestmirror, langpacks
Loading mirror speeds from cached hostfile
正在解决依赖关系
--> 正在检查事务
---> 软件包 vsftpd.x86_64.0.3.0.2-25.el7 将被 安装
--> 解决依赖关系完成
依赖关系解决
```

Package	架构	版本	源	大小
正在安装：				
vsftpd	x86_64	3.0.2-25.el7	clientyum	171 k
事务概要				

```
安装  1 软件包
总下载量：171 k
安装大小：353 k
Downloading packages:
vsftpd-3.0.2-25.el7.x86_64.rpm                              | 171 kB   00:00:00
Running transaction check
Running transaction test
Transaction test succeeded
```

```
Running transaction
  正在安装          : vsftpd-3.0.2-25.el7.x86_64                    1/1
  验证中            : vsftpd-3.0.2-25.el7.x86_64                    1/1
已安装:
  vsftpd.x86_64 0:3.0.2-25.el7
完毕!
```

说明:软件包从 clientyum 仓库中获取。

10.2.4　YUM 操作

1．安装

☑ yum install:全部安装;

☑ yum install package1:安装指定的安装包 package1;

☑ yum groups install group1:安装程序组 group1。

【实例】　安装 samba 服务。

```
[root@client ~]# yum -y install samba
已加载插件: fastestmirror, langpacks
Loading mirror speeds from cached hostfile
正在解决依赖关系
--> 正在检查事务
---> 软件包 samba.x86_64.0.4.8.3-4.el7 将被 安装
--> 正在处理依赖关系 samba-libs = 4.8.3-4.el7,它被软件包 samba-4.8.3-4.el7.x86_64 需要
--> 正在处理依赖关系 samba-common-tools = 4.8.3-4.el7,它被软件包 samba-4.8.3-4.el7.x86_64 需要
--> 正在处理依赖关系 libxattr-tdb-samba4.so(SAMBA_4.8.3)(64bit),它被软件包
samba-4.8.3-4.el7.x86_64 需要
--> 正在处理依赖关系 libxattr-tdb-samba4.so()(64bit),它被软件包 samba-4.8.3-4.el7.x86_64 需要
--> 正在检查事务
---> 软件包 samba-common-tools.x86_64.0.4.8.3-4.el7 将被 安装
---> 软件包 samba-libs.x86_64.0.4.8.3-4.el7 将被 安装
--> 正在处理依赖关系 libpytalloc-util.so.2(PYTALLOC_UTIL_2.1.9)(64bit),它被软件包
samba-libs-4.8.3-4.el7.x86_64 需要
--> 正在处理依赖关系 libpytalloc-util.so.2(PYTALLOC_UTIL_2.1.6)(64bit),它被软件包
samba-libs-4.8.3-4.el7.x86_64 需要
--> 正在处理依赖关系 libpytalloc-util.so.2(PYTALLOC_UTIL_2.0.6)(64bit),它被软件包
samba-libs-4.8.3-4.el7.x86_64 需要
--> 正在处理依赖关系 libpytalloc-util.so.2()(64bit),它被软件包 samba-libs-4.8.3-4.el7.x86_64 需要
--> 正在检查事务
---> 软件包 pytalloc.x86_64.0.2.1.13-1.el7 将被 安装
--> 解决依赖关系完成
依赖关系解决
```

Package	架构	版本	源	大小
正在安装:				
samba	x86_64	4.8.3-4.el7	clientyum	680 k
为依赖而安装:				
pytalloc	x86_64	2.1.13-1.el7	clientyum	17 k
samba-common-tools	x86_64	4.8.3-4.el7	clientyum	448 k

| samba-libs | x86_64 | 4.8.3-4.el7 | clientyum | 276 k |

事务概要
==

安装　1 软件包 (+3 依赖软件包)
总下载量：1.4 M
安装大小：3.7 M
Downloading packages:
(1/4): pytalloc-2.1.13-1.el7.x86_64.rpm | 17 kB 00:00:00
(2/4): samba-4.8.3-4.el7.x86_64.rpm | 680 kB 00:00:00
(3/4): samba-common-tools-4.8.3-4.el7.x86_64.rpm | 448 kB 00:00:00
(4/4): samba-libs-4.8.3-4.el7.x86_64.rpm | 276 kB 00:00:00

总计 9.7 MB/s | 1.4 MB 00:00
Running transaction check
Running transaction test
Transaction test succeeded
Running transaction
　　正在安装　: pytalloc-2.1.13-1.el7.x86_64 1/4
　　正在安装　: samba-libs-4.8.3-4.el7.x86_64 2/4
　　正在安装　: samba-common-tools-4.8.3-4.el7.x86_64 3/4
　　正在安装　: samba-4.8.3-4.el7.x86_64 4/4
　　验证中　: pytalloc-2.1.13-1.el7.x86_64 1/4
　　验证中　: samba-4.8.3-4.el7.x86_64 2/4
　　验证中　: samba-common-tools-4.8.3-4.el7.x86_64 3/4
　　验证中　: samba-libs-4.8.3-4.el7.x86_64 4/4
已安装:
　samba.x86_64 0:4.8.3-4.el7
作为依赖被安装:
　pytalloc.x86_64 0:2.1.13-1.el7　　　　　samba-common-tools.x86_64 0:4.8.3-4.el7
　samba-libs.x86_64 0:4.8.3-4.el7

完毕!

　　说明：使用 YUM 安装时，系统会找到所有依赖的软件包，并从仓库中将所有软件包下载后自动安装。

　　Linux 系统对相似或提供相关功能的软件包还有公共的分组，可以使用 yum groups list 命令列出软件仓库中的分组。

2. 更新和升级

☑ yum update：全部更新；
☑ yum update package1：更新指定程序包 package1；
☑ yum check-update：检查可更新的程序；
☑ yum upgrade package1：升级指定程序包 package1。

【实例】 更新 samba 服务器。

```
[root@client ~]# yum update samba
已加载插件: fastestmirror, langpacks
Loading mirror speeds from cached hostfile
No packages marked for update
```

说明：没有新的安装包，所以无法更新。

3．查找和显示

☑ yum info package1：显示安装包 package1 的信息；

☑ yum list：显示所有已经安装和可以安装的程序包；

☑ yum list package1：显示指定程序包 package1 的安装情况；

☑ yum groups info group1：显示程序组 group1 的信息；

☑ yum search string：根据关键字 string 查找安装包。

使用 yum list 命令可以列出系统已安装的软件包和仓库中可用的软件包，如表 10.7 所示，其命令格式为：yum list [...]。

表 10.7　yum list 命令

子 命 令	说　　明
yum list [all | package1] [package2] [...]	列出所有已安装和仓库中可用的软件包
yum list available [package 1] [...]	列出仓库中所有可用的软件包
yum list updates [package 1] [...]	列出仓库中比系统已安装软件包新的软件包
yum list installed [package1] [...]	列出已安装的软件包
yum list recent	列出新加入仓库的软件包

【实例】 列出符合条件的所有软件包。

```
[root@client ~]# yum list samba
已加载插件：fastestmirror, langpacks
Loading mirror speeds from cached hostfile
已安装的软件包
samba.x86_64                    4.8.3-4.el7                    @clientyum
```

4．删除程序

☑ yum remove package1　删除程序包 package1；

☑ yum groups remove group1　删除程序组 group1；

☑ yum deplist package1　查看程序包 package1 的依赖情况。

【实例】　删除 samba 服务。

```
[root@client ~]# yum remove samba
已加载插件：fastestmirror, langpacks
正在解决依赖关系
--> 正在检查事务
---> 软件包 samba.x86_64.0.4.8.3-4.el7 将被 删除
--> 解决依赖关系完成
依赖关系解决
```

Package	架构	版本	源	大小
正在删除：				
samba	x86_64	4.8.3-4.el7	@clientyum	1.9 M
事务概要				

```
移除    1 软件包
安装大小: 1.9 M
是否继续? [y/N]: y
Downloading packages:
Running transaction check
Running transaction test
Transaction test succeeded
Running transaction
    正在删除     : samba-4.8.3-4.el7.x86_64                                    1/1
    验证中       : samba-4.8.3-4.el7.x86_64                                    1/1
删除:
    samba.x86_64 0:4.8.3-4.el7
完毕!
```

5. 清除缓存

☑ yum clean packages: 清除缓存目录下的软件包;

☑ yum clean headers: 清除缓存目录下的 headers;

☑ yum clean all: 清除所有缓存。

【实例】 清除缓存。

```
[root@client ~]# yum clean all
已加载插件: fastestmirror, langpacks
正在清理软件源:  clientyum
Cleaning up list of fastest mirrors
Other repos take up 160 M of disk space (use --verbose for details)
```

10.3 　源码安装

10.3.1　源码安装基础

源码安装

在 Linux 中,使用最广泛的仍然是开源软件,即代码是开放的。源代码被打包成*.tar.gz 格式在互联网中传播,下载后需编译成二进制格式才可运行使用,这种方式称为源码安装。

前面章节中介绍了 RPM 和 YUM 两种安装方式。但是目前仍有很多软件程序只有源码包的形式,若只用 RPM 和 YUM 的方式安装,源码包便无法安装,只能依靠第三方组织将这些源码包编译成 RPM 包后才可使用,所以本节将介绍源码安装方式。

源码安装的特点如下:

(1)源码包的可移植性好;

(2)使用源码包安装服务程序时会有一个编译过程,因此可以更好地适应安装主机的环境,安装后运行效率和优化程序也会强于其他方式。

10.3.2　源码安装过程

源码安装时需保证 Linux 系统可连接互联网,以便下载源码包。下面详细介绍源码安装的过程。

步骤 1： 因开源软件多数使用 C/C++语言开发，所以需要使用 gcc 或 make 等编译工具，编译工具使用 YUM 安装即可。

```
[root@LinuxServer ~]# yum -y install gcc
[root@LinuxServer ~]# yum -y install make
```

说明： 因篇幅限制，此处不再显示安装的详细过程。

步骤 2： 下载并解压源码包文件。为了在互联网中传输方便，源码包一般会使用 gzip 或 bzip2 压缩，所以源码包会以.tar.gz 或.tar.bz2 为后缀。要想使用源码包安装，则必须先解压后，再切换到源码包目录中安装。

从互联网中下载 apr-1.6.5.tar.gz 源码包，并解压。

```
[root@LinuxServer ~]# wget http://mirrors.hust.edu.cn/apache//apr/apr-1.6.5.tar.gz
--2019-05-23 17:55:13--  http://mirrors.hust.edu.cn/apache//apr/apr-1.6.5.tar.gz
正在解析主机 mirrors.hust.edu.cn (mirrors.hust.edu.cn)... 202.114.18.160
正在连接 mirrors.hust.edu.cn (mirrors.hust.edu.cn)|202.114.18.160|:80... 已连接。
已发出 HTTP 请求，正在等待回应... 200 OK
长度: 1073556 (1.0M) [application/octet-stream]
正在保存至: "apr-1.6.5.tar.gz"

100%[==================================================================>] 1,073,556    203KB/s 用时 5.2s

2019-05-23 17:55:19 (203 KB/s) - 已保存 "apr-1.6.5.tar.gz" [1073556/1073556])
[root@LinuxServer ~]# tar zxf ./apr-1.6.5.tar.gz -C /usr/src
[root@LinuxServer ~]# ls /usr/src
apr-1.6.5   debug   kernels
```

说明： wget 命令用于从互联网中下载资源，下载的包默认保存到当前目录下。建议将压缩包解压到/usr/src 目录。

步骤 3： 编译源码包文件。在使用源码安装之前，还需使用编译脚本对当前系统进行一系列评估，包括对源码包文件、软件之间及函数库之间的依赖关系、编译器、汇编器及连接器进行检查。还可以使用--prefix 参数指定源码包的安装路径，从而对服务程序的安装过程更加可控。编译工作结束后，若系统环境符合安装要求，则会在当前目录下生成一个 Makefile 安装文件。

进入 apr-1.6.5 目录下，执行 configure 脚本编译源码包。

```
[root@LinuxServer ~]# cd /usr/src/apr-1.6.5/
[root@LinuxServer apr-1.6.5]# ./configure
checking build system type... x86_64-pc-linux-gnu
checking host system type... x86_64-pc-linux-gnu
checking target system type... x86_64-pc-linux-gnu
Configuring APR library
Platform: x86_64-pc-linux-gnu
checking for working mkdir -p... yes
APR Version: 1.6.5
……
```

说明 1： 在解压后的源码包目录下，执行 configure 脚本即可，可选择性使用--prefix 参数。

说明 2：源码安装过程中，会输出大量的过程信息，这些信息意义不大，所以本书因篇幅限制，只截取部分输出结果。

步骤 4：生成二进制安装程序。刚生成的 Makefile 文件会保存有关的系统环境、软件依赖关系和安装规则等内容，然后使用 make 命令根据 Makefile 文件内容提供的合适规则编译，生成真正可供用户安装的二进制可执行文件。

生成 apr-1.6.5 的二进制安装程序。

```
[root@LinuxServer apr-1.6.5]# make
make[1]: 进入目录 "/usr/src/apr-1.6.5"
/usr/src/apr-1.6.5/build/mkdir.sh tools
/bin/sh /usr/src/apr-1.6.5/libtool --silent --mode=compile gcc -g -O2 -pthread    -DHAVE_CONFIG_H
-DLINUX   -D_REENTRANT   -D_GNU_SOURCE          -I./include   -I/usr/src/apr-1.6.5/include/arch/unix
-I./include/arch/unix -I/usr/src/apr-1.6.5/include/arch/unix
……
```

步骤 5：运行二进制的服务程序安装包。该步骤执行速度最快，因为不需要再检查环境，也不需要编译代码。如果之前使用了--prefix 参数，则服务程序会被安装到指定目录中；若没有加--prefix 参数，则一般默认安装到/usr/local/bin 目录中。

运行 apr-1.6.5 的二进制服务安装程序包。

```
[root@LinuxServer apr-1.6.5]# make install
make[1]: 进入目录 "/usr/src/apr-1.6.5"
make[1]: 对 "local-all" 无需做任何事。
make[1]: 离开目录 "/usr/src/apr-1.6.5"
/usr/src/apr-1.6.5/build/mkdir.sh /usr/local/apr/lib /usr/local/apr/bin /usr/local/apr/build-1 \
            /usr/local/apr/lib/pkgconfig /usr/local/apr/include/apr-1
mkdir /usr/local/apr
……
```

至此，已完成源码安装。

步骤 6：使用-v 参数测试是否安装成功。

测试 apr-1.6.5 是否安装成功。

```
[root@LinuxServer apr-1.6.5]# arp -v
Address          HWtype      HWaddress            Flags Mask           Iface
gateway          ether       60:da:83:6e:32:a8    C                    ens33
Entries: 1   Skipped: 0 Found: 1
```

出现此结果，代表源码包安装成功。

步骤 7：清理源码包临时文件。在源码安装过程中，因进行了代码编译工作，会在安装目录中留下很多临时的垃圾文件，为了不浪费磁盘存储空间，可以使用 make clean 命令对临时文件进行彻底的清理。

清理编译后产生的垃圾文件。

```
[root@LinuxServer apr-1.6.5]# make clean
Making clean in test
make[1]: 进入目录 "/usr/src/apr-1.6.5/test"
Making clean in internal
make[2]: 进入目录 "/usr/src/apr-1.6.5/test/internal"
make[3]: 进入目录 "/usr/src/apr-1.6.5/test/internal"
```

```
rm -f ./*.o ./*.lo ./*.a ./*.la ./*.so ./*.obj
rm -rf ./.libs
rm -f testregex
……
```

10.4　内核升级

内核升级

有些人习惯用 Linux 来表示整个操作系统，但严格来说，Linux 只是一个内核。在正常使用期间，内核负责执行两个重要任务：①作为硬件与系统上运行的软件之间的接口；②尽可能高效地管理系统资源。内核通过内置的驱动程序或以后可作为模块安装的驱动程序与硬件通信。

随着新技术的定期更新，保持最新的内核尤为重要。内核升级既可以利用新的内核函数，又能保护系统免受先前版本中发现的漏洞攻击，下面详细介绍一下内核升级的过程。

步骤 1：检查已安装的内核版本。安装 Linux 系统的同时，包含了一个特定版本的内核，可以使用 uname -sr 命令查看。

```
[root@LinuxServer ~]# uname -sr
Linux 3.10.0-514.el7.x86_64
```

步骤 2：在 CentOS 7 中升级内核。使用 YUM 升级内核时，只会将内核升级到仓库中可用的最新版本，而不是 https://www.kernel.org/ 中的最新版本。本书使用第三方仓库 ELRepo 将内核升级到最新版本。CentOS 需在可连接互联网的状态下启用 ELRepo 仓库。

```
[root@LinuxServer ~]# rpm --import https://www.elrepo.org/RPM-GPG-KEY-elrepo.org
[root@LinuxServer ~]# rpm -Uvh
http://www.elrepo.org/elrepo-release-7.0-3.el7.elrepo.noarch.rpm
获取 http://www.elrepo.org/elrepo-release-7.0-2.el7.elrepo.noarch.rpm
获取 http://elrepo.org/elrepo-release-7.0-3.el7.elrepo.noarch.rpm
准备中...                          ################################# [100%]
正在升级/安装...
    1:elrepo-release-7.0-3.el7.elrepo  ################################# [100%]
```

说明：启用方法和升级的版本可在 http://www.elrepo.org 网站中查询。

ELRepo 仓库启用后，可查看系统中可用的内核相关包。

```
[root@LinuxServer ~]#yum --disablerepo="*" --enablerepo="elrepo-kernel" list available
已加载插件：fastestmirror, langpacks
elrepo-kernel                                        | 2.9 kB   00:00:00
elrepo-kernel/primary_db                             | 1.8 MB   00:00:05
Loading mirror speeds from cached hostfile
 * elrepo-kernel: ftp.ne.jp
可安装的软件包
kernel-lt.x86_64              4.4.180-2.el7.elrepo              elrepo-kernel
kernel-lt-devel.x86_64        4.4.180-2.el7.elrepo              elrepo-kernel
kernel-lt-doc.noarch          4.4.180-2.el7.elrepo              elrepo-kernel
kernel-lt-headers.x86_64      4.4.180-2.el7.elrepo              elrepo-kernel
kernel-lt-tools.x86_64        4.4.180-2.el7.elrepo              elrepo-kernel
kernel-lt-tools-libs.x86_64   4.4.180-2.el7.elrepo              elrepo-kernel
```

kernel-lt-tools-libs-devel.x86_64	4.4.180-2.el7.elrepo	elrepo-kernel
kernel-ml.x86_64	5.1.5-1.el7.elrepo	elrepo-kernel
kernel-ml-devel.x86_64	5.1.5-1.el7.elrepo	elrepo-kernel
kernel-ml-doc.noarch	5.1.5-1.el7.elrepo	elrepo-kernel
kernel-ml-headers.x86_64	5.1.5-1.el7.elrepo	elrepo-kernel
kernel-ml-tools.x86_64	5.1.5-1.el7.elrepo	elrepo-kernel
kernel-ml-tools-libs.x86_64	5.1.5-1.el7.elrepo	elrepo-kernel
kernel-ml-tools-libs-devel.x86_64	5.1.5-1.el7.elrepo	elrepo-kernel
perf.x86_64	5.1.5-1.el7.elrepo	elrepo-kernel
python-perf.x86_64		

说明：由查看结果得出，最新版本的内核为 5.1.5。

步骤 3：安装最新内核。

```
[root@LinuxServer ~]#yum --enablerepo=elrepo-kernel install kernel-ml
已加载插件：fastestmirror, langpacks
elrepo                                              | 2.9 kB      00:00
zhang                                               | 3.6 kB      00:00
elrepo/primary_db                                   | 408 kB      00:02
Loading mirror speeds from cached hostfile
 * elrepo: hkg.mirror.rackspace.com
 * elrepo-kernel: hkg.mirror.rackspace.com
正在解决依赖关系
--> 正在检查事务
---> 软件包 kernel-ml.x86_64.0.5.1.5-1.el7.elrepo 将被 安装
--> 解决依赖关系完成
依赖关系解决
```

Package	架构	版本	源	大小
正在安装：				
kernel-ml	x86_64	5.1.5-1.el7.elrepo	elrepo-kernel	47 M
事务概要				

```
安装   1 软件包
总下载量：47 M
安装大小：214 M
Is this ok [y/d/N]: y
Downloading packages:
kernel-ml-5.1.5-1.el7.elrepo.x86_64.rpm                   | 47 MB      01:44
Running transaction check
Running transaction test
Transaction test succeeded
Running transaction
警告：RPM 数据库已被非 yum 程序修改。
** 发现 3 个已存在的 RPM 数据库问题，'yum check' 输出如下：
ipa-client-4.4.0-12.el7.centos.x86_64 有已安装冲突 freeipa-client: ipa-client-4.4.0-12.el7.centos.x86_64
ipa-client-common-4.4.0-12.el7.centos.noarch 有已安装冲突 freeipa-client-common:
ipa-client-common- 4.4.0-12.el7.centos.noarch
ipa-common-4.4.0-12.el7.centos.noarch 有已安装冲突 freeipa-common:
ipa-common-4.4.0- 12.el7.centos.noarch
正在安装      : kernel-ml-5.1.5-1.el7.elrepo.x86_64                           1/1
```

```
    验证中      : kernel-ml-5.1.5-1.el7.elrepo.x86_64                                    1/1
已安装:
    kernel-ml.x86_64 0:5.1.5-1.el7.elrepo
完毕!
```

步骤 4: 重启后运行最新内核。启动界面会同时存在新内核和旧内核,可选择新内核启动,如图 10.5 所示。也可使用 uname -sr 命令查看新内核。

```
CentOS Linux (5.1.5-1.el7.elrepo.x86_64) 7 (Core)
CentOS Linux (3.10.0-514.el7.x86_64) 7 (Core)
CentOS Linux (0-rescue-3f0084bb3aa041d8ad9cf78d9f63ae85) 7 (Core)
```

图 10.5   重启后选择新内核

10.5   小结

本章主要讲述了软件包管理的三种方法,以及如何完成系统内核升级。RPM 方式适用于对.rpm 格式的软件包进行安装、升级、卸载、校验和查询操作,但会存在软件包依赖问题。YUM 方式可以一次性自动解决软件包依赖问题,可通过本地、FTP、HTTP 三种方式搭建 YUM 仓库源,从而实现安装、升级、卸载等操作。源码安装适用于对互联网中被压缩的源码包进行安装,该方式兼容性高,但出错率也很高。内核升级可使系统保持最新版内核,从而保护系统免受先前版本中发现的漏洞攻击。

实训 10   软件包管理

一、实训目的

☑ 熟悉 Linux 用户的软件管理;
☑ 掌握在 Linux 系统中 RPM、YUM、源码安装的方法;
☑ 掌握 Linux 系统中内核升级的方法。

二、实训内容

(1)RPM 安装、校验、卸载、更新软件的方法。
(2)YUM 安装、卸载、更新软件的方法。
(3)在线源码安装方法。
(4)在线内核升级方法。

三、项目背景

小 A 的 Linux 操作水平越来越高,系统自带的软件已经远远不能满足小 A 的学习和使用。小 A 希望能从 Linux 中安装、更新和卸载软件，并完成在线源码包安装和内核升级。

四、实训步骤

任务 1：RPM 管理。

（1）安装 httpd，掌握其中的依赖关系；

（2）安装 xinetd；

（3）更新 xinetd；

（4）卸载 xinetd 和 httpd。

任务 2：YUM 管理。

（1）配置本地 YUM 仓库，完成任务 1 中的所有操作；

（2）配置 FTP YUM 仓库，完成任务 1 中的所有操作。

任务 3：源码安装。

（1）在线下载可用的源码包；

（2）解压后安装源码包。

任务 4：内核升级。

（1）启用第三方仓库 ELRepo；

（2）在线更新系统内核到最新版本。

第11章
进程管理

Linux 系统中，基本所有的操作都以进程的形式进行，比如浏览网页、编辑文档、观看视频等。Linux 是一个多用户多任务的操作系统，即多进程操作系统。每个程序启动时都会创建一个或者多个进程，与其他程序创建的进程共同运行在 Linux 内核中。每个进程是一个独立的任务，进程依据操作系统内核制定的规则，轮换着被 CPU 执行，一般 CPU 对于进程的执行采用时间片轮换的方法。每个进程运行在自己的空间内，只有通过操作系统内核才能与其进行交互。

进程的管理其实属于 Linux 内核或原理中应该讲解的部分，但对于初学者来说过于复杂。为了更好地学习和管理 Linux 系统，本章将介绍进程管理的部分知识，包括进程基础、进程查看、终止进程、定时任务及 SElinux 基础。

11.1　进程基础

进程基础

计算机中的多个程序在同时执行时，需要共享系统资源，从而导致各程序在执行过程中出现相互制约的关系，程序的执行表现出间断性的特征。这些特征都是在程序的执行过程中发生的，是动态的过程，而传统的程序本身是一组指令的集合，是一个静态的概念，无法描述程序在内存中的执行情况，即用户无法从程序的字面上看出它何时执行、何时停顿，也无法看出它与其他执行程序的关系，因此，程序这个静态概念已不能如实反映其并发执行过程的特征。为了深刻描述程序动态执行过程的性质，人们引入"进程（Process）"概念。

进程，是计算机中已运行程序的实体。进程曾经是分时系统的基本运行单位。在面向进程设计的系统，如早期的 UNIX、Linux2.4 及更早的版本中，进程是程序的基本执行实体；在面向线程设计的系统，如现在多数操作系统、Linux 2.6 及更新的版本中，进程不是基本运行单位，而是线程的容器。程序只是指令、数据及其组织形式的描述，进程才是程序（指令和数据）的真正运行实体。若干进程有可能与同一个程序相关联，且每个进程皆可以同步或异步的方式独立运行。现代计算机系统可在同一段时间内以进程的形式将多个程序加载到存储器中，并借由时间共享，在一个处理器上表现出同时运行的感觉。同样地，使用多线程技术（多线程即每个线程都代表一个进程内的一个独立执行上下文）的操作系统或计算机架构，同样程序的平行线程，可在多 CPU 主机或网络上真正同时运行。

在进程的生存期内，将使用许多系统资源。进程使用系统 CPU 来运行自己的指令，并使用系统的物理内存保存自己的数据。进程打开和使用文件系统的文件，并直接或间接地使用系统的物理设备。Linux 必须跟踪进程本身及其所拥有的资源,来保证能够公平地管理所有进程。Linux 系统与其他操作系统不同,进程的创建和命令的执行是两个不同的概念。虽然一般创建一个新的进程是为了执行一个指定的命令,但不运行新命令也可以创建进程,不创建新进程也可以执行命令。

11.1.1 进程定义

狭义定义:进程就是一段程序的执行过程。

广义定义:进程是一个具有一定独立功能的程序关于某个数据集合的一次运行活动。它是操作系统动态执行的基本单元,在传统的操作系统中,进程既是基本的分配单元,也是基本的执行单元。

使用者下达运行程序的命令后,就会产生进程。同一程序可产生多个进程(一对多关系),以允许同时有多位使用者运行同一程序,却不会相互冲突。进程需要资源才能完成工作,如 CPU 使用时间、存储器、文件及 I/O 设备等,且为依序逐一进行,即每个 CPU 任何时间内仅能运行一项进程。

11.1.2 进程分类

进程一般分为守护进程、交互式进程、批处理进程和实时进程四类。

(1)**守护进程**:总是处于活跃状态,一般在后台运行。守护进程一般是在系统开机时通过脚本自动激活启动或由超级用户 root 启动。比如在 CentOS 或 Red Hat 中,可以设置 httpd 服务为开机自动启动,设置方法是 systemctl enable httpd.service。

(2)**交互式进程**:一般是由 Shell 启动的进程。这些进程经常和用户发生交互,所以要花费一些时间等待用户的操作。当有输入时,进程必须很快地激活,要求延迟在 50~150 毫秒。典型的交互式进程有控制台命令 Shell、文本编辑器和图形应用程序。

(3)**批处理进程**:不需要用户交互,一般在后台运行。因此这类进程不需要非常快的反应,经常被调度期限制。典型的批处理进程有编译器、数据库搜索引擎和科学计算。

(4)**实时进程**:对调度有非常严格的要求,不能被低优先级进程阻塞,并且需要在很短的时间内做出反应。典型的实时进程有音视频应用程序、机器人控制等。

批处理进程可能与 I/O 或者 CPU 有关,但是实时进程完全通过 Linux 的调度算法识别。其实交互式进程和批处理进程很难区别。

11.1.3 进程状态

Linux 是一个多用户多任务的系统,可以同时运行多个用户的多个程序,则必然会产生很多的进程,而且每个进程会有不同的状态。进程状态一般分为五种,在进程管理过程中始终会处于某种状态,进程的当前状态决定了进程如何及何时获得 CPU 的访问权限。

(1)**运行状态**:正在运行或在运行队列中等待;

(2)**中断状态**:休眠中或受阻或在等待某个条件的形成或接收到信号;

(3)**不可中断状态**:收到信号不唤醒和不可运行,进程必须等待直到有中断发生;

(4)**僵死状态**:进程已终止,进程描述符存在,直到父进程调用后释放;

（5）**停止状态**：进程收到 SIGSTOP、SIGSTP、SIGTIN、SIGTOU 信号后停止运行。

Linux 中 ps 命令标志进程的五种状态的状态码如下。

（1）D：不可中断，uninterruptible sleep；

（2）R：运行，runnable；

（3）S：中断，sleeping；

（4）Z：僵死，a defunct process；

（5）T：停止，traced or stopped。

Linux 除了使用内核本身管理这些进程调度，还将这些信息通过工具程序传递给用户，并通过工具程序接受用户对某个进程的处理。

11.1.4　进程属性

进程的属性即描述进程的信息，包含以下几个部分：

☑ 进程 ID（PID)：数值唯一，用来区分进程；

☑ 父进程和父进程的 ID（PPID)；

☑ 启动进程的用户 ID（UID）和所归属的组 ID（GID)；

☑ 进程状态：状态分为运行 R、中断 S、僵死 Z；

☑ 进程执行的优先级；

☑ 进程所连接的终端名；

☑ 进程资源占用：比如占用资源大小（内存、CPU 占用量）。

11.2　查看进程

进程管理

Linux 系统管理员必须熟练掌握进程管理的操作。下面详细介绍进程管理的方法及进程管理中出现的一些问题，包括内存状态查看命令 free、进程查看命令 ps、树状形式查看进程命令 pstree，及动态查看进程命令 top。

1．查看内存状态

命令名称：free。

使用方式：free　[参数]。

说　　明：显示内存状态信息。free 命令显示内存使用情况，包括物理内存、虚拟交换文件内存、共享内存区段，以及系统核心使用的缓冲区。

参　　数：

-b：以 Byte 为单位显示内存使用情况；

-k：以 KB 为单位显示内存使用情况；

-m：以 MB 为单位显示内存使用情况；

-g：以 GB 为单位显示内存使用情况；

-t：显示 Linux 的全部内存；

-o：不显示缓存区调节行；

-s 间隔秒数：持续观察内存使用情况。

【实例】 显示内存的使用情况。

```
[root@LinuxServer ~]# free
            total       used        free      shared    buff/cache   available
Mem:     1863252     666132      486456       20100       710664      960440
Swap:    2097148          0     2097148
```

说明：

total：总计物理内存大小；

used：已使用的内存数；

free：空闲的内存数；

shared：表示多个进程共享的内存总和；

buff/ cache：表示磁盘缓存的大小；

available：系统可用内存数。

【实例】 以 **MB** 为单位显示内存使用情况。

```
[root@LinuxServer ~]# free -m
            total       used        free      shared    buff/cache   available
Mem:       1819        705         419          19          695          882
Swap:      2047          0        2047
```

【实例】 每隔 **5** 秒钟查看一次内存状态。

```
[root@LinuxServer ~]# free -s 5
            total       used        free      shared    buff/cache   available
Mem:     1863252     729076      420408       21788       713768      894956
Swap:    2097148          0     2097148

            total       used        free      shared    buff/cache   available
Mem:     1863252     729044      420440       21788       713768      894988
Swap:    2097148          0     2097148

            total       used        free      shared    buff/cache   available
Mem:     1863252     729028      420456       21788       713768      895004
Swap:    2097148          0     2097148
```

2．查看进程运行情况

命令名称：ps。

使用方式：ps　[参数]。

说　　明：显示进程信息。

参　　数：

　　　　-A：显示所有进程，与-e 作用相同；

　　　　-a：显示与 terminal 无关的所有进程；

　　　　-u：显示与有效使用者（Effective User）相关的进程；

　　　　-x：通常与-a 参数一起使用，可显示较完整的信息。

输出格式规划：

　　　　-l：显示该 PID 的详细信息；

　　　　-j：显示工作的格式；

-f: 显示一个更为完整的输出。

【实例】 查看属于自己的进程的基本情况。

```
[root@LinuxServer ~]# ps
  PID TTY      TIME     CMD
 8901 pts/0   00:00:00  bash
 8975 pts/0   00:00:00  ps
```

说明：PID 是进程 ID，TTY 是登录者的终端位置，TIME 是使用 CPU 的时间，CMD 是造成程序触发的进程。

【实例】 将目前属于你自己这次登入的 **PID** 与相关信息显示出来。

```
[root@LinuxServer ~]# ps -l
F S   UID   PID  PPID  C PRI  NI ADDR SZ WCHAN   TTY     TIME     CMD
4 S    0   8901  8875  0  80   0 - 29086 do_wai  pts/0  00:00:00  bash
0 R    0   9034  8901  0  80   0 - 38309 -       pts/0  00:00:00  ps
```

说明：

F：进程的标志，代表该进程的权限；

S：进程的状态（STAT），S 为中断，R 为正在运行；

UID：进程被该 UID 所拥有；

PID：进程 ID，即进程的唯一标志；

PPID：此进程的父进程 PID；

C：使用 CPU 的资源百分比；

PRI：优先执行顺序的缩写，代表 CPU 所执行的优先级，数值越小距离执行的时间越短；

NI：Nice 值，代表进程优先级；

ADDR：指该程序在内存的哪个部分；

SZ：进程使用的内存大小；

WCHAN：目前这个程序是否正在运行当中，若为 "-" 则表示正在运行；

TTY：登录者的终端位置；

TIME：该进程使用的 CPU 时间；

CMD：造成进程触发的指令。

【实例】 列出目前所有正在内存当中的进程。

```
[root@LinuxServer ~]# ps aux
USER  PID  %CPU %MEM   VSZ   RSS TTY   STAT  START   TIME COMMAND
root    1  0.4  0.3  193832  6900 ?     Ss    17:35   0:07 /usr/lib/systemd/syst
root    2  0.0  0.0      0     0 ?     S     17:35   0:00 [kthreadd]
root    3  0.0  0.0      0     0 ?     S     17:35   0:01 [ksoftirqd/0]
root    5  0.0  0.0      0     0 ?     S<    17:35   0:00 [kworker/0:0H]
root    7  0.0  0.0      0     0 ?     S     17:35   0:00 [migration/0]
......
```

说明：

USER：该进程所属的用户；

PID：该进程的唯一 ID；

%CPU：该进程所使用的 CPU 百分比；

%MEM：进程所占用的物理内存百分比；

VSZ：该进程使用的虚拟内存量，单位为 KB；

RSS：该进程占用的固定的内存量，单位为 KB；

TTY：该进程所在的终端位置。若与终端无关，则显示 ?；若显示 tty1-tty6 则代表本机上的登录者程序；若为 pts/0 等，则表示网络连接主机的程序；

STAT：进程的状态；

START：该进程被触发启动的时间；

TIME：该进程实际使用的 CPU 时间；

COMMAND：该进程的实际命令。

【实例】 和 **grep** 结合，提取指定程序 **httpd** 的进程。

```
[root@LinuxServer ~]# ps aux | grep httpd
root      6918  0.0  0.2 230408  5192 ?   Ss 17:36 0:02 /usr/sbin/httpd -DFOREGROUND
apache 7190  0.0  0.1 232492  3160 ?   S 17:36   0:00 /usr/sbin/httpd -DFOREGROUND
apache 7191  0.0  0.1 232492  3160 ?   S 17:36   0:00 /usr/sbin/httpd -DFOREGROUND
apache 7194  0.0  0.1 232492  3160 ?   S 17:36   0:00 /usr/sbin/httpd -DFOREGROUND
apache 7195  0.0  0.1 232492  3160 ?   S 17:36   0:00 /usr/sbin/httpd -DFOREGROUND
apache 7196  0.0  0.1 232492  3160 ?   S 17:36   0:00 /usr/sbin/httpd -DFOREGROUND
root      9838  0.0  0.0 112728   988 pts/0  R+ 18:15   0:00 grep --color=auto httpd
```

【实例】 列出类似程序树的程序。

```
[root@LinuxServer ~]# ps axjf
 PPID  PID  PGID   SID TTY    TPGID STAT  UID  TIME COMMAND
    0    2     0     0 ?        -1  S      0  0:00 [kthreadd]
    2    3     0     0 ?        -1  S      0  0:01  \_ [ksoftirqd/0]
    2    5     0     0 ?        -1  S<     0  0:00  \_ [kworker/0:0H]
    2    7     0     0 ?        -1  S      0  0:00  \_ [migration/0]
    2    8     0     0 ?        -1  S      0  0:00  \_ [rcu_bh]
......
```

说明：其中涉及的参数和前面讲到的含义一样，此处不再赘述。

3. 以树状形式查看进程

命令名称：pstree。

使用方式：pstree [参数]。

说　　明：以树状形式显示进程的情况。

参　　数：

　　　　-a：显示每个程序完整的命令；

　　　　-A：各进程之间以 ASCII 字符连接；

　　　　-h：显示树状图的时候标明现在执行的程序；

　　　　-l：采用长列格式显示树状图；

　　　　-u：同时列出每个进程的所有用户；

　　　　-p：显示进程 PID。

【实例】 使用默认命令查看进程树。

```
[root@LinuxServer ~]# pstree
systemd─┬─ModemManager───2*[{ModemManager}]
        ├─NetworkManager─┬─dhclient
        │                └─3*[{NetworkManager}]
        ├─VGAuthService
        ├─2*[abrt-watch-log]
        ├─abrtd
        ├─accounts-daemon───2*[{accounts-daemon}]
……
```

说明：因篇幅有限，本例中只截取了进程树的一部分。

【实例】 列出目前系统上的 ASCII 字符连接的各种进程树。

```
[root@LinuxServer ~]# pstree -A
systemd-+-ModemManager---2*[{ModemManager}]
        |-NetworkManager---2*[{NetworkManager}]
        |-VGAuthService
        |-2*[abrt-watch-log]
        |-abrtd
        |-accounts-daemon---2*[{accounts-daemon}]
……
```

说明：和默认参数相比，仅连接形式上有所差别而已，这里也只截取了进程树的一部分。

【实例】 显示当前所有进程的进程 ID。

```
[root@LinuxServer ~]# pstree -p
systemd(1)─┬─ModemManager(6292)─┬─{ModemManager}(6307)
           │                    └─{ModemManager}(6322)
           ├─NetworkManager(6453)─┬─{NetworkManager}(6467)
           │                      └─{NetworkManager}(6474)
           ├─VGAuthService(6289)
           ├─abrt-watch-log(6293)
……
```

说明：因篇幅有限，本例中只截取了进程树的一部分。

4．动态查看进程

命令名称：top。

使用方式：top [-d 秒数] [-n 执行次数] [-npc]。

说　　明：ps 命令可以查看某个时间点的进程情况，而 top 命令可以持续检测进程的运行状态。

参　　数：

　　　　-d：后面接秒数，就是整个程序画面多少秒更新一次；

　　　　-n：后接执行次数，指定监控信息的更新次数；

　　　　-p：监控指定 PID 的进程；

　　　　-c：显示每个进程完成的命令。

【实例】 使用 top 命令动态查看进程。

```
[root@LinuxServer ~]# top
top - 19:00:33 up  1:25,  2 users,  load average: 0.06, 0.04, 0.05
```

```
Tasks: 220 total,    1 running, 219 sleeping,    0 stopped,    0 zombie
%Cpu(s):  4.0 us,  3.6 sy,  0.0 ni, 92.4 id,  0.0 wa,  0.0 hi,  0.0 si,  0.0 st
KiB Mem :  1863252 total,    198724 free,    966860 used,    697668 buff/cache
KiB Swap:  2097148 total,  2097148 free,         0 used.   638756 avail Mem


  PID USER   PR  NI   VIRT     RES    SHR  S  %CPU  %MEM   TIME+   COMMAND
 7117 root   20   0  330180   42952  23096 S  9.0   2.3   0:39.29  X
 8198 root   20   0 3755364  446100  67140 S  9.0   23.9  2:09.00  gnome-shell
 ......
```

【实例】 使用图形化界面监管进程。

使用 gnome-system-monitor 命令或通过"应用程序"→"系统工具"→"系统监视器"，打开图形化界面的系统监视器，如图 11.1 所示。

图 11.1　Linux 中系统监视器

5. 进程前后台切换

默认情况下，一个命令执行后，此指令将独占 Shell，并拒绝其他输入。我们称这种为前台进程，反之则称为后台进程。每个终端，都允许有多个后台进程。对前台/后台进程的控制与调度，被称为任务控制。

☑ 命令名称 &：将一个进程直接放入后台；

☑ 【Ctrl+Z】快捷键：将一个正在运行的前台进程暂时停止，并放入后台。

【实例】 打开 **Firefox** 并将其进程放入后台。

步骤 1： 使用 firefox 命令直接打开火狐浏览器，如图 11.2 所示。

图 11.2　打开火狐浏览器并独占 Shell

步骤 2：按【Ctrl+C】快捷键结束进程。

步骤 3：使用"firefox &"命令直接打开火狐，如图 11.3 所示。

图 11.3　打开火狐浏览器并放入后台运行

步骤 4：按【Ctrl+Z】快捷键，将一个正在运行的前台进程暂时停止，并放入后台，如图 11.4 所示。可以看到进程已停止。

图 11.4　将进程暂停并从前台转入后台

11.3　终止进程

终止一个进程或正在运行的程序，一般通过 kill 命令。例如，一个程序已经死锁，但又不能退出，这时就需使用这些工具。

kill命令的工作原理是向Linux系统的内核发送一个系统操作信号和某个程序的进程标志号，然后系统内核就可以通过进程标志号对指定进程进行操作。例如，在 top 命令中，我们看到系统运行许多进程，有时就需要使用 kill 命令终止某些进程来提高系统资源效率。在讲解安装和登录命令时曾提到，系统多个虚拟控制台的作用是当某个程序出错造成系统死锁时，可以切换到其他虚拟控制台工作，再关闭该程序，此时使用的命令就是 kill。大多数 Shell 内部命令可以直接调用 kill。

命令名称：kill。

使用方式：kill　PID。

说　　明：终止编号为 PID 的进程。该命令一般和 ps 命令配合使用，因为使用 kill 命令时需要知道该进程的 PID。

【实例】 查看系统内的进程，并终止 **PID 为 12084** 的进程。

```
[root@LinuxServer ~]# ps -al
F S   UID   PID   PPID  C  PRI  NI ADDR SZ WCHAN     TTY      TIME    CMD
4 S     0  12084  12045  3   80   0 - 57967 do_wai     pts/1   00:00:00  su
4 S  1000  12085  12084  1   80   0 - 29086 n_tty_     pts/1   00:00:00  bash
4 R     0  12123   9108  0   80   0 - 38309 -          pts/0   00:00:00  ps
[root@LinuxServer ~]# kill 12084
[root@LinuxServer ~]# ps -al
F S   UID   PID   PPID  C  PRI  NI ADDR SZ WCHAN     TTY      TIME    CMD
0 R     0  12143   9108  0   80   0 - 38301 -          pts/0   00:00:00  ps
```

【实例】 查找并终止火狐浏览器进程。

```
[root@LinuxServer ~]# ps -ef | grep firefox
root        9015  8941 42 10:20 pts/0    00:00:27 /usr/lib64/firefox/firefox
root        9150  9015 13 10:21 pts/0    00:00:04 /usr/lib64/firefox/firefox -contentproc
-childID 3 -isForBrowser -boolPrefs 301:0| -stringPrefs
287:36;8b277445-8a68-4449-94e1-ca26971e5657| -schedulerPrefs 0001,2 -greomni
/usr/lib64/firefox/omni.ja -appomni /usr/lib64/firefox/browser/omni.ja -appdir
/usr/lib64/firefox/browser 9015 tab
root        9215  9015 12 10:21 pts/0    00:00:03 /usr/lib64/firefox/firefox -contentproc
-childID 4 -isForBrowser -boolPrefs 301:0| -stringPrefs
287:36;8b277445-8a68-4449-94e1-ca26971e5657| -schedulerPrefs 0001,2 -greomni
/usr/lib64/firefox/omni.ja -appomni /usr/lib64/firefox/browser/omni.ja -appdir
/usr/lib64/firefox/browser 9015 tab
root        9261  8941  0 10:21 pts/0    00:00:00 grep --color=auto firefox
[root@LinuxServer ~]# kill 9015
[root@LinuxServer ~]# kill 9150
[root@LinuxServer ~]# kill 9215
[root@LinuxServer ~]# kill 9261
bash: kill: (9261) - 没有那个进程
```

说明 1：ps -ef 等同于 ps aux，ps -ef | grep firefox 用于查找 firefox 相关的进程，此处查到多个 ID 的原因是开启了多个浏览器页面上网。

说明 2：kill 终止的必须是一个已经存在的 PID。

【实例】 查看系统内的 **httpd** 服务，并终止该进程。

```
[root@LinuxServer ~]# ps auxf | grep httpd
root    6949 0.4 0.2 230408   5224 ?    Ss 10:18   0:01 /usr/sbin/httpd -DFOREGROUND
apache  7194 0.0 0.1 232492   3168 ? S 10:18      0:00 \_ /usr/sbin/httpd -DFOREGROUND
apache  7196 0.0 0.1 232492   3168 ? S 10:18      0:00 \_ /usr/sbin/httpd -DFOREGROUND
apache  7197 0.0 0.1 232492   3168 ? S 10:18      0:00 \_ /usr/sbin/httpd -DFOREGROUND
apache  7201 0.0 0.1 232492   3156 ? S 10:18      0:00 \_ /usr/sbin/httpd -DFOREGROUND
apache  7204 0.0 0.1 232492   3152 ?S 10:18       0:00 \_ /usr/sbin/httpd -DFOREGROUND
root    9331 0.0 0.0 112724    984 pts/0 S+ 10:25 0:00 \_ grep --color=auto httpd
[root@LinuxServer ~]# kill 6949
[root@LinuxServer ~]# systemctl status httpd
httpd.service - The Apache HTTP Server
Loaded: loaded (/usr/lib/systemd/system/httpd.service; enabled; vendor preset: disabled)
Active: failed (Result: exit-code) since 三 2019-06-05 10:31:01 CST; 23s ago
```

```
Docs: man:httpd(8)
man:apachectl(8)
Process: 9436 ExecStop=/bin/kill -WINCH ${MAINPID} (code=exited, status=1/FAILURE)
Process: 6949 ExecStart=/usr/sbin/httpd $OPTIONS -DFOREGROUND (code=exited,
status=0/SUCCESS)
Main PID: 6949 (code=exited, status=0/SUCCESS)
Status: "Total requests: 0; Current requests/sec: 0; Current traffic:      0 B/sec"
……
```

说明 1：本例中第 2 个字段为进程 PID，其中 6949 是 httpd 服务的父进程，ID 为 7194～7204 的进程都是子进程。若 kill 掉父进程，其子进程也会跟着死锁，只终止子进程时，服务不会停止。

说明 2：systemctl status httpd 命令用来查看服务状态。

11.4   定时任务

定时任务

在 Linux 系统中，通过定时任务，可实现在指定的时间段自动启用或停止某些服务或命令，从而实现 Linux 运维的自动化。定时任务分为两种，分别是：

☑ 一次性定时任务：例如今晚 11 点 30 分重启某服务；

☑ 长期性定时任务：例如每周一的凌晨 1 点把/boot 目录打包备份为 boot.tar.gz。

一次性定时任务只执行一次，用于满足临时的工作需求，可用 at 命令来实现。长期性定时任务适合周期性、规律性的工作，可用 crontab 命令来实现。本节将详细介绍如何通过 at 和 crontab 命令设置定时任务。

11.4.1   at 命令

命令名称：at。

使用方式：at [参数] [时间]。

说   明：在指定时间执行指定任务，且只执行一次。需开启 atd 进程（使用 ps -ef | grep atd 命令查看，使用 systemctl start atd 命令开启）。

参   数：

-l：atq 的别名，查看已设置好但还未执行的一次性定时任务；

-d：atrm 的别名，后接任务序号，删除一次性定时任务；

-m：当作业完成时即使没有输出也给用户发邮件。

【实例】 设置在 21:00 重启 httpd 服务。

```
[root@LinuxServer ~]# at 21:00
at> systemctl restart httpd
at> <EOT>
job 3 at Wed Jun    5 21:00:00 2019
```

说明：设置完定时任务后，按【Ctrl+D】组合键来结束编写的定时任务。

【实例】 查看系统中所设置的定时任务。

```
[root@LinuxServer ~]# at -l
3       Wed Jun   5 21:00:00 2019 a root
[root@LinuxServer ~]# atq
3       Wed Jun   5 21:00:00 2019 a root
```

说明：本例中使用两种方法查看定时任务，分别是 at -l 和 atq。结果中的"3"是任务序号。

【实例】 删除系统中所设置的定时任务 3。

```
[root@LinuxServer ~]# atrm 3
[root@LinuxServer ~]# at -d 3
Cannot find jobid 3
[root@LinuxServer ~]# atq
```

说明：可使用两种方法删除定时任务，分别是"at -d 任务序号"和"atrm 任务序号"，删除完成后可使用 atq 命令查看。

11.4.2   crontab 命令

命令名称：crontab。

使用方式：crontab   [参数]。

说　　明：设置定期性循环任务，可以指定执行任务的分、时、日、月、周。

参　　数：

　　　　-u：后接用户名，设置某用户的定时任务，只有 root 用户才能使用该参数。

　　　　-e：创建、编辑定时任务；

　　　　-l：查看当前定时任务；

　　　　-r：删除某条定时任务。

使用 crontab 设置定时任务的参数格式为"分 时 日 月 星期 命令"，具体字段说明如表 11.1 所示，其中有些特殊符号如表 11.2 所示。

表 11.1　crontab 命令具体字段说明

字　　段	说　　明
分	取值为 0～59 的任意整数
时	取值为 0～23 的任意整数
日	取值为 1～31 的任意整数
月	取值为 1～12 的任意整数
星期	取值为 0～7 的任意整数，其中 0 和 7 均为星期日
命令	要执行的命令或程序脚本

表 11.2　crontab 命令特殊符号

符　　号	含　　义	举　　例
*	表示任意时间	"* * * * * 命令"，代表每分钟执行一次命令
逗号","	表示不连续的时间	"0 1,3 * * * 命令"，代表每天的 1 点、3 点整分别执行一次命令

符　　号	含　　义	举　　例
短杠 "-"	表示连续的时间范围	"0 2 * * 1-3 命令",代表每周一到周三的 2 点整执行命令
*/n	表示每隔 n 时间执行一次	"*/30 * * * * 命令",代表每隔 30 分钟执行一次命令

【实例】 设置定时任务,每周一、三的凌晨 1:00,使用 tar 命令打包/boot,打包后文件名为 boot.tar.gz。

步骤 1: 使用 crontab -e 命令进入编辑界面。

```
[root@LinuxServer ~]# crontab -e
no crontab for root - using an empty one
crontab: installing new crontab
```

步骤 2: 编辑定时任务,其方法与使用 Vim 编辑器相同,内容如图 11.5 所示。

```
root@LinuxServer:~                    _ □ ×
文件(F) 编辑(E) 查看(V) 搜索(S) 终端(T) 帮助(H)
0 1 * * 1,3 /usr/bin/tar -czvf boot.tar.gz /boot
```

图 11.5　定时任务的内容

步骤 3: 查看定时任务。

```
[root@LinuxServer ~]# crontab -l
0 1 * * 1,3 /usr/bin/tar -czvf boot.tar.gz /boot
```

说明: 在 crontab 命令中一定要使用绝对路径,可使用 which 命令查询绝对路径。

【实例】 设置定时任务,每周一至周五的凌晨 2:00 自动清空/tmp 目录内的所有文件。

```
[root@LinuxServer ~]# crontab -e
crontab: installing new crontab
[root@LinuxServer ~]# crontab -l
0 1 * * 1,3 /usr/bin/tar -czvf boot.tar.gz /boot
0 2 * * 1-5 /usr/bin/rm /tmp/*
```

说明 1: 每个字段的值都不能为空,必须填写,如果不确定可以使用 "*" 表示任意时间。

说明 2: 最小时间是分钟,最大时间是月,不能指定秒和年。

说明 3: 日和星期不能同时使用,否则会发生冲突。

11.5　SELinux 基础

SELinux 基础

SELinux（Security-Enhanced Linux）是美国国家安全局（NSA）对于强制访问控制的实现,是 Linux 历史上最杰出的安全子系统。NSA 在 Linux 社区的帮助下开发了一种访问控制体系,在这种访问控制体系的限制下,各个服务进程都受到约束,仅能获取到本应获取的资源。SELinux 默认安装在 CentOS 和 Red Hat Enterprise Linux 上。

使用 SELinux 需要先了解以下几点：

☑ SELinux，即安全增强 Linux，是 NSA 针对计算机基础结构安全开发的一个全新的 Linux 安全策略机制，SELinux 允许管理员更加灵活地定义安全策略；

☑ SELinux 是一个内核级的安全机制，从 2.6 内核之后集成在内核之中；

☑ 主流的 Linux 都会集成 SELinux，CentOS 默认开启 SELinux；

☑ SELinux 是内核级的，所以对 SELinux 的设置需要重启系统。

11.5.1 SELinux 的规则与概念

所有的安全机制均是对两种类型做出限制，即进程和系统资源（文件、网络套接字、系统调用等）。SELinux 针对这两种类型定义了两个基本概念：域（Domain）和上下文（Contest）。域用来对进程进行限制，上下文用来对系统资源进行限制。

（1）**DAC（自主存取控制）**：依据程序运行时的身份决定权限，是大部分操作系统的权限存取控制方式。也就是依据文件的 user、group、other/r、w、x 权限进行限制。root 用户有最高权限无法限制。r、w、x 权限划分太粗糙，无法针对不同的进程实现限制。

（2）**MAC（强制存取控制）**：依据条件决定是否有存取权限，可以规范个别细致的项目进行存取控制，提供完整的彻底化规范限制。可以对文件、目录、网络套接字等进行规范，所有动作必须先得到 DAC 授权，再得到 MAC 授权才可以存取。

（3）**TE（类型强制）**：所有操作系统的访问控制，都是以关联的客体和主体的某种类型的访问控制属性为基础的。在 SELinux 中，访问控制属性叫作安全上下文，所有客体和主体进程都有与其关联的安全上下文。一个安全上下文由 3 部分组成：用户、角色和类型标志符。

11.5.2 查看 SELinux

使用 ps -Z 命令可以查看进程域，使用 ls -Z 命令可以查看文件的上下文。

【实例】 查看进程域中的 **SELinux**。

```
[root@LinuxServer ~]# ps -Z
LABEL                                            PID  TTY  TIME  CMD
unconfined_u:unconfined_r:unconfined_t:s0-s0:c0.c1023 10473 pts/1 00:00:00  bash
unconfined_u:unconfined_r:unconfined_t:s0-s0:c0.c1023 13953 pts/1 00:00:00  ps
[root@LinuxServer ~]# ps -Ze
LABEL                      PID  TTY      TIME      CMD
system_u:system_r:init_t:s0    1    ?      00:00:09  systemd
system_u:system_r:kernel_t:s0   2    ?      00:00:00  kthreadd
system_u:system_r:kernel_t:s0   3    ?      00:00:02  ksoftirqd/0
system_u:system_r:kernel_t:s0   5    ?      00:00:00  kworker/0:0H
......
```

说明：第 1 个字段的值就是 SELinux，用 3 个冒号隔开成 4 个部分。

【实例】 查看文件的上下文。

```
[root@LinuxServer /]# ls -Z
lrwxrwxrwx.  root  root  system_u:object_r:bin_t:s0        bin -> usr/bin
```

```
dr-xr-xr-x.    root    root    system_u:object_r:boot_t:s0         boot
drwxr-xr-x.    root    root    system_u:object_r:device_t:s0       dev
drwxr-xr-x.    root    root    system_u:object_r:etc_t:s0          etc
drwxr-xr-x.    root    root    system_u:object_r:home_root_t:s0    home
......
```

说明：第 4 个字段的值也由 3 个冒号隔开成 4 个部分，其含义分别为：system_u 代表的是用户；object_r 代表的是角色；第 3 部分表示 SELinux 类型，是最重要的信息；s0 与 MLS、MCS 相关。

11.5.3　SELinux 策略

SELinux 通过定义策略来控制哪些域访问哪些上下文。SELinux 有很多预置策略，通常不需要自定义策略，除非要对自定义服务、程序进行保护。CentOS 使用预置的目标策略。

目标策略定义只有目标进程受到 SELinux 的限制，其他进程运行在非限制模式下，目标策略只影响网络应用程序。CentOS 受限的网络服务有很多，常见的有 dhcpd、httpd、mysqld、named、ntpd、squid、rpcbind、syslogd 等。

11.5.4　SELinux 模式

SELinux 有以下三种工作模式：

（1）强制模式（**Enforcing**）：强制启用安全策略模式，将拦截服务的不合法请求。

（2）允许模式（**Permissive**）：遇到服务越权访问时，只发出警告而不强制拦截。

（3）禁用模式（**Disabled**）：对于越权的行为不警告也不拦截。

通常情况下在不了解 SELinux 时，会将模式设置成禁用模式，这样在访问某些网络应用时就不会出问题。SELinux 的主配置文件是 /etc/selinux/config，其默认值为 SELINUX=enforcing，可通过 cat 命令查看，得到如下结果：

```
[root@LinuxServer /]# cat /etc/selinux/config
# This file controls the state of SELinux on the system.
# SELINUX= can take one of these three values:
#       enforcing - SELinux security policy is enforced.
#       permissive - SELinux prints warnings instead of enforcing.
#       disabled - No SELinux policy is loaded.
SELINUX=enforcing
# SELINUXTYPE= can take one of three values:
#       targeted - Targeted processes are protected,
#       minimum - Modification of targeted policy. Only selected processes are protected.
#       mls - Multi Level Security protection.
SELINUXTYPE=targeted
```

说明：SELINUX=enforcing 代表目前系统执行的是强制策略；SELINUXTYPE=targeted 代表当前系统遵循的是目标策略。

11.5.5 SELinux 设置

1. 获取当前 SELinux 运行状态——getenforce

使用 getenforce 命令获取当前 SELinux 运行状态，返回结果有 3 种：Enforcing、Permissive 和 Disabled，CentOS 默认设置为 Enforcing。

```
[root@LinuxServer /]# getenforce
Enforcing
```

2. 改变 SELinux 运行状态——setenforce

```
setenforce [ Enforcing(1)| Permissive (0) ]
```

该命令可以立即改变 SELinux 的运行状态，在 Enforcing 和 Permissive 之间切换，结果保持至关机，其中，0 是禁用，1 是启用。其典型用途是查看是否因 SELinux 导致某个服务或程序无法运行。若在 setenforce 0 后，服务或程序依然无法运行，则可确定不是由 SELinux 导致的。例如：

```
[root@LinuxServer /]# getenforce
Permissive
[root@LinuxServer /]# setenforce 1
[root@LinuxServer /]# getenforce
Enforcing
```

若要永久变更系统 SELinux 的运行状态，则可通过修改配置文件/etc/selinux/config 来实现。注意，当从 Disabled 切换到 Permissive 或者 Enforcing 模式后，需重启计算机，并为整个文件系统重新创建安全标签（touch /.autorelabel && reboot）。

【实例】 已搭建好一个 **Web** 服务器，其默认网页存放位置为**/var/www/ html** 目录，在该目录下新建 **index.html** 测试页面，并启动 **Web** 服务器，刷新后便能看到其内容。此时若在**/root** 目录下建立一个 **index.html** 页面，然后将其移动到**/var/www/html** 目录下，再刷新页面，会不会正常显示？

步骤 1：在/var/www/html/目录下新建 index.html，在里面输入"hello world!"，如图 11.6 所示。

图 11.6 创建 index.html 文档

步骤 2：使用 127.0.0.1 在 Linux 系统的 Firefox 浏览器下访问网页，如图 11.7 所示。

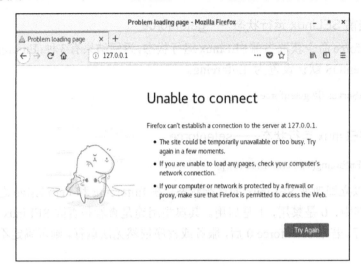

图 11.7 无法显示页面

说明：无法显示网页的原因是 httpd 服务没有开启。

步骤 3：使用 systemctl restart httpd 命令开启 httpd 服务。

```
[root@LinuxServer /]# systemctl restart httpd
```

步骤 4：再次使用 127.0.0.1 查看，如图 11.8 所示。

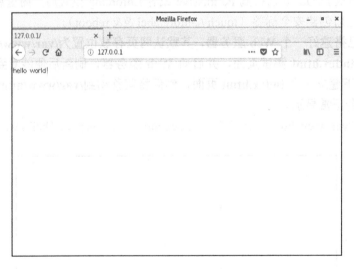

图 11.8 再次查看网页

步骤 5：删除/var/www/html 目录中的 index.html，在 root 用户的根目录下创建 index.html 并输入 "hello world! Again"，如图 11.9 所示，并将该文件移动到/var/www/html。

```
[root@LinuxServer /]# rm /var/www/html/index.html
rm：是否删除普通文件 "/var/www/html/index.html"？ y
[root@LinuxServer /]# touch /root/index.html
[root@LinuxServer /]# vim /root/index.html
[root@LinuxServer /]# mv /root/index.html /var/www/html
```

图 11.9　重新创建 index.html 文档

步骤 6：再次使用 127.0.0.1 查看，如图 11.10 所示。

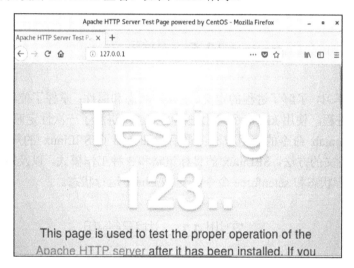

图 11.10　无法显示页面

步骤 7：查看 index.html 上下文中的 SELinux 信息，并进行修复。

```
[root@LinuxServer /]# ls -Z /var/www/html/index.html
-rw-r--r--. root root unconfined_u:object_r:admin_home_t:s0 /var/www/html/index.html
[root@LinuxServer /]# ls -Z /var/www
drwxr-xr-x. root root system_u:object_r:httpd_sys_script_exec_t:s0 cgi-bin
drwxr-xr-x. root root unconfined_u:object_r:httpd_sys_content_t:s0 html
[root@LinuxServer /]# restorecon -R -v /var/www/html
restorecon    reset    /var/www/html/index.html    context    unconfined_u:object_r:admin_home_t:s0->
unconfined_u:object_r:httpd_sys_content_t:s0
[root@LinuxServer /]# ls -Z /var/www/html/index.html
-rw-r--r--. root root unconfined_u:object_r:httpd_sys_content_t:s0/var/www/html/index.html
```

说明：使用 restorecon -R -v /var/www/html 命令对 html 目录及内部文件进行上下文修复。

步骤 8：再次使用 127.0.0.1 查看，如图 11.11 所示。

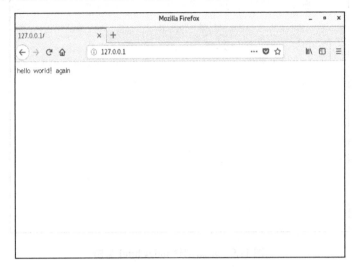

图 11.11　修复成功后的网页

11.6　小结

通过本章的学习，了解了进程的定义、分类、状态和属性；掌握了使用 free、ps、pstree 和 top 命令查看进程，使用 kill 命令终止进程的方法；讲解了一次性定时任务 at 命令和定期性循环任务 crontab 命令的使用方法；最后详细介绍了 SELinux 的规则与概念，查看 SELinux 域和上下文的方法，SELinux 的目标策略和 3 种工作模式，以及用 getenforce 命令获取 SELinux 运行状态和 setenforce 命令改变 SELinux 运行状态。

实训 11　进程管理

一、实训目的

☑ 了解进程的概念和原理；
☑ 掌握在 Linux 中查看进程和终止进程的命令；
☑ 掌握定时任务的设置方法；
☑ 掌握 SELinux 原理与基本设置。

二、实训内容

（1）进程操作命令：free、ps、pstree、top、kill；
（2）定时任务设置命令：at、crontab；
（3）SELinux 查看与设置命令：ps -Z、ls -Z、getenforce、setenforce。

三、项目背景

通过近半年的学习，小 A 学习了很多 Linux 知识，掌握了 Linux 中的基本操作。但随着学习的深入，涉及了进程与安全，小 A 下决心重点学习 Linux 中进程的基本知识和操作、定时任务的设置、SELinux 原理与设置。

四、实训步骤

任务 1：进程操作实践题。

（1）查看本机进程的基本情况和详细信息；

（2）每隔 5 秒钟查看一次内存状态；

（3）以 GB 为单位显示内存使用情况；

（4）将目前用户登入的 PID 与相关信息显示出来；

（5）列出类似程序树的程序；

（6）以进程树形式显示当前所有进程的进程 ID；

（7）查找并终止火狐（Firxfox）进程。

任务 2：定时任务实践题。

（1）在 3 天后的 17 点钟执行/bin/ls /tmp 操作；

（2）在明天 17 点钟输出日期到/tmp/log 文件；

（3）查看前两个定时任务，并删除第（1）题的定时任务；

（4）每隔两个小时输出"Fighting"到/tmp/test.txt 文件；

（5）对 natasha 用户建立定时任务，要求在本地时间的每天 14:23 执行以下命令：/bin/echo "rhcsa"。

（6）查看第（4）题和第（5）题的定时任务，并删除这两个任务。

任务 3：SELinux 实践题。

（1）查看进程的域和文件的上下文；

（2）查看 SELinux 的工作模式；

（3）设置 SELinux 的工作模式为 Enforcing，并要求系统重启后依然生效。

（4）已搭建好一个 Web 服务器，其默认网页存放位置为 /var/www/ html 目录，在该目录下新建 index.html 测试页面，并启动服务器,刷新后便能看到页面内容。此时若在/home 目录下新建一个 index.html 页面，然后将其移动到 /var/www/html 目录下，再刷新页面，使其正常显示。

第12章

Shell 编程基础

本章将讲解 Linux 脚本的基础知识，以及如何编写简单的脚本。通过讲解编写脚本的前置基础知识，了解通配符和正则表达式，认识变量的类型，并通过对高级文本处理命令的使用，帮助读者学习编写脚本的基本方法。

当 Linux 命令或语句不在命令行下执行，而是通过一个程序文件执行时，该程序就被称为 Shell 脚本或 Shell 程序（严格来说，命令行执行的语句也是 Shell 脚本）。Shell 程序与 DOS 系统下的批处理程序类似。这些命令、变量和流程控制语句结合起来就形成了一个功能强大的 Shell 脚本。Shell 是一种脚本语言，那么，就必须有解释器来执行这些脚本，常见的脚本解释器有 Bash 和 sh。本章把前面章节中讲解的 Linux 命令、命令语法与 Shell 脚本中的各种流程控制语句通过 Vim 编辑器写到 Shell 脚本中，最终实现自动化工作的脚本文件。

12.1　通配符

通配符和正则表达式

一般生产环境的服务器默认都是不安装图形化界面的，在命令行环境中，不能直观地看到一些文件或目录的名称及其他一些信息，此时通配符便可以派上用场。当忘记或不知道完整的文件或目录名称时，使用通配符代替一个或多个字符就可以找到对应的文件或目录。

常用的通配符有：

*：可以代表零个或者多个字符。

?：可以代表单个字符。

[0-9]：可以匹配 0~9 之间的单个数字。

[qwe]：可以匹配 q、w、e 中的任意字符。

【实例】　使用 "*" 通配符匹配内容。

```
[root@LinuxServer ~]# cd /dev
[root@LinuxServer dev]# ls sd*
sda    sda1    sda2
```

说明：查看 dev 目录下，所有以 sd 开头的设备文件。

【实例】　使用 "?" 通配符匹配内容。

```
[root@LinuxServer dev]# ls sda?
sda1    sda2
```

说明：查找 sda 后面存在字符的文件。

【实例】 使用"[0-9]"通配符匹配内容。

```
[root@LinuxServer dev]# ls sda[0-9]
sda1    sda2
[root@LinuxServer dev]# ls sda[2-9]
sda2
```

说明：查找 sda 后面中括号内数字范围内的文件。

【实例】 使用"[abc]"通配符匹配内容。

```
[root@LinuxServer dev]# ls sd[abc]
sda
```

说明：查找 sd 后面中括号内存在指定字符的文件。

12.2 正则表达式

在计算机科学中，正则表达式是这样解释的：它是指一个用来描述或者匹配一系列符合某个语法规则的字符串的单个字符串。在很多文本编辑器或其他工具里，正则表达式通常被用来检索和替换那些符合某个模式的文本内容。许多程序设计语言都支持利用正则表达式进行字符串操作。对于 Linux 系统管理员来讲，正则表达式贯穿日常运维工作全过程，无论是查找某个文档，或查询某个日志文件分析其内容，都会用到正则表达式。

正则表达式的功能如下：

（1）测试字符串内的模式。例如，可以测试输入字符串，以查看字符串内是否出现电话号码模式或信用卡号码模式，这称为数据验证。

（2）替换文本。可以使用正则表达式来识别文档中的特定文本，完全删除该文本或者用其他文本替换它。

（3）基于模式匹配从字符串中提取子字符串。可以查找文档内或输入域内特定的文本。

其实正则表达式，只是一种思想，一种表示方法。只要我们使用的工具支持这种思想和表示形式，那么这个工具就可以处理正则表达式的字符串。

常用的特殊字符匹配内容如下：

^：表示行的开始。

$：表示行的结尾。

.：表示匹配任意单个字符。

*：表示零个或多个前面的字符。

?：匹配其前面的字符零次或一次。

+：匹配前面的子表达式一次或多次。

\：匹配转义后的字符串。

|：表示或，查找多个字符。

[^]：表示非，不在匹配字符内。

【实例】 使用"^"正则表达式匹配内容。

```
[root@LinuxServer /]# grep "^g" /etc/passwd
```

```
games:x:12:100:games:/usr/games:/sbin/nologin
gdm:x:42:42::/var/lib/gdm:/sbin/nologin
gnome-initial-setup:x:993:991::/run/gnome-initial-setup/:/sbin/nologin
```

说明：查看/etc/passwd 目录下所有以 g 开头的用户信息。
【实例】 使用"$"正则表达式匹配内容。

```
[root@LinuxServer /]# grep "/sbin/nologin$" /etc/passwd
bin:x:1:1:bin:/bin:/sbin/nologin
daemon:x:2:2:daemon:/sbin:/sbin/nologin
adm:x:3:4:adm:/var/adm:/sbin/nologin
lp:x:4:7:lp:/var/spool/lpd:/sbin/nologin
mail:x:8:12:mail:/var/spool/mail:/sbin/nologin
operator:x:11:0:operator:/root:/sbin/nologin
games:x:12:100:games:/usr/games:/sbin/nologin
ftp:x:14:50:FTP User:/var/ftp:/sbin/nologin
nobody:x:99:99:Nobody:/:/sbin/nologin
dbus:x:81:81:System message bus:/:/sbin/nologin
polkitd:x:999:998:User for polkitd:/:/sbin/nologin
gaojuqian:x:1000:1000:gaojuqian:/home/gaojuqian:/sbin/nologin
unbound:x:998:997:Unbound DNS resolver:/etc/unbound:/sbin/nologin
colord:x:997:996:User for colord:/var/lib/colord:/sbin/nologin
usbmuxd:x:113:113:usbmuxd user:/:/sbin/nologin
avahi:x:70:70:Avahi mDNS/DNS-SD Stack:/var/run/avahi-daemon:/sbin/nologin
chrony:x:994:993::/var/lib/chrony:/sbin/nologin
abrt:x:173:173::/etc/abrt:/sbin/nologin
pulse:x:171:171:PulseAudio System Daemon:/var/run/pulse:/sbin/nologin
gdm:x:42:42::/var/lib/gdm:/sbin/nologin
gnome-initial-setup:x:993:991::/run/gnome-initial-setup/:/sbin/nologin
postfix:x:89:89::/var/spool/postfix:/sbin/nologin
sshd:x:74:74:Privilege-separated SSH:/var/empty/sshd:/sbin/nologin
tcpdump:x:72:72::/:/sbin/nologin
```

说明：查看所有不能登录的用户信息。
【实例】 使用"."正则表达式匹配内容。

```
[root@LinuxServer /]# grep ".o" c.txt
www.abc.com
```

说明：查看 c.txt 文件里含有 o 的行。
【实例】 使用"*"正则表达式匹配内容。

```
[root@LinuxServer /]# grep "w*" c.txt
www.abc.com
```

说明：匹配零个或多个"w"字符。
【实例】 匹配空格。

```
[root@LinuxServer /]# grep -n "^$" c.txt
2:
3:
4:
5:
```

```
6:
7:
8:
```

说明：grep -n 显示行号。

【实例】 匹配重复的字符。

```
[root@LinuxServer /]# grep -n    "w\{2,4\}"   c.txt
1:www.abc.com
[root@LinuxServer /]# grep -n    "w\{2,\}"    c.txt
1:www.abc.com
[root@LinuxServer /]# grep -n    "w\{4,5\}"   c.txt
[root@LinuxServer /]#
```

说明：第一次查询的是重复 2～4 次，第二次是最少重复 2 次，第三次查询重复 4～5 次的字符。

【实例】 使用"\"正则表达式匹配内容。

```
[root@LinuxServer /]# grep -n    "\."   c.txt
1:www.abc.com
[root@LinuxServer /]#
```

说明：使用转义字符"\"可以查找包含"."等特殊字符。

12.3　变量

变量

变量是计算机系统用于保存某种数据类型可变值的存储方式。在 Shell 编程中，变量名一般都是大写的，所有的变量名都由字符串组成，并且不需要对变量进行声明。Shell 的变量可以保存如路径名、文件名或者一个数字。

1．环境变量

环境变量用于所有用户进程（通常称为子进程，登录进程称为父进程）。有些变量是用户创建的，其他的则是专用的（如 PATH、HOME），是系统环境的一部分，不必去定义它们，可以在 Shell 程序中使用它们，还能在 Shell 中加以修改。

常见的环境变量有：

HOME：代表用户的主目录。

SHELL：用户使用 Shell 解释器的名称。

PATH：解释器搜索用户执行命令的路径。

MAIL：邮件信箱文件的保存路径。

RANDOM：生成一个随机数字。

PS1：Bash 解释器的提示符。

LANG：语言系统、语系名称。

2．内部变量

内部变量是由系统提供的一种特殊类型的变量，这类变量在程序中用来做出判断，这类变量的值是不能修改的。

常用的内部变量有：

$#：传递给脚本的参数的总个数。

$0：脚本本身的名字。

$1：递给该 Shell 脚本的第 1 个参数。

$2：递给该 Shell 脚本的第 2 个参数。

$n：递给该 Shell 脚本的第 n 个参数。

$*：以一个单字符串显示所有向脚本传递的参数。

$?：显示上一次命令的执行返回值。

3．局部变量

局部变量在用户现在的 Shell 生命期的脚本中使用，可以在 Shell 程序内任意使用和修改它们。

【实例】 变量在脚本中的应用。

```
[root@LinuxServer Desktop]# vim example.sh
#!/bin/bash
echo "当前脚本的名称为$0"
echo "总共有$#个参数,分别是$*。"
echo "第 1 个参数为$1,第 5 个参数为$5。"
[root@LinuxServer Desktop]# bash example.sh one two three four five six
当前脚本的名称为 example.sh
总共有 6 个参数, 分别是 one two three four five six
第 1 个参数为 one, 第 5 个参数为 five
```

说明：使用 Vim 编辑器编写脚本，文件名使用".sh"结尾表明这是脚本文件；"#!/bin/bash"表示使用 Bash 解释器来执行该脚本；"#"表示注释信息；"bash 脚本名"用来执行脚本，后面添加参数。

【实例】 编写一个简单的脚本。

```
[root@LinuxServer Desktop]# vim example.sh
#!/bin/bash
read -p "请输入一个字符，按回车键确认：" KEY
case "$KEY" in
[a-z] | [A-Z])
echo "您输入的是英文。"
;;
[0-9])
echo "您输入的是数字。"
;;
*)
echo "您输入的是其他字符"
esac
[root@LinuxServer Desktop]# bash example.sh
请输入一个字符，按回车键确认：a
您输入的是英文。
```

说明：KEY 变量只能用于脚本的生命周期中；"read -p"表示在脚本中读取用户输入的值，"-p"用来向用户提示信息；case 条件语句用来在多个范围内匹配数据。

12.4 高级文本处理命令

在 Linux 系统中一切皆是文件，对于服务程序的配置也就是编辑程序的配置文件。脚本的主要用处是更方便批量地处理文件，本节将讲解脚本中常用的几个处理文件内容的命令。

1. grep 命令

命令名称：grep。

使用方式：grep　[参数]　关键字　文件名。

说　　明：grep 命令可以让用户搜索一个或多个文件的特殊字符。grep 命令输出的每行内容都有提示符在屏幕上，grep 命令不能改变文件的内容。

参　　数：

　　　　-i：搜索时忽略大小写；

　　　　-l：列出文件中匹配的那一行；

　　　　-n：列出那一行在文件中的页数；

　　　　-v：显示不包含匹配文本的所有行；

　　　　-c：计数包括提示符的行；

　　　　-w：搜索表达式，忽略比它大的字；

　　　　-R：递归在文件中查找；

　　　　-E：允许使用扩展模式匹配。

【实例】 在/etc/group 下搜索含有 root 的行，并且重定向到/root.txt 文件中。

```
[root@LinuxServer /]# grep root /etc/group>/root.txt
[root@LinuxServer /]# cat root.txt
root:x:0:
```

2. locate 命令

命令名称：locate。

使用方式：locate　[参数]　关键字。

说　　明：locate 命令用于查找符合条件的文档，它会去保存文档和目录名称的数据库内，查找合乎范本样式条件的文档或目录。

参　　数：

　　　　-d 或--database=：配置 locate 命令使用的数据库。locate 命令预设的数据库
　　　　存于/var/lib/slocate 目录，文档名为 slocate.db，可使用这个参数另行指定；

　　　　-i：忽略大小写；

　　　　-r：后面接正则表达式。

【实例】 查找文件名为 passwd 的文件。

```
[root@LinuxServer /]# locate passwd
/etc/passwd
/etc/pam.d/passwd
```

```
/etc/security/opasswd
/usr/bin/gpasswd
/usr/bin/grub2-mkpasswd-pbkdf2
/usr/bin/lppasswd
/usr/bin/passwd
/usr/bin/userpasswd
/usr/bin/vncpasswd
/usr/lib/firewalld/services/kpasswd.xml
/usr/lib64/samba/libsmbpasswdparser.so
/usr/sbin/lpasswd
```

说明：locate 的使用非常简单，其作用是把含有 passwd 的目录、文件都列出来。

3．find 命令

命令名称：find。

使用方式：find　pathname　[参数]　[-print -exec -ok ...]。

说　　明：

Shell 编程中的查找

☑ pathname：所查找的目录路径。例如，用"."来表示当前目录，用"/"来表示系统根目录。

☑ -print：将匹配的文件输出到标准输出。

☑ -exec：对匹配的文件执行该参数所给出的 Shell 命令，相应命令的形式为'command' { };，注意"{ }"和";"之间的空格。

☑ -ok：和-exec 的作用相同，只不过以一种更为安全的模式来执行该参数所给出的 Shell 命令，在执行每个命令之前，都会给出提示，让用户来确定是否执行。

参　　数：

-name：按照文件名来查找文件；

-perm：按照文件权限来查找文件；

-prune：使用这一参数可以使 find 命令不在当前指定的目录中查找，但如果同时使用-depth 参数，那么-prune 参数将被 find 命令忽略；

-user：按照文件所属的用户来查找文件；

-group：按照文件所属的组来查找文件；

-mtime n：查看过去 n 天内被更改的文件；find 命令还有-atime 和-ctime 参数，但它们都和-mtime 参数基本一样；

-nogroup：查找无有效所属组的文件，即该文件所属的组在/etc/groups 中不存在；

-nouser：查找无有效属主的文件，即该文件的属主在/etc/passwd 中不存在；

-newer file：file 为一个已经存在的文件名称，查找比 file 更新的文件名；

-type：查找某一类型的文件，如：

　　b：块设备文件；

　　d：目录；

　　c：字符设备文件；

　　p：管道文件；

　　l：符号链接文件；

f：普通文件。

-size[+-]：查找大小比 size 还要大（+）或者小（-）的文件，size 的衡量标准为：

      c：Byte；

      k：1MB。

-depth：在查找文件时，首先查找当前目录中的文件，然后再在其子目录中查找；

-fstype：查找位于某一类型文件系统中的文件，这些文件系统类型通常可以在配置文件/etc/fstab 中找到，该配置文件中包含了本系统中有关文件系统的信息；

-mount：在查找文件时不跨越文件系统 mount 点；

-follow：如果 find 命令遇到符号链接文件，就跟踪至链接所指向的文件；

-cpio：对匹配的文件使用 cpio 命令，将这些文件备份到磁盘设备中。

通过前面大量的参数，大家应该能感觉到，find 的参数实在很多，用法也很多。但是不用害怕，虽然参数多但应用并不复杂。下面我们用几个简单的实例来为读者展示 find 命令的用法，详细的用法还需读者自己参照参数说明进行实际应用。

【实例】 查找根目录下所有以 **sd** 开头的设备文件。

```
[root@LinuxServer /]# find / -name "sd*" -print
/dev/sda2
/dev/sda1
/dev/sda
/dev/sdc
/dev/sdb
```

find 命令的解读如图 12.1 所示。

图 12.1　find 命令解读

4．cut 命令

命令名称：cut。

使用方式：cut　[参数]　[命令名称]。
                                       文本的剪切排序替换与合并

说　　明：cut 命令从文件的每行剪切字节、字符和字段，并将这些字节、字符和字段输出到标准输出。cut 必须指定-b、-c 或-f 参数之一。

参　　数：

      -b：以字节为单位进行分割，这些字节位置将忽略多字节字符边界，除非也指定了-n 参数；

      -c：以字符为单位进行分割；

-d：自定义分隔符，默认为制表符；

-f：与-d 参数一起使用，指定显示哪个区域；

-n：取消分割多字节字符。仅和-b 参数一起使用，如果字符的最后一个字节落在由-b 参数的 List 参数指示的范围之内，则该字符将被输出；否则，该字符将被排除。

【实例】 使用-c 参数，以字符为单位分割。

```
[root@LinuxServer /]# who
root       :0              2019-06-06 18:35 (:0)
root       pts/0           2019-06-06 18:41 (:0)
[root@LinuxServer /]# who | cut -c 1-2
ro
ro
```

说明：who 查看当前登录的账号，截取第 1 和第 2 个字符。

【实例】 使用-d 参数，指定分隔符提取字符。

```
[root@LinuxServer /]# echo $PATH
/usr/local/bin:/usr/local/sbin:/usr/bin:/usr/sbin:/bin:/sbin
[root@LinuxServer /]# echo $PATH | cut -d ":" -f 4
/usr/sbin
```

说明：以 ":" 为分隔符，查看 PATH 环境变量里第 4 个变量。

5. sort 命令

命令名称：sort。

使用方式：sort [参数] [命令名称]。

说　　明：sort 命令可以针对文本文件的内容，以行为单位来排序。

参　　数：

-b：忽略每行前面开始处的空格字符；

-c：检查文件是否已经按照顺序排序；

-d：排序时，除了英文字母、数字及空格字符，忽略其他字符；

-f：排序时，将小写字母视为大写字母；

-i：排序时，除了 040～176 的 ASCII 字符，忽略其他字符；

-m：将几个排好序的文件进行合并；

-M：将前面 3 个字母依照月份的缩写进行排序；

-n：依照数值的大小排序；

-o：<输出文件> 将排序后的结果存入指定文件；

-r：以相反的顺序来排序；

-t：<分隔字符> 指定排序时所用的栏位分隔字符；

+：<起始栏位>-<结束栏位> 以指定的栏位来排序，范围由起始栏位到结束栏位的前一栏位。

【实例】 使用 sort 排序字符。

```
[root@LinuxServer /]# vim g.txt
[root@LinuxServer /]# cat g.txt
```

```
b
a
w
c
d
[root@LinuxServer /]# sort g.txt
a
b
c
d
w
```

说明：依次按 ASCII 码值进行比较，然后将它们按升序输出。

【实例】 使用 **sort** 排序数字。

```
[root@LinuxServer /]# cat number
1
3
64
5
11
[root@LinuxServer /]# sort number
1
11
3
5
64
[root@LinuxServer /]# sort -n number
1
3
5
11
64
```

说明：由于排序程序将这些数字按字符来排序，会先比较 1 和 2，1 小所以就将 10 放在 2 前面。

【实例】 将排序后的结果输出到原文件。

```
[root@LinuxServer /]# sort -n number
1
3
5
11
64
[root@LinuxServer /]# cat number
1
3
64
5
11
[root@LinuxServer /]# sort -n number -o number
[root@LinuxServer /]# cat number
```

```
1
3
5
11
64
```

6．tr 命令

命令名称： tr。

使用方式： tr [参数] [集合 1] [集合 2]。

说　　明： tr 命令用于转换或删除文件中的字符。

参　　数：

-c, --complement：用集合 1 中的字符串替换，要求字符集为 ASCII 码；

-d, --delete：删除集合 1 中的字符而不是转换；

-s, --squeeze-repeats：删除所有重复出现的字符序列，只保留第一个，即将重复出现字符串压缩为一个字符串；

-t, - -truncate-set1：删除第一字符集较第二字符集多出的字符。

【实例】 把文本中的内容全部转换为大写。

```
[root@LinuxServer /]# cat abc.txt
qwertyuiopasdfghjklzxcvbnm
[root@LinuxServer /]# cat abc.txt | tr [a-z] [A-Z]
QWERTYUIOPASDFGHJKLZXCVBNM
```

7．paste 命令

命令名称： paste。

使用方式： paste [-s] [-d <间隔字符>] [--help] [--version] [文件...]。

说　　明： paste 命令会把每个文件以列对列的方式，一列列地加以合并。

参　　数：

-d：指定分隔符；

-s：将每个文件合并成行而不是按行粘贴。

【实例】 合并文件。

```
[root@LinuxServer /]# cat g
1
2
3
4
5
[root@LinuxServer /]# cat j
a
b
c
d
e
[root@LinuxServer /]# paste g j > q
[root@LinuxServer /]# cat q
1    a
```

```
2    b
3    c
4    d
5    e
```

说明： 将两个文件按列合并到一个新文件中。

【实例】 paste 命令的参数使用方法。

```
[root@LinuxServer /]# paste -d ":" g j
1:a
2:b
3:c
4:d
5:e
[root@LinuxServer /]# paste g -s
1    2    3    4    5
[root@LinuxServer /]# paste g j -s
1    2    3    4    5
a    b    c    d    e
[root@LinuxServer /]# paste g j -s -d ":"
1:2:3:4:5
a:b:c:d:e
```

12.5   小结

通过本章的学习，了解了 Linux 脚本的基本知识，以及一些常用命令的使用，主要包括通配符和正则表达式的运用；讲解了变量的内容，包括一些常见的环境变量及变量的用途；对 Linux 系统常用的脚本命令进行讲解和演示，主要命令有 grep、locate、find、cut、sort、tr、paste；学习使用 Vim 文本编辑器编写基础脚本。

实训 12   Shell 编程基础

一、实训目的

☑ 学习 Linux 脚本常用基本命令；
☑ 了解 Linux 脚本的编写；
☑ 掌握正则表达式的用法。

二、实训内容

（1）掌握脚本通配基础知识符；
（2）掌握正则表达式的用法；
（3）掌握变量的使用；
（4）熟练使用 grep、locate、find、cut、sort、tr、paste 命令来完成操作。

三、项目背景

通过近一个学期的学习，小 A 学习了大量 Linux 知识，掌握了 Linux 的基本操作。但是随着学习的深入，逐渐涉及了命令和脚本的内容，小 A 决心重点学习 Linux 下脚本的基本知识和操作，并深入了解正则表达式的使用。

四、实训步骤

（1）显示/etc 目录下，所有以.d 结尾的文件或目录。

（2）显示/etc 目录下，所有以.conf 结尾，并且以 m,n,r,p 开头的文件或目录。

（3）显示/proc/meminfo 文件中以大写 S 或小写 s 开头的行。

（4）显示/etc/passwd 文件中，其默认 Shell 为非/sbin/nologin 的用户名。

（5）显示/etc/passwd 文件中，其默认 Shell 为/bin/bash 的用户信息。

（6）在根目录下，查找所有属于 apache 用户的文件并复制到/tmp 中。

（7）查找/etc 目录下，所有大于 20KB 且类型为普通文件的文件。

（8）查找/etc 目录及其子目录下，所有扩展名为.conf 的文件。

（9）查找/目录下，权限为 777 的文件或目录。

（10）创建一个名为/tmp/ex.sh 的脚本，当运行/tmp/ex.sh foo 时输出 bar；当运行/tmp/ex.sh bar 时输出 foo；当没有任何参数，或既不是 foo，也不是 bar 时，输出/tmp/ex.sh foo|bar。

参 考 文 献

[1] 沈超，李明. 细说 Linux 系统管理[M]. 北京：电子工业出版社，2018.

[2] 曹江华. Red Hat Enterprise Linux 7.0 系统管理[M]. 北京：电子工业出版社，2015.

[3] 鸟哥. 鸟哥的 Linux 私房菜：基础学习篇（第四版）[M]. 北京：人民邮电出版社，2018.

[4] 鸟哥. 鸟哥的 Linux 基础学习实训教程[M]. 北京：清华大学出版社，2018.

[5] 梁如军. Linux 基础及应用教程[M]. 北京：机械工业出版社，2016.

[6] 莫裕清. Linux 网络操作系统应用基础教程（RHEL 版）[M]. 北京：人民邮电出版社，2017.

[7] 黑马程序员. Linux 系统管理与自动化运维[M]. 北京：清华大学出版社，2018.

[8] 张金石，钟小平. CentOS Linux 系统管理与运维（第 2 版）[M]. 北京：人民邮电出版社，2018.

[9] 孟庆昌，路旭强. Linux 基础教程（第 2 版）[M]. 北京：清华大学出版社，2016.

[10] 杨云，林哲. Linux 网络操作系统项目教程（RHEL 7.4/CestOS 7.4）（第 3 版）（微课版）[M]. 北京：人民邮电出版社，2019.

参考文献

[1] 石良臣，李军．鸟哥的 Linux 私房菜：基础学习篇[M]．北京：电子工业出版社，2018．

[2] 黄健宏．Red Hat Enterprise Linux 7.0 系统管理[M]．北京：电子工业出版社，2015．

[3] 刘遄．鸟哥的 Linux 私房菜：服务器架设篇（第三版）[M]．北京：人民邮电出版社，2015．

[4] 杨明．考试吧 Linux 基础与运维测试教程[M]．北京：清华大学出版社，2018．

[5] 张金石．Linux 应用与实践教程[M]．北京：机械工业出版社，2016．

[6] 梁如军．Linux 应用基础与实训：基于红帽 RHEL7（RHEL 版）[M]．北京：人民邮电出版社，2017．

[7] 余柏山等．Linux 高级运维与开发实践[M]．北京：清华大学出版社，2018．

[8] 鸟哥，何手平．CentOS Linux 系统运维管理实战[M]．北京：人民邮电出版社，2018．

[9] 赵松涛，刘艳鹏．Linux 操作系统实战（第二版）[M]．北京：清华大学出版社，2016．

[10] 杨云，徐真旺．Linux 操作系统项目式实训教程（RHEL 7 / CentOS 7 版）（第 1 版）[M]．北京：人民邮电出版社，2019．